本书由大连市人民政府资助出版

大连市海域污染控制与规划研究

何远光　严良政　单　光　主编

中国环境出版社·北京

图书在版编目（CIP）数据

大连市海域污染控制与规划研究/何远光，严良政，单
光主编. —北京：中国环境出版社，2016.4
ISBN 978-7-5111-2639-9

Ⅰ. ①大… Ⅱ. ①何… ②严… ③单… Ⅲ. ①海
洋污染—污染防治—研究—大连市 Ⅳ. ①X55

中国版本图书馆 CIP 数据核字（2015）第 304926 号

出 版 人　王新程
责任编辑　董蓓蓓　沈　建
责任校对　尹　芳
封面设计　彭　杉

出版发行　**中国环境出版社**
　　　　　（100062　北京市东城区广渠门内大街 16 号）
　　　　　网　　　址：http://www.cesp.com.cn
　　　　　电子邮箱：bjgl@cesp.com.cn
　　　　　联系电话：010-67112765（编辑管理部）
　　　　　　　　　　010-67113412（教材图书出版中心）
　　　　　发行热线：010-67125803，010-67113405（传真）
印　　刷　北京中科印刷有限公司
经　　销　各地新华书店
版　　次　2016 年 4 月第 1 版
印　　次　2016 年 4 月第 1 次印刷
开　　本　787×1092　1/16
印　　张　12.25
字　　数　300 千字
定　　价　36.00 元

【版权所有。未经许可，请勿翻印、转载，违者必究。】
如有缺页、破损、倒装等印装质量问题，请寄回本社更换

前　言

2013 年 7 月 30 日，中共中央政治局就建设海洋强国进行第八次集体学习。中共中央总书记习近平指出：要保护海洋生态环境，着力推动海洋开发方式向循环利用型转变；要下决心采取措施，全力遏制海洋生态环境的不断恶化趋势，让我国海洋生态环境有一个明显改观，让人民群众吃上绿色、安全、放心的海产品，享受到碧海蓝天、洁净沙滩；要把海洋生态文明建设纳入海洋开发总布局之中，坚持开发和保护并重、污染防治和生态修复并举，科学合理开发利用海洋资源，维护海洋自然再生产能力；要从源头上有效控制陆源污染物入海排放，加快建立海洋生态补偿和生态损害赔偿制度，开展海洋修复工程，推进海洋自然保护区建设。

中国是个海洋大国，拥有 18 000 多 km 的大陆岸线，沿海岛屿 6 500 多个。中国在沿海 200 km 的范围内，用不到 30% 的陆域土地，承载着全国 40% 以上的人口、50% 以上的大城市。整个"十五"期间，中国海洋经济以年均 11.1% 的速度快速稳定增长，海洋产业增加值占国民经济的比重已达到 4%，达到世界平均水平。海洋对于中国来说，是被寄予很大希望的、具有战略意义的资源接替空间。加强对海洋资源与环境的综合管理，规范海洋开发利用秩序，是实现海洋经济可持续发展的根本保证。因此，近岸海域环境质量的好坏对沿海地区社会经济的持续发展具有直接的影响。

近年来，随着沿海经济的快速发展、人口的增加以及城市化进程的加快，城市化率大幅度提高，工业快速发展，工业排污量也不断上涨，另外农业上化肥施用量增加也较快，这些都导致污染物排放量大幅度提高，污染物入海总量也不断增加，从而导致近岸海域水质恶化、海洋生态系统失衡、赤潮灾害频发等海洋生态环境问题日益明显。世界 51% 的海岸带已受到中度或重度的开发活动带来的威胁。由于人为干扰对生态系统造成的影响往往比自然干扰更加深远，持续时间更长，所以生态环境正面临着越来越大的压力，污染的区域范围也不断扩大。近岸海域主要受有机物和营养盐的污染，并不断加重，局部海域受油类和重金属污染较严重；在近岸海水、沉积物和海洋生物体内可普遍检出人工合成的有毒有机物质。海洋生态环境污染在不断恶化和加剧，许多近海生物会因不能忍受而数量锐减甚至灭亡，生物种类明显减少。此外，污染也会使水生生物带有异味，体内有毒物质含量超过食用标准，从而大大降低生物资源的质量和商品价值，甚至危及人体健康。目前，我国入海污染物排放的加剧，已经造成了近岸海域的 COD、营养盐、石油类和重金属等含量超标严重，赤潮频发，富营养化加剧，水质的严重污染使局部一些海域的水质达不到功能区的水质目标要求。海洋对人类生存的作用正受到沿海地区开发和陆源污染的严重危害。

对于近岸海域所出现的问题，我们应采取相应的措施来缓解近岸海域生态环境压力，制定合理的污染控制方案，对近岸海域的利用加以合理规划。在限制污染物排放量的同时，也需要了解海域自身的扩散、降解能力，为海域环境质量的分析、评价和环境区划提供依据，为国家制定环境标准和排放标准提供依据，为陆源污染物排海总量控制方法的建立以及进而制定削减方案提供必要的科学基础和技术支撑。

本书研究了大连海洋及部分陆域环境质量现状及其污染程度，分析了主要陆源污染物排放及空间分布状况，对主要污染物排放的趋势进行预估，利用环境污染系统分析指出大连市海域面临的主要环境问题，以大连市海域污染海陆一体化调控模型为指导，提出大连市海域环境保护工作的主要思路、海域污染控制具体项目建议和构建大连海域环境保护机制的设想。本书重在探索建立大连海域污染控制实施机制，力求破解跨部门的统筹、协调和资金筹措问题，提出了一系列有益建议，实现了海陆统筹、城乡统筹规划的要求。对促进大连海域环境保护形成合力，实现经济、环境和谐发展具有重要作用。

本书坚持科学性、实用性，反映近岸海域污染控制理论与实践的最新进展，力求系统全面、结构合理。全书共分6章，是集体智慧的结晶。主要参加撰写的人员有（以姓名拼音顺序）：窦应瑛、林成先、王德河、阎振元、张令、张萍萍、张英宇、曾宗鹏等。

本书获得了大连市人民政府资助。在课题的研究过程中，大连市环境科学设计研究院院长王焕顺等领导给予了指导和大力支持；中国环境出版社的领导和编辑为本书的出版做了大量工作，在此一并表示衷心的感谢！

全书写作过程中参考并引用了众多专家学者的科学研究成果，在此向相关作者表示衷心的感谢。由于海域污染控制规划涉及领域广泛以及水平的限制，可能存在疏漏、不足之处，敬请读者不吝批评指正。

作　者

2015 年 7 月

目　录

第一章　海域污染控制研究现状及方法

海洋是被寄予很大希望的、具有战略意义的资源接替空间。加强海洋资源有序利用和海域环境综合管理，是实现海洋经济可持续发展的根本保证。国际上，海洋环境管理已从以往单纯的海洋污染管理发展到当前的海洋生态环境综合管理。在海域环境质量评价、污染物浓度预测、环境容量预测的相应模型等方面开展了大量研究，海域污染的管控不仅涉及海岸带管理，而且已经开始关注污染物总量控制的海陆一体化管理。

第一节　海域污染控制研究背景

2013 年 7 月 30 日，中共中央政治局就建设海洋强国进行第八次集体学习。中共中央总书记习近平指出：要保护海洋生态环境，着力推动海洋开发方式向循环利用型转变；要下决心采取措施，全力遏制海洋生态环境的不断恶化趋势，让我国海洋生态环境有一个明显改观，让人民群众吃上绿色、安全、放心的海产品，享受到碧海蓝天、洁净沙滩；要把海洋生态文明建设纳入海洋开发总布局之中，坚持开发和保护并重、污染防治和生态修复并举，科学合理开发利用海洋资源，维护海洋自然再生产能力；要从源头上有效控制陆源污染物入海排放，加快建立海洋生态补偿和生态损害赔偿制度，开展海洋修复工程，推进海洋自然保护区建设。

随着沿海经济的迅猛发展，近海海域遭到越来越严重的污染，海域环境质量明显下降，生态环境日趋恶化。当前，在陆地资源日趋紧张和环境污染日趋严重的形势下，我国经济对海洋资源的依赖程度会越来越大，因此保护海洋环境是提高海洋资源开发能力和实现海洋强国的必然需求。

一、我国重点海域的污染现状

20 世纪 70 年代末期以来，现代海洋开发活动在迅速展现其巨大的经济效益的同时，也带来了一系列的资源与环境问题。海洋环境污染问题日渐凸显，至 20 世纪末，已有 20 万 km² 的近岸海域和近海海域受到污染，其中约 4 万 km² 海域的水质污染较重，海洋沉积物和海洋生物质量均受到不同程度的影响，赤潮频繁发生，海洋生态环境破坏加剧，生物多样性降低。比如，近海渔业资源严重捕捞过度使海洋生物资源破坏严重；入海污染物总量不断增加，致使某些海域环境污染加剧，生态环境趋于恶化；缺乏高层次的规划和协调机制造成用海行业之间矛盾突出，开发利用不合理；全球气候变化及沿海地区经济活动增加使海洋性灾害频率增高，范围扩大，经济损失程度也相应增加，后果更严重。简而言之，根据《2007 年中国海洋环境质量公报》，近岸局部海域海水环境污染依然严重。

2007 年，我国近岸局部海域水质略有好转，但污染形势依然严峻；近海绝大部分区域水质达清洁和较清洁标准；远海海域水质继续保持良好。全海域未达到清洁海域水质标准的面积约 14.5 万 km^2，比 2006 年减少约 0.4 万 km^2。较清洁海域、轻度污染海域、中度污染海域和严重污染海域面积分别约为 5.1 万 km^2、4.8 万 km^2、1.7 万 km^2 和 2.9 万 km^2。严重污染海域主要分布在辽东湾、渤海湾、黄河口、莱州湾、长江口、杭州湾、珠江口和部分大中城市近岸局部水域。

渤海：海域污染依然严重。未达到清洁海域水质标准的面积约 2.4 万 km^2，约占渤海总面积的 31%，比 2006 年增加约 0.4 万 km^2。严重污染、中度污染、轻度污染和较清洁海域面积分别约为 0.6 万 km^2、0.5 万 km^2、0.6 万 km^2 和 0.7 万 km^2，严重污染和中度污染海域面积比 2006 年各增加约 0.3 万 km^2。严重污染海域主要集中在辽东湾近岸、渤海湾、黄河口和莱州湾。主要污染物为无机氮、活性磷酸盐和石油类。

黄海：未达到清洁海域水质标准的面积约 2.8 万 km^2，比 2006 年减少约 1.5 万 km^2。严重污染、中度污染、轻度污染和较清洁海域面积分别为 0.3 万 km^2、0.4 万 km^2、1.2 万 km^2 和 0.9 万 km^2。严重污染海域面积比 2006 年有较大幅度减少。严重污染海域主要集中在鸭绿江口、大连湾和苏北沿岸。主要污染物为无机氮、活性磷酸盐和石油类。

东海：未达到清洁海域水质标准的面积约 7.1 万 km^2，比 2006 年增加约 0.4 万 km^2。严重污染、中度污染、轻度污染和较清洁海域面积分别为 1.7 万 km^2、0.6 万 km^2、2.6 万 km^2 和 2.2 万 km^2，严重污染和轻度污染海域面积均比 2006 年有所增加。严重污染海域主要集中在长江口、杭州湾、舟山群岛、象山港、闽江口和厦门近岸海域。主要污染物为无机氮、活性磷酸盐和石油类。

南海：未达到清洁海域水质标准的面积约 2.2 万 km^2，比 2006 年增加约 0.4 万 km^2。其中，严重污染、中度污染、轻度污染和较清洁海域面积分别为 0.4 万 km^2、0.2 万 km^2、0.4 万 km^2 和 1.2 万 km^2。严重污染海域面积比 2006 年增加 0.2 万 km^2。严重污染海域主要集中在珠江口海域。主要污染物为无机氮、活性磷酸盐和石油类。

二、海域污染控制的必要性

1. 海域污染的因素

海域生态环境是海洋生物生存和发展的基本条件，生态环境的任何改变都有可能导致生态系统和生物资源的变化，海水的有机统一性及其流动交换等物理、化学、生物、地质的有机联系，使海域的整体性和组成要素之间密切相关，任何海域某一要素的变化（包括自然的和人为的），都不可能仅仅局限在产生的具体地点上，都有可能对邻近海域或者其他要素产生直接或者间接的影响和作用。生物依赖于环境，环境影响生物的生存和繁衍。当外界环境变化量超过生物群落的忍受限度时，就要直接影响生态系统的良性循环，从而造成生态系统的破坏。

海洋生态平衡的打破，一般来自两方面的原因：一是自然本身的变化，如自然灾害。二是人类的活动，一类是不合理的、超强度的开发利用海洋生物资源，例如近海区域的酷渔滥捕，使海洋渔业资源严重衰退；另一类是不适当地利用海洋环境空间，致使海域污染和生态环境恶化，例如对沿海湿地的围垦必然改变海岸形态，降低海岸线的曲折度，危及红树林等生物资源，造成对海洋生态环境的破坏。海洋生物多样性的减少，是人类生存条件和生存环境恶化的一个信号，这一趋势目前还在加速发展的过程中，其影响固然直接危及当代人的利益，但更为主要的是对后代人未来持续发展的积累性后果。因此，只有加强海域生态环境的保护，重视海域污染控制，才能真正实现海洋资源的可持续利用。造成近岸海域环境污染的人为因素主要有以下几个方面：

（1）工业污染源

沿海地区是经济发展较快的地区，工业废水的排放量也呈逐年上升趋势。工业废水中含有汞、镉、铬、铅、砷、铜、锌等重金属以及无机氮（DIN）、无机磷（DIP）、溶解性有机碳（DOC）、油类等污染物。其中重金属入海后通过沉淀作用、吸附作用、络合与螯合作用以及氧化还原作用在水体中迁移转化，或被海洋生物吸收后随食物链积累与放大，无机氮、无机磷则作为海水中的营养盐而被浮游植物吸收；而 DOC 只能通过微生物分解及化学氧化进行溶解。

（2）农业污染源

目前世界上农药种类多达 1 000 余种，常用的就有 250 余种，随着农业现代化程度的不断提高和免耕法的广泛运用，杀虫剂、除草剂等用量呈逐年上升趋势。全球农药用量估计在 6 000 万 t 以上，化肥用量在 200 亿 t 以上。这其中约有 1/3 被植物吸收或滞留于土壤，2/3 以上将随径流经江河湖泊汇入海洋中构成海洋中的营养盐输入。

（3）生活污染源

随着沿海地区经济发展和人口密集化，在不足 100 km 宽的沿海地带（约占陆地总面积的 13%）居住着 40% 的世界人口。大量未经处理的生活污水排放入海，将 DIN、DIP、DOC、异养细菌、大肠菌群及致病微生物等带入海洋。

（4）养殖废水

海域资源的超负荷利用及海产养殖和滩涂养殖废水直接排入海洋，导致水体交换能力下降，水体中有机物积累，营养盐异常补充，使海域污染加重。

（5）港口船舶污染源

随着海上养殖业、捕捞业、运输业的迅速发展，船舶污染和港口作业污染使海域油类污染加重。尤其是石油泄漏事故连年不断，给海洋带来了长期的难以消除的污染。

2. 海域污染加剧的原因

（1）海洋环保意识淡薄

由于受传统观念的影响，社会公众对海洋环境的保护意识是极其薄弱的。首先，长期以来，人们认为海洋资源极其丰富，取之不尽、用之不竭，并且认为海洋面积广、容量大，其净化能力和再生能力很强，是一个天然的、巨大的垃圾处理站。其次，海洋意识淡薄。不仅是内陆和边远地区的人们海洋观念淡薄，即便是生活在海边甚至直接从事涉海活动的人们，也存在着"近海而不识海"的问题；"重陆轻海"的观念根深蒂固，海洋远不如陆地在人们心目中的地位重要。

（2）沿海经济的迅速发展给海洋环境带来了巨大压力

改革开放以来，中国沿海地区已经初步形成了以重点海域为依托的沿海经济地带。中国沿海省（区、市）总面积 125 万 km²，占全国陆地总面积的 13%，国民生产总值（GDP）占全国的 58%，而经济实力的分布又绝大部分集中在环渤海、长江三角洲、珠江三角洲等区域，其工农业总产值占全部海岸带地区的 80%。20 世纪 90 年代以来，我国把海洋资源开发作为国家发展战略的重要内容，把发展海洋经济作为振兴经济的重大措施，近 20 年来，沿海地区经济快速发展，对海洋产业的投入力度逐年增加，为海洋经济的持续、稳定、快速发展奠定了基础。"九五"期间，沿海地区主要海洋产业总产值累计达到 1.7 万亿元，整个"十五"期间，我国海洋经济以年均 11.1% 的速度快速稳定增长，海洋产业增加值占国民经济的比重已达到 4%，达到世界平均水平。沿海经济的迅速发展，加快了我国的现代化进程，但同时由于沿海地区工农业生产的迅速发展，人口的急剧增加，大量工业废水和生活污水直接或通过江河径流排放入海，近岸海域有机污染日益严重，给海洋环境保护造成巨大压力。赤潮的频繁发生就是一个显著表现。

不仅沿海经济发展加剧了海洋环境污染，主要入海河流沿岸经济的发展，也在一定程度上加剧了海洋环境的污染。2006 年通过长江、珠江、黄河和闽江等主要河流入海的污染物总量显著增加，由其携带入海的 COD、油类、氨氮、磷酸盐、砷和重金属（铜、铅、锌、镉、汞）等主要污染物的入海量约为 1 382 万 t。而这一数字 2007 年则达到 1 405 万 t，比 2006 年有所增加。而且随着未来经济总量的增加和用水量的上升，以及非点源污染治理难度的加大，流域水环境污染在短期内还有加重的趋势。

（3）相关制度不完善，现有制度执行效果不明显

陆源污染防治的有关制度不完善，现有制度执行效果不明显，使陆源污染治理的效果大打折扣。这种缺陷突出表现在我国的排污许可证制度中，首先，排污口设置不合理。2007 年，全国实施监测的入海排污口 573 个（渤海沿岸 100 个、黄海沿岸 185 个、东海沿岸 118 个、南海沿岸 170 个），其中工业和市政排污口占 70.3%，排污河和其他排污口占 29.7%。设置在海水增养殖区的排污口占 32.8%，设置在旅游区（度假和风景旅游区）的占 11.5%，设置在海洋自然保护区的占 1.2%，设置在港口航运区的占 33.5%，设置在排污区的占 7.5%，其他海洋功能区的占 13.5%，排污口设置不合理的现象依然存在。其次，我国沿海城镇的污水处理率较低，大量未经有效处理的污水被排放入海，从而导致近年来陆源污染物年入海量以 5% 的速度持续递增。根据历年中国统计年鉴关于我国主要沿海城市工业废水排放量及直接入海量的数据，经计算可以得出 1999 年我国主要沿海城市工业废水直接入海率为 37.13%，2005 年为 34.16%，2006 年为 30.79%。由此可见，人类工业生产中产生的废水 1/3 左右是直接排放入海的。再次，沿海城镇生活污水的大量排放也是导致海域污染的重要方面。最后，各排污口超标排放现象严重。2006 年监测数据表明，近 90% 的被监测排污口存在超标排放现象，在所监测的 115 km² 的重点排污口邻近海域，全部为劣四类水质。从 2007 年各省（自治区、直辖市）入海排污口超标排放情况统计来看，部分省市超标排污口所占比例虽然较往年有所下降，但总体而言，超标排污的现象仍然呈加重趋势，沿海 11 个省市的超标排污所占的比例均在 75% 以上，甚至某些地方高达 100%。超标排污的现象及其严重的趋势仍不能完全被遏制。国家海洋局发布的《2006 年中国海洋环境质量公报》

显示，渤海沿岸超标排放的排污口比例高达 90%之多。由此可见，现有的排污许可证制度尚存在不足之处。国家虽然意识到了海陆统筹的重要性，但是在实际工作中，遵循的仍然是"以陆定海"，只注重陆地上的污染防治，而忽略了海洋的承载能力。即使是达标排放，如果不从总量上加以控制，照样会对海洋造成严重污染，但是对于总量控制制度，还没有完善的法规和管理办法，仅在《中华人民共和国水污染防治法》中提到了要在污染严重的流域实行总量核定制度，这对于开展工作极为不利。

（4）公众参与缺乏主动性

我国陆源污染防治工作走的仍然是政府主导型的道路，公众没有在陆源污染防治工作中发挥应有的作用。我国日益恶化的海洋环境尤其是渤海陆源污染状况的加剧，让我们清楚地认识到，陆源污染防治工作，仅仅依靠政府是不够的，公众深受环境污染的危害，他们对环境污染有着切肤之痛，而且他们也是污染源的制造者之一，他们有义务为陆源污染防治尽上自己的一份力量。由于我国行政执法人力、财力等多方面原因的限制，公众对排污的监督不会那么及时和到位，而且由于有些政府领导污染防治观念不强，监督的效果也会大打折扣。

（5）人口压力不断加大

以海洋为依托的沿海经济对我国经济发展和社会进步起到了重要的促进作用。在沿海 200 km 的范围内，不到 30%的陆域土地，承载人口近 5 亿，占全国的 40%。沿海岸宽约 60 km 的狭长地带，是全国人口最集中、经济最发达的区域。仅珠江三角洲地区，在占全国 0.4%的国土面积上就聚集了全国 3%的人口。研究表明，目前和今后一个相当长的时期内，都存在着人口趋海移动的问题。到 21 世纪中叶，我国人口将会达到 16 亿，其中也可能有 60%的人居住在沿海地区，人口密度将超过沿海地区人口承载力。由于人类活动产生的大部分污染物最终会直接或间接地进入海洋，这些污染物大大地超过了海洋的承载阈值，致使海洋污染情况趋于严重。

（6）经济、社会发展模式落后

人口增长、经济社会发展是形成环境污染的主要动因，但不是主要原因。落后的经济、社会发展模式才是环境污染的主要原因；单纯追逐 GDP 发展模式是造成环境污染的主要原因。没有经济的发展，就没有 GDP，GDP 成了经济发展的晴雨表。但是传统的"高消耗、高污染、高排放"的粗放型增长模式导致了严重的江河污染、海洋污染、生物污染，某些地区的经济发展是靠牺牲本地区乃至其他地区的环境利益得到的。按照目前的污染和防治水平，10 年后我们的经济总量翻两番时，污染负荷也会跟着翻两番。

企业追求利益最大化是造成环境污染的重要原因。企业要发展，必须靠积累才能不断扩大再生产的能力。因此，一些企业法人就把追求企业利益最大化定为唯一目标。一切生产成本要从利益最大化中削减下来，排污就成为削减企业成本的丰厚利润。一是未经处理直接排污，不需支付任何费用；二是配备安装治污设备，供相关部门检查之用，检查时开机，检查后关机，基本上不支付费用；三是虽有治污设备，却常常开开停停，支付费用较少；四是选择时间排污，白天不排，晚上排；五是深埋管道排污。一些企业检查时河水变清，过后河水又变黑变臭。污水排入江河、径流入海，最终造成近岸海域的严重污染。

3. 海域污染的潜在影响

由于海洋的流动性和范围的广阔性，海洋成为了人类的共有物，没有所有权制度对海洋环境进行保护。因为海洋环境的这种无主物和共有物的法律特性，虽然人们设计了很多的法律制度措施来控制污染物对海洋环境的污染，但随着经济的发展，入海污染物的总量有增无减。污染物大量排放，致使近海海域污染日益严重，生态环境不断恶化，渔业资源日渐枯竭，生物多样性锐减，海域功能明显下降，资源再生和可持续发展利用能力不断减退。

（1）发生赤潮

污染物对海洋环境造成的最明显的损害之一就是赤潮的发生。赤潮是在特定的环境条件下，因为原生动物或细菌爆发性增殖或高度聚集而引起水体变色的一种有害生态现象。究其根本原因是大量的工农业废水和生活污水排入海洋，导致近海水域富营养化程度增大。20 世纪 70 年代赤潮每两年发生 1 次，80 年代增加到每年 4 次，到了 90 年代之后，每年竟发生 30 次左右。2000 年我国海域共记录到赤潮 28 起。2001 年，全国海域共发现赤潮 77 次，累计面积达 15 000 多 km^2，比 2000 年增加 49 次，增加面积约 5 000 km^2。2006年全年共发生赤潮 93 次，较 2005 年增加约 13%；赤潮累计发生面积约 19 840 km^2。

赤潮的发生会影响水体的酸碱度和光照度，大量消耗水体的营养物质，并分泌一些抑制其他生物生长的物质或者附着在鱼贝类的表面导致其窒息死亡。赤潮对水产养殖业的危害有时是毁灭性的。在已报道的赤潮事件中，约 60%的事件对水产养殖和捕捞业造成直接经济损失，其中约 30%的事件是灾难性的，使受害区养殖业经济损失达 80%以上。2004年，全国共发生渔业污染事故 1 020 次，造成直接经济损失 10.8 亿元。因环境污染造成可测算天然渔业资源经济损失 36.5 亿元，其中内陆水域天然渔业资源经济损失为 8.6 亿元，海洋天然渔业资源经济损失为 27.9 亿元。

（2）破坏海洋生物资源

生产和生活中产生的废物进入海洋，散播到海洋生物生存的空间，使近岸海域海洋生物生存环境丧失或改变。生命力较弱的海洋生物会因环境的改变而死亡，造成物种消失；生命力强的生物也会因为环境的改变而发生变异，引起海洋生态环境的连锁反应。这些会导致生物群落结构异常，海洋生态系统处于亚健康状态。

污染物的排放影响鱼类的生存环境。如湾内栖息地减小，鱼类洄游的产卵场和索饵场遭到一定程度的破坏，致使经济鱼类显著减少，且出现小型化、幼龄化。同时，人类对海洋的污染程度加重，海洋沉积物质量不断下降。而海洋沉积物是许多海洋生物，特别是底栖生物赖以生存和生长的环境。由于底栖生物大都具有富集污染物质的功能，致使海洋贝类体内污染物残留水平过高。

2007 年排污口邻近海域生态环境监测与评价结果显示，实施监测的排污口邻近海域面积 940 km^2，其中海水质量为四类和劣四类的海域面积达 530 km^2，占监测排污口邻近海域总面积的 56%；约 53%的排污口邻近海域生态环境质量处于差和极差状态；排污口邻近海域生物质量低劣，底栖经济贝类几近绝迹。

（3）影响海洋大气

从大尺度范围来看，海域生态环境问题可通过海洋大气及环流而扩大影响。主要因为污染改变了海面性质，大量固体、分散的油污体成为吸热体，使海洋蒸发能力上升，从而影响了水分循环。特别是发生于热带海域的大规模石油污染和赤潮，其后果更为严重。我国东海、南海位于亚热带和热带地区，这里恰是世界上最强大的季风环流发源及必经之地。如果这些海域发生严重的污染，其影响将波及整个亚洲。

（4）影响海面环境

据我国验潮站（潮位站）资料统计，近几十年来，我国海平面年平均上升 1.5 mm。全局性海平面上升与气候变暖有关，区域性的相对海平面上升与人为因素有关。然而，在同等条件下，长期海洋污染可使蒸发增加、水循环加快。但是，由于大气增温使其水汽含量增加，故降水也增多，又可使海平面下降；海平面下降又使海域面积减小，水循环的范围和强度削弱，陆地干旱加强，即海洋生态环境问题扩大化。人为地把超过正常水温 4℃ 以上的热水排入海洋造成的海洋热污染，使海水温度不断升高，海洋生态环境受到破坏。

（5）影响人类健康

污染物对海洋的危害结果也会体现在人类自己身上。20 世纪 60 年代发生在日本的水俣病和骨痛病就是最形象的例证。因为工业废水污染了海洋，使得重金属在水体内和鱼体内富集，当人们饮用水和食用了鱼类后，重金属又转移到人体内，最终造成人患疾病和死亡。因此，应加强海域污染形成与污染控制机理研究，尽快建立适合近海特点的污染控制体系，有效推进我国的海域生态环境保护工作。

三、海域污染控制存在的问题

1. 海洋环境面临巨大压力

沿海地区是我国经济最发达的地区，其社会经济呈持续快速发展态势，国内生产总值增长迅速，若不采取有效的控制措施，陆域和海上排污量亦会大幅度增加。沿海地区经济和人口的持续增长使河流及近岸海域水环境面临巨大压力。

2. 控制工程建设任务艰巨

"十五"期间，由于项目建设能力和资金投入力度不足，部分建设项目无法按计划完成，须调整延续至"十一五"期间完成。此外，"十一五"期间，沿海地区面临着污染物负荷大幅度增加、社会经济发展对环境提出较高要求的双重压力，污染物削减任务仍将十分艰巨，各类污染控制计划工程项目的投资、建设和管理运行方面均存在一定的困难和挑战。

3. 监管工作面临挑战

"十五"评估结果表明，目前海洋环境的监督管理工作并不能完全满足环境保护的需求，监管水平仍有待提高，监管力度也有待加强。"十一五"期间，随着经济和人口的快速增长，污染负荷排放将大幅度增加，使得环境保护任务艰巨。必须重视和强化海洋环境保护相关部门的监管能力建设，同时，充分发挥各涉海部门的监督管理作用，加强部门间的统筹和协调，共同推动和保障各类工作的落实，应对可能发生的问题，促进保护海洋环境、减少陆源污染目标的实现。

第二节　海域污染控制研究现状

一、模型化研究

1. 海域环境质量评价模型

（1）国外研究动态

国际上，海洋环境管理的趋势已从以往单纯的海洋污染管理发展到当前的海洋生态环境综合管理。相应地，海洋环境质量评价也从以往单一的污染状况评价（包括水质、沉积物和生物体）发展到海洋生态环境质量综合评价。国际上有代表性的被广泛应用的两种河口和沿岸生态环境质量综合评价模型，分别是欧盟的"生态状况评价综合方法"和美国的"沿岸海域状况综合评价方法"。其中，"生态状况评价综合方法"选取了 3 类质量要素来对河口和沿岸海域的生态状况进行评价，即生物学质量要素、物理化学质量要素和水文形态学质量要素。方法中并未给出确定类型专属参考基准的统一的、具体的方法，各成员国需根据国际通用的一些分析、判别手段来确定类型专属参考基准。例如，对生物学质量要素和一般物理化学质量要素的分析和判别可采用欧盟"综合评价程序，OSPAR-CIMPP"，美国"河口营养状况评价，NFFA-ASSFTS"、河口生物完整性指数、香农-威纳指数（Shannon-Wiene Index）等。"沿岸海域状况综合评价方法"是美国国家环保局根据"净水行动计划"（Clean Water Action Plan）中关于沿岸水域状况综合报告的要求而设计的。这种方法选用了 7 类指标来评价沿岸水域质量状况，它们是水清澈度、溶解氧、滨海湿地损失、富营养化状况、沉积物污染、底栖指数和鱼组织污染。按照评价海域的现状对这 7 类指标进行赋分（好=5、一般=3、差=1），这 7 类指标的平均值即为评价海域的总状况分值，并据此划分为相应的等级。

（2）国内研究动态

我国的海洋环境质量评价尚停留在基于不同介质（海水、沉积物、生物体）的污染评价，如国家海洋局发布的《中国海洋环境质量公报》中一直是各种介质的污染状况评价和分级内容。评价标准中未包含浮游和底栖生态系统结构和功能变化、富营养化和赤潮、滨海湿地等生态指标，也未包含稀释和冲刷能力（海湾、河口等）等水动力指标。而这些指标是海洋环境质量评价中必不可少的、最重要的评价指标。这一评价体系已远远不能满足我国海洋环境综合管理的需求，成为制约我国海洋生态系统管理和海洋生态环境保护工作发展的瓶颈。我国常用的海洋环境评价主要从以下两个方面来进行：

1）海水水质评价

海水水质有机污染状况采用有机污染指数法评价（A 值），其他水质因子污染状况采用单因子质量指数法评价，其评价标准采用《渔业水质标准》和《海水水质标准》中一类海水水质标准。在海洋环境质量综合评价时，有机污染 A 值各等级可相应换算为相应等级的 P_i 值。

2）水质富营养化评价

目前我国对水质富营养化水平还没有统一的评价标准，日本的上田和夫和冈市友利等提出过水质富营养化的划分及评价模型，我国学者也提出过水质富营养化评价指标。概括起来包括：单项指标-富营养化的阈值法、综合指数法[包括营养指数（E）、有机污染评价指数（A）和生物多样性指数（H）]。杨新梅等在 1997 年 11 月对大连湾设置调查站位 22个，对 COD、无机氮、IP、油类等进行了现状调查及评价，利用水质单因子指数法和富营养化指数法得出大连湾水体有机污染和富营养化状况。邱春霞等对大连湾海域的水化学要素（N、P、Si、DO、COD、pH、盐度等）和生物体化学要素（浮游植物、浮游动物等）的含量水平和分布进行了调查研究，并采用富营养化阈值法、综合指数法和生物多样性指数法这 3 种不同的评价方法对大连湾海域水环境质量进行富营养化评估、有机污染评估和生物多样性的评估。李震等在对大连湾海域的溶解氧、盐度、氨氮等水质指标和浮游生物、叶绿素等生物状况进行调查分析的基础上，采用富营养化指数评价法和香农多样性指数法评价了大连湾海域的水质和生物现状，并对大连湾海域富营养化现状及控制进行了初步探讨。

2. 海域污染物浓度预测模型

实现污染物总量控制涉及多方面的内容。对主要污染源及水质的调查、评价是实施总量控制必需的前提步骤，而环境容量的计算以及容量的分配则是总量控制的基础与核心。近岸海域受潮汐和复杂地形的影响，水动力条件复杂。另外，人们对不同海域往往提出不同的功能要求。因此，近岸海域入海污染物的总量控制较流域总量控制要困难得多。

近岸海域浓度预测模型包括潮流数值模型、海洋生态动力学模型、人工神经网络与遗传算法。建立潮流数值模型、生态动力学模型和人工神经网络对于近岸海域环境管理和环境保护具有重要的意义。

（1）国外研究动态

1）潮流数值模型

潮流数值模型是海洋数值模型的基础，也是海洋数值模型中难度最大、最难建立的模型。沿岸海域及潮间带已成为人们越来越重要的经济活动区域，这一区域的海岸工程和制约人们经济活动的海洋环境都涉及近岸潮流这一动力因素，因此，研究近岸浅海的潮流模型具有重要意义。

潮流数值模拟就是利用数值离散通过求解潮流运动控制方程组来模拟潮流运动。潮流数值模拟开始于 20 世纪 20 年代，50 年代后，海洋流场的数值模拟工作全面展开，先后有大量的数值模型出现。

按维数来分，流场数学模型可分为一维模型、二维模型和三维模型，目前一维、二维模型得到广泛的应用，已经达到实用化的程度。但由于一维、二维模型本身具有局限性，随着计算机技术和计算技术的发展，三维模型成为潮流数值模型的主流。

国外的三维模型应用开始于 20 世纪 70 年代末，Lendertse 的工作具有开创性，基于简化过的三维浅水方程，他在垂直方向采用固定分层方法，建立了海湾三维潮流、盐度模型，更好地模拟地形的变化。Phihps 提出的坐标变化方法被应用到三维模型中，为了较严格地确定涡动黏性系数和扩散系数，湍流模型理论在潮流模型中得到了应用。Mellor 和 Yamdaa 建立的海洋三维紊流模型经过十几年的发展，在全世界得到了最广泛的应用。Cuasulh 对三维模型的发展也做了相当多的工作。

目前研制出的三维流场模型非常多，这些模型各有特点，可以从以下几个特性进行分类：垂直方向坐标、水平网格、垂向涡动扩散系数、海面处理方法、数值计算方法、边界处理等。

①垂直方向采用不同的坐标可以分为 z 坐标系、σ 坐标系和等密度坐标系。

②水平方向坐标分为直角坐标、曲线正交坐标、非正交曲线坐标。

变量的空间配置有 Arkawaa A、B、C 网格等。

③湍流参数化。垂向湍流参数化是流场模型的重要问题，垂向湍流扩散系数有：取常数、采用 Prnadtl 混合长模型、采用 k 方程模型、采用 k-k_1 封闭模型等。水平混合参数有：忽略不计、取常数、采用 Smagrins 场公式求解等。

按是否考虑温盐对流场的影响可以将流场分为正压模型和斜压模型。正压模型不考虑温盐对流场的影响；斜压模型考虑温盐对流场的影响。

④海平面处理方法有刚盖假定和自由波动两种。刚盖的方法不考虑海道平面的波动，略去了易造成计算不稳定的快速传播的外重力波和 Kelvin 波，时间步长可以取得比较大，常用于大洋模型，但不适合应用于潮波和风暴潮中。

⑤数值计算方法。在空间离散上有有限差分法、有限元法和有限体积法。在时间积分上有显式、隐式、半隐半显格式以及时间分步方法。其中，时间分步方法被许多模型采用，其基本思想是引入一个或多个中间变量，在每一时间步内把对时间的积分分解成两个或多个子时间过程。如著名的 ADI 差分格式、预测-校正格式以及高阶 Runge-Kutta 法等。

⑥边界处理。流场模型的边界包括开边界和岸边界。对于开边界条件，有些模型采用实测资料，有的采用单一分潮或多个分潮的组合潮位，有的模型采用嵌套处理，建立嵌套模型。对于岸边界，有的采用固定边界，有的采用活动边界作漫滩处理，对河口、海湾水域，如果出现大范围漫滩，应该采用动边界模型。目前应用较多的动边界处理方法有干点法、湿点法、窄缝法和自适应网格等方法。国际上较为流行的三维潮流模型有：Prinecotn 大学以 Mellor 为首的海洋动力环境数值模拟小组的 POM（Prinecet Ocean Model）模型、ECOM-SI（Esutarine Coastaland Ocean Model-semi-implicit）模型；美国麻州大学 FVCOM（Finite Volume Coastand Ocean Mdoel）模型；德国汉堡大型海洋研究所汉堡陆架模型 HANSOM（Hamburg Shelf Ocean Model）；美国 Rand 公司的 Rand 模型；美国陆军工程兵团的 CH3d 模型；意大利的 Trim3d 模型；荷兰的 Deltf 水利学实验室的 Deltf 模型。其中，最有代表性的有限差分方法的模型就是 POM 和 ECOM-SI 以及相似的 SPEM 和 SRUM，较有代表性的有限元模型是 QUOUDY。有限差分方法是最简单的数值离散方法，它最大的优点是计算结构简单、计算速度快、容易修改调整；最大的弱点是对复杂岸界拟合较差。虽然在有限差分中引入正交曲线坐标系和非正交曲线坐标系在一定程度上改变了对较为平滑的浅海岸线的拟合精度，但对弯曲多变的岸界、群岛等复杂的几何结构仍束手无策。

有限元最大的优点是几何易曲性。通过采用非结构三角网格，有限元模型能够精确地拟合复杂曲率的岸界，在网格设计上基本解决了浅海模型中最令人头痛的复杂岸界拟合问题。可是传统的有限元模型计算量较大，主要应用在海洋工程界。近年来有限体积数值计算方法在流体力学方面受到人们的重视，与有限差分和有限元方法不同，有限体积法不直接求解二阶的海水运动方程组，而是通过从数值上求解方程组的积分形式。这种方法综合了有限差分方法的计算速度效率和有限元方法的网格易曲性。

2）海洋生态动力学模型

近海水质模型是海洋环境管理的重要工具。较早出现的水质模型主要是预测保守物质的物质输运模型。近年来近岸海域赤潮频繁发生，进入 20 世纪 90 年代，随着 GLOBEC 计划（Global Ocean Ecosystem Dynamics，全球海洋生态动力学研究计划）的出台，兴起了海洋生态动力学模型研究的热潮。

海洋生态系统动力学传统的研究方法是强调生物自身循环，生物状态变量包括各类复杂的自养和异养系统以及它们之间的相互关系，强调完善的生物化学过程。这类模型在某种程度上忽视了物理场的作用。当今生态系统研究的潮流和正确的研究方法应该是：首先模拟物理环境场，在物理场模型较完善的基础上，从简单到复杂逐步发展生物模型。这类模型以过程研究为主，生物状态变量的个数视研究的目的和获得资料的情况而定，不盲目增加变量的个数。

汉堡欧洲北海生态模型（ECOHAM）属典型的海洋生态模型，它强调完善的生物、化学过程。美国以陈长胜为代表的学者强调物理-生物过程的耦合作用，突出过程的研究。近年来，美国乔治浅滩、密歇根湖、Stilal 河、切萨匹克湾、佛罗里达沿岸，欧洲的北海、地中海、亚德里亚海、波罗的海，日本的濑户内海，中国的胶州湾、渤海、长江口等海区都曾进行过生态系统的研究。

3）神经网络模型

国外神经网络在水质量预测的研究开始于 20 世纪 80 年代，随着计算机技术的快速发展，模糊数学、随机模型、灰色系统和人工智能等理论方法与计算机技术相结合的水环境评价方法研究也相当活跃。因此，神经网络应用到水环境质量预测的理论研究得到了很大发展。Marier H.R.和 Dandy G.C.以神经网络对南澳洲 Murray 河的含盐度加以提前 14 天以及实时预报，结果较好。L.Desilets、B.Golden 和 Q.Wang 等应用 BP 神经网络对 Chezsapeake 海湾的含盐度进行了预测。J.Morshed 和 J.J.Kuluarachchi 将神经网络回归分析结合遗传算法用于解决关于轻烃污染物迁移的建模参数估计，认为该方法简洁、有效。Qing Zhang 和 Stephen J.Stanley 用 ANN 模型技术建立了预测河流中原水测度的模型，用 ANN 预测出当天的原水色度与第二天的原水色度的区别，再将预测出的区别增加到当天的原水色度上，以此得到第二天原水色度总的预测值。Ching-Gung Wean 等提出基于多目标最优化的神经网络来控制水污染和进行河流流域规划。

近几年来，人工神经网络在水质模型方面的应用也取得了飞速的发展。T.R.Neelakantan 与 N.V.Pundan Kanthan 用人工神经网络建立了水库运行的模拟-优化模型；Marina Campolo 用 ANNs 来预测河流枯水期的流量并得出结论：当它与水质模型相结合时对河流的水质管理非常有用；Bin Zhang 结合贝叶斯概念和 Bayesian Concepts 组合的 ANN 来预测集水区的径流量；V.Chandramouli 和 H.Raman 用动态规划和 ANN 来模拟多水库水系的运行方案；Sharad Kujrnar Jain 用 ANNs 开发了综合的沉淀速率曲线，ANNs 被用作胡克和吉维斯非线性规划（Hooke and Jeeves nonlinear programming）模型的子模型，来寻求水库运行近似最优方案，结果表明：该模型比常规的模拟-优化模型结果更精练。

（2）国内研究动态

1）潮流数值模型

国内的学者针对渤海、黄海、东海、南海发展了一些三维潮流数值模型，有孙文心等利用流速分解方法建立的三维空间非线性潮流数值模型；沈育疆等对整个东中国海做的潮流数值模拟；奚盘根等建立的非线性三维潮波边值问题模型；孙英兰等建立的渤海三维斜压模型；石磊等用分步杂交方法建立的三维浅海流体动力学模型，采用 σ 坐标，时间上采用分步方法，模型采用三角形网格，具有较好的灵活性；白玉川的分层拟三维水流数学模型，对广西廉州湾潮流进行了模拟；方国洪的斜压海洋动力学三维数值模型，采用内外模型分离，外模态采用 ADI 方法，内模态采用半隐半显格式，可用于潮汐、潮流和风暴潮的模拟。近岸海域和漫滩过程的潮流数值模拟近年来也取得了满意的结果。目前已有不少数值模型研究工作采用干、湿点方法，或者采用运动学边界条件的坐标变化，技术比较成熟。

同欧美发达国家相比，我国缺乏在国际上有影响力的数值模型，大部分模型是在国外模型的基础上根据区域特点添加一些过程改进而来的。POM 和 ECOM 模型是国内应用较多的模型。

2）海洋生态动力学模型

20 世纪 90 年代，我国先后启动了渤海、黄海、东海生态系统动力学和生物资源可持续利用，以及近海有害赤潮发生的生态学、海洋学机制及预测防治等研究项目，海洋生态系统动力学蓬勃发展。许多生态模型相继建立，并在渤海、黄海、胶州湾和长江口等海域做了有益的尝试。崔茂常等建立了一个中国东海中心区域的一维生态模型，模拟了包括浮游植物、浮游动物、自养和异养细菌、硝酸和 DOC 在内的各组分垂直分布的季节特征。翟雪梅等对受控虾池的生态系统作了较好的模拟。吴增茂、俞光耀等利用箱式模型对胶州湾水体中营养盐、浮游植物、浮游动物、DO、POC（过氧化酶）、DOC 等的周年变化作了较好的模拟再现。王寿松等根据大鹏湾夜光藻赤潮发生要素的结构关系，利用生物种群生态学和营养动力学的原理，提出夜光藻-硅藻-营养物质三者相关的动力学模型，尝试模拟了大鹏湾赤潮全过程；乔方利等基于中日合作长江口海域生态围隔实验数据，建立了长江口六变量赤潮生态动力学模型，讨论了光照和营养盐对赤潮形成的影响；赵亮和魏皓在渤海建立了基于氮、磷循环的三维初级生产力模型，对渤海氮、磷循环和收支进行了研究，定量分析了不同过程对营养盐收支的贡献。刘桂梅基于 ECOM 模型并结合生态模型（NPZ 模型）就关键物理过程对黄海、渤海浮游生物的影响进行了研究。田恬、魏浩等建立了一个生物-物理耦合的三维营养盐动力学模型，模拟了黄海无机氮、活性磷酸盐和叶绿素 a 的年循环规律，估算了黄海夏季营养盐收支情况和季节差异。管卫兵等建立了生态型水质模型，采用三维模型，与斜压水动力和泥沙模型联立运行，模拟了珠江河口营养物质循环和溶解氧的分布。高会旺、王强以浮游植物量、浮游动物量、营养盐浓度以及碎屑为生态变量，在 HANSOM 水动力学模型的基础上建立了一个三维浮游生态动力学模型，研究了渤海 1999 年浮游植物量和初级生产力的变化情况。美国陈长胜同国内学者合作，对胶州湾、渤海和长江口海域的生态系统进行了研究。

我国的海洋生态动力学的研究刚刚起步，无论资料的积累还是模型的研究，都与发达国家存在较大的差距。今后一段时期内我国的海洋生态系统动力学模型的发展趋势为：①模型向着结构越来越复杂的方向发展，在大量系统的现场观测的基础上对某一海区生态系统进行比较完善的模型研究。②通过模型研究近岸海域营养盐的来源、去向及其对浮游生物的影响，以解决富营养化问题。③以物理海洋学为基础，联合交叉生物海洋学、化学海洋学等学科。④以较完整的物理过程为基础，从简单的生物过程开始，一步一步研究物理与生物场的耦合关系。

3）神经网络模型

神经网络方法符合水环境的特点，在水质预测上具有很大应用前景。国内的神经网络在水质量预测方面的研究起步较晚。进入 20 世纪 90 年代后期，国内对 ANN 在水质评价与预测领域的研究得到了很快发展。郭宗楼、刘肇伟以三层前向网络和改进的 BP 算法，探索了人工神经网络在环境水质量评价中应用的合理性和可靠性，认为人工神经网络方法具有客观性和通用性。薛建军等将人工神经网络技术应用于水质综合评价，提出了水质综合评价的 BP 网络模型，并用实例检验该模型的可行性和适应性。杨志英根据人工神经网络的原理，建立了项目综合评价网络模型，分析了 BP 网络的学习规则，并应用该模型对湖泊富营养化程度进行了分析评价，为防止水污染提供了科学依据；郭劲松等将模糊数学与神经网络相结合，首次提出了水质评价隶属度 BP 模型，有效地克服了模糊综合指数法评价结果偏重和灰色聚类法评价结果偏轻的缺陷，提高了评价结果的准确性和可靠性；李家科等就径向基函数人工神经网络（RBF）在水质评价中的应用做了探讨，分别从网络结构的选择、可调参数的优化方法和学习样本的代表性三方面作了详细的分析、阐述，并提出了一些解决办法；杨国栋等用人工神经网络和综合污染指数法对同一实例进行了比较研究，研究结果可看出人工神经网络的优越性，在用于水质预测时适应性强，结果客观、合理；张伟运用 ANN 方法进行了地下水水质现状评价及预测，分析了吉林市地下水污染的成因和途径以及地下水污染的变化规律，提出了合理化建议。

3. 海域环境容量预测模型

（1）国外研究动态

目前，环境容量的理论研究工作正处于由定性描述向定量计算发展的阶段。联合国海洋污染专家组 1986 年给出了海洋环境容量的计算方法，即建立箱式模型，该模型包括污染物输入、输出和悬浮物吸附等 3 个过程。

近年来，国外许多学者对海洋环境容量展开了一系列的研究。Margetar 等于 1989 年对南斯拉夫 Kastela 湾环境容量进行了研究，提出了具体的研究方法；Ernestava 等于 1994 年对光化学氧化活化产物对自然水体游离自由基自净过程的机理和影响因子进行了讨论；Ye 等于 1995 年利用细菌动力学估算了厦门西海域的 COD 和 BOD 环境容量；Duka 等于 1995 年对自然水体中的有机物的自净容量进行了模拟。

目前，不同国家的学者正在相继展开海洋环境容量的深入研究，并提出了海洋环境容量的预警原理（Precautionary Principle）。

（2）国内研究动态

海洋环境容量的研究在我国开始于 20 世纪 70 年代，其发展过程主要为：

①20 世纪 80 年代初，研究方向主要集中在水污染自净规律、水质模型、水质排放标准制定的数学方法上，从不同角度提出和应用了环境容量的概念；

②"六五"期间，高校和科研机构联合攻关，把环境容量理论与水污染控制规划相结合，对污染物在水体中的物理、化学行为进行了比较深入系统的研究；

③"七五"期间，环境容量推向系统化、实用化的新阶段；

④"九五"期间，国家海洋局对大连湾、胶州湾和长江口环境容量进行了研究；

⑤21 世纪，综合考虑物理、化学、生物过程成为海洋环境容量研究的重点。

吴俊等 1983 年通过求潮差移动量及涨落潮浓度差和海水交换率，研究了污染物输运与海水之间的定量关系；匡国瑞、王寿景、曾刚等分别对乳山东湾、厦门西港海水交换进行了初步计算；郑漓于 1990 年建立了伶仃洋全海域二维水质模型，并对污染物排放负荷与水域水质之间的输入响应关系进行了研究；姜太良等于 1991 年计算了莱州湾海水交换及环境容量；韩保新等于 1993 年对澳门周围水域进行了功能区划，并计算了不同组合条件下的"排放点容量"；陈慈美等于 1993 年研究了厦门西海域磷的环境容量；张银英等于 1995 年研究了珠江口油类的自净规律，发现油类降解最为迅速，并估算了油类的自净系数；陈春华于 1997 年用水动力交换和海水化学自净作用相结合的方法研究了海口湾海域的自净能力，计算了海口海域铜的自净能力；陈伟琪等于 1999 年对厦门西海域环境容量进行了研究；李适宇等于 1999 年用分区达标控制法求解了海域环境容量；詹兴旺等于 2001 年采用水体区域划分的方法对安海湾环境容量进行了研究；郭良波等于 2005 年采用最优化法计算了渤海环境容量。朱静于 2007 年对曹妃甸近岸海域水污染物输移规律和环境容量进行了研究。

二、管理及控制研究

1. 海岸带综合管理

（1）国外主要研究动态

海岸带综合管理概念大致从两条平行的途径同步提出：一是在 20 世纪 90 年代初联合国环境发展大会制定的《21 世纪议程》的框架下逐步提出的；二是学术界在海岸海洋科学研究的积累下提出的。前一个途径中，此概念在一系列的会议和国际环境保护及可持续发展的有关计划中频繁使用。诸如气候变化对低海岸地区的影响、控制陆源污染物和珊瑚礁保护等。与此同时，海岸带地区又是科学家一直研究的重点区域，由于获取资料的相对容易和经济发展需要作为强大的推动力，海岸带地区无论是海洋部分还是陆地部分，其研究的历史，范围和广度都比深海大洋要深入得多，其认识也相对深入。由于客观上海岸带地区是物理过程、化学过程、生物过程和地质过程相互作用较为活跃的地区，其交叉综合研究就自然成为一种趋势，再加上人类活动的加剧，对环境产生的作用在某种程度上可以和自然过程产生的作用相当或不可忽视，就使得海岸带综合管理更加符合学科发展规律和必然。20 世纪 70 年代和 80 年代，不少国家开展了海岸带综合管理，其目的不完全一样，对海岸带综合管理制度的历史作用认识也不深刻。美、英、法、日等国使用的概念也不同，如"海岸带管理""海岸资源管理""沿海地区管理"等。这些国家开展海岸带管理都是针对某些问题的反应行为，被动性很大。例如，美国旧金山湾岸线被各种用户占据，1965 年只有 4 英里[①]岸线允许公众进出，因此解决"公众到达"问题就成了突出问题，1985 年已有 100 英里公众进入的岸线。该湾 1965 年以前每年填海 930 hm^2，根据公众"救救海湾"的呼吁，旧金山湾开发保护委员会开始管理填埋活动，减少到每年 6 hm^2。美国的其他州和其他国家都有类似的情况。80 年代中后期，人们发现只靠单项管理活动不能解决海岸带资源枯竭、生态环境退化和综合利用问题，海岸带综合管理的概念应运而生，许多文献中开始出现 Integrated Managementon Coastal Zone（海岸带综合管理），并且讨论其含义和可行性。这种综合管理概念与早期的海岸带管理的不同之处在于，它试图用综合的方法，解决海岸带环境退化、资源枯竭以及经济社会协调发展问题，其目标是协调各种活动，保证海岸带地区的可持续发展。这就在认识上出现了一个飞跃。

1992 年，联合国环境与发展大会在海岸带综合管理问题上解决了两个问题：①肯定了海岸带综合管理的广泛适用性，号召沿海国家普遍实行海岸带综合管理。《21 世纪议程》第 17 章指出："沿海国承诺对其管辖内的沿海区和海洋环境进行综合管理和可持续发展。"②对海岸带综合管理的作用认识深化了，肯定了它是保证可持续发展的一个重要手段，而不仅仅是解决某个阶段急迫问题的应急措施，正如 1993 年世界海岸大会宣言所说的："海岸带综合管理已被确定为解决目前和长期海岸带管理问题，包括生境的丧失、水质的下降、水文循环中的变化、沿岸资源的枯竭、海平面上升的对策及全球气候变化影响等问题。它也是确定和预见未来机会的一种方法。对此，海岸带综合管理是沿海国家包括沿内陆海国家实现可持续发展的一种重要手段。"这次大会可以说是世界海岸带管理新阶段的标志：一是世界 90 多个国家参加了大会，并承担了开展海岸带综合管理的任务；二是初步形成了科学的海岸带综合管理理论、方法和措施，使海岸带综合管理走上了更加成熟的阶段；三是这次大会之后，许多国际组织支持发展中国家开展海岸带综合管理试点，使许多国家的海岸带管理工作向前推进了一大步。

海岸带综合管理制度能否真正建立起来，至今仍是有争论的问题。在学术界，国内外都有一些学者认为，海洋和海岸带问题过于复杂，难以进行综合管理。在政治界，许多国家的官员还未考虑这个问题，也未采取实际行动。到目前为止，真正建立海岸带综合管理制度，或正在进行试验的国家，可能还不到沿海国家总数的一半。但是，从已有的实践来看，海岸带综合管理制度是有生命力的，起码在大多数学者中已经取得了共识，在联合国有关活动中也取得了共识。目前尚未开展此项工作的国家，在国际场合中也表示赞成。另外世界银行、发达国家的对外援助机构、联合国的有关组织都在推动这项工作，在许多国家进行试点，这是其他政府行为的行政管理制度所没有的大环境。因此，这项制度变成世界性实践是大势所趋。

发展不平衡是许多事物发展的客观规律，海岸带综合管理也是这样。这种制度在美国

---

① 1 英里=1 609.344 m。

首先出现有其客观原因，因为美国是最发达的国家，海岸带开发比别的国家要早一些，矛盾暴露的也早一些。之后，其他发达国家陆续遇到类似问题，也陆续采取了类似的政策。发展中国家的差别很大，其中发展比较快的国家经济发展，海岸带地区的矛盾日益突出，目前正在研究解决办法，综合管理的问题已经提到了议事日程。还有一些后进的发展中国家，或者海岸带开发程度低、矛盾少，或者目前尚无力顾及这个问题。

到目前为止，海岸带综合管理模型仍在探索和试验中。有针对某类特定领域的；有综合性的；有"反应式"的，即遇到问题之后，有针对性地采取管理措施；有超前性的，多半以编制管理规划的方式协调解决规划阶段的选址问题、环境评价问题等。在管理方法方面也有不同的形式，最严格的是实行许可证制度，也有些以编制指导性规划为管理手段，还有制定指导性政策文件。

（2）国内主要研究动态

海岸带综合管理的理论研究与实践，在发达沿海国家和发展中国家的发展程度是有明显差距的，在发达国家相对较重视海岸带综合管理，而在发展中国家则海岸带的利用往往缺少规划和科学基础，以美国和中国相比，美国海岸带综合管理的科学研究和教育开展得较早，而中国则在近年来才开始重视。

1980 年以来，我国已完成了"全国海岸带和滩涂资源综合调查""中国海湾志""全国海岛资源综合调查""全国海洋功能规划""全国海洋开发远规划"以及一些专项调查研究项目等。近十年来，我国各学科研究人员在海平面变化及未来预测、海岸带及海洋灾害、海岸侵蚀、海岸带环境保护及生态研究等领域，开展了相应的专题研究，取得了一批研究成果。《中华人民共和国海域使用法》的颁布实施，以及其他相关法律的确立，使得海岸带综合管理已经具备一定的法律基础。联合国环境开发署在我国厦门建立了海岸带综合管理示范区，中美也一直在红树林、珊瑚礁等海岸带地区进行海岸带综合管理的合作研究。但是，仍然存在不少问题，如：在国家对沿海地区社会经济发展政策、沿海及海洋产业结构布局和发展速度调控、海域资源和环境管理的国家行动等方面的决策缺乏科学依据和决策支持系统；沿海地区科技兴海活动业已高潮迭起，经济效益显著，迫切需要促进海岸带资源与环境持续利用的关键技术；作为国有资产的海岸带资源，在快速开发利用的形势下，国家对资源底数、资源供求关系等缺乏系统的了解和掌握，难以保证这一巨大国有资产不致流失并实现保值和增值。

2. 海陆一体化调控

（1）国外主要研究动态

海陆一体化是我国学者首先提出的一个概念，国外对它的系统研究并不多，国外学者对于海洋区域经济的研究主要集中在海岸带综合管理方面。海岸带综合管理（Integrated coastal zone management，ICZM）是指用以制定政策和管理战略，解决海岸带资源利用冲突，控制人类活动对海岸带环境影响的一个持续的、动态的过程（Cicin-Sain，1993）。海岸带综合管理形成于 20 世纪 70 年代初期，首先在一些发达国家开始实施，在不同的国家有"海岸带管理""海岸带资源管理""海岸带综合管理"等几种叫法。1967 年，美国副总统汉弗莱首次提出"海岸带管理"的概念，1972 年美国颁布了《海岸带管理法》。1986

年法国制定了《关于海岸带整治、保护及开发法》，明确提出了海岸带是稀有空间，要进行海岸带研究，发展海岸带的各种经济，保护生物和生态平衡。斯里兰卡于 1982 年制定了《海岸带综合管理计划》，对所有海岸带区域的开发活动实施管理。

20 世纪 90 年代以后，海岸带综合管理进入蓬勃发展的阶段。1992 年召开的联合国环境与发展大会（UDCED）上通过的《21 世纪议程》要求沿海国家广泛开展海岸带和海洋综合管理。在联合国一些国际组织的倡导下，沿海国家的海岸带综合管理发展较快。目前，已有 85 个沿海国家在 385 个地区开展了海岸带综合管理工作。

国外有关海岸带综合管理的研究成果主要有两类：一是重要国际会议的宣言和工作报告，如 1993 年召开的世界海岸大会形成了《海岸带综合管理指南》《制定和实施海岸带综合管理的安排》《海岸带超前综合管理的经济分析》等重要文献，对海岸带综合管理的理论、方法和措施的形成起着重要作用；二是一些学者的著作和研究论文，比较有代表性的著作有：Cicin-Sain 的《海岸带综合管理：内容和实践》、Joseph M. Heikoff 的《海岸带资源管理：原则和项目》以及美国海岸带管理专家约翰·克拉克的《海岸带管理手册》。近年来，分析某一具体国家或地区的海岸带管理存在的问题或进行政策框架设计等逐渐成为海岸带综合管理研究的热点领域，一些代表性的论文陆续发表在 *Marine Policy Ocean Coastal Management* 等海洋研究刊物上。Philippe Deboudt 等总结了 1973—1991 年、1992—2000 年以及 2000—2007 年 3 个不同时期法国海岸带综合管理的发展情况和影响因素；Daniel Suman 分析了美国和欧盟海岸带管理的 6 个案例，并对海岸带综合管理情况进行了比较研究；Ligia Noronha 分析了印度海岸带综合管理的几项主要政策及其效果；Braxton C.Davis 论述了美国 15 个沿海地区的海岸带管理情况并进行了比较研究；C.Shi 和 S.M.Hutchinson 等分析了上海地区海岸带可持续发展存在的问题，提出了海岸带综合管理的政策框架；AK L Johnson 分析了澳大利亚昆士兰地区 1990 年海岸带综合管理计划的实施情况，以及技术、经济、制度等环境因素对海岸带综合管理的影响。

随着研究的深入和各国海岸带综合管理实践的不断丰富，学术界对海岸带综合管理的内容已经有了比较清晰的认识，即海岸带综合管理是一种政府行为，它是指用综合观点、综合方法对海岸带的资源、生态、环境的开发和保护进行管理的过程。海岸带处在陆地和海洋的过渡带，既有一定的陆域，又有一定的海域，这两个区域既有联系，又有区别，且资源类型和丰度不同，开发、管理的部门也不同，由此导致了一些问题和矛盾的产生，需要进行综合协调。海岸带综合管理的内容主要有产业机构间的综合、政府间的综合、区域的综合、发展和保护的综合等方面内容。

（2）国内主要研究动态

海陆一体化研究的现实意义巨大，是近年来海洋经济地理研究的热点领域之一，已产生了一些有价值的研究成果。目前，国内有关海陆一体化的研究成果主要见诸以下几类论著中：

一是对海陆一体化的概念、内容、途径等理论问题的探讨。代表性著作为栾维新的《海陆一体化建设研究》，代表性论文有：周亨的《论海陆一体化开发》，栾维新、王海英的《论我国沿海地区的海陆经济一体化》，韩增林等的《关于海洋经济地理学发展与展望》，徐质斌的《解决海洋经济发展中资金短缺问题的思路》，张海峰的《海陆统筹、兴海强国》

《再论海陆统筹、兴海强国》等。

二是有关某一具体区域如何进行海陆一体化建设的研究。代表性研究成果有栾维新的《发展临海产业　实现辽宁海陆一体化建设》，周福君的《浙江陆海产业联动发展需实现五大突破》，刘志高、尹贻梅等的《连云港市海陆经济一体化发展战略》，任东明、张文忠、王云峰的《论东海海洋产业的发展及其基地建设》，李京京、任东明的《东海海洋资源潜力及相关产业的发展》，许启望的《充分利用临海优势，加快海洋经济开发》、韩立民、刘康等的《象山海陆一体化发展纲要》（课题报告）等。

三是有关海陆经济关联的研究。代表性论文有韩立民的《海陆经济板块的互动关系及其一体化建议》、李芳芳的《我国海洋经济活动陆岸基地建设与布局研究》，宋薇的《海洋产业与陆域产业的关联分析》，李靖宇、尹博的《大连城市经济与辽东半岛海洋经济协调发展的现实论证》等。

四是海洋经济可持续发展和海陆污染一体化调控等方面的研究。代表性论文有许启望的《关于海洋经济可持续发展的几个问题》，高强的《我国海洋经济可持续发展的对策研究》，郑贵斌的《海洋资源开发集成战略与海洋经济可持续创新发展》，杨荫凯的《21 世纪初我国海洋经济发展的基本思路》，王茂军等的《近岸海域污染海陆一体化调控初探》，李杨帆等的《江苏海岸湿地水质污染特征与海陆一体化调控》等。

五是从发挥海洋产业优势角度进行的沿海城市发展战略研究。代表性文章有徐质斌的《关于港城经济一体化战略的理论思考》，石月珍的《连云港港城一体化发展浅析》，侯成君等的《略论现代港口经济与港城崛起——以山东省日照市为例》。

六是在近年出版的一些海洋经济学专著和教材中也谈到海陆一体化问题，如叶向东的《现代海洋经济理论》一书中对沿海海洋经济对内地的梯度效应、沿海城市化的经济效果及扩散作用等问题进行了论述。陈可文的《中国海洋经济学》、徐质斌的《海洋经济学教程》中的部分章节也涉及海陆一体化问题，但篇幅较少。

3. 污染物总量控制

入海污染物总量控制是海岸带生态环境保护的重要依据以及水环境规划和水环境管理策略的指导思想。近些年来，如何科学合理地计算入海污染物允许排放量成为研究的热点。此外，人们对不同海域提出了不同的功能要求，所以近岸海域入海污染物的总量控制比流域总量控制困难得多。虽然污染物总量控制计算方法在流域中应用较为成熟，但在近岸海域污染物的总量控制中还有待进一步研究。在近岸海域实行总量控制过程中，水质模型研究、总量分配以及环境容量计算是其核心内容。

（1）国外研究动态

20 世纪 60 年代之前，世界各国尤其是发达国家，在大力发展本国经济的同时忽视了社会经济发展对环境的负面效应，受到了大自然的惩罚，付出了沉重的代价，此后开始重视环境问题。随着环境科学与工程的发展，许多国家开始逐步进行环境污染物总量控制的研究，其中美国和日本开展得比较早。

　　污染物总量控制方法的研究最早是由美国国家环保局提出的。从 1972 年开始美国在全国范围内实行水污染物排放许可证制度，并使之在技术和方法上得到了不断改进和发展。1983 年 12 月正式立法，实施以水质限制为基点的排放总量控制。为了在满足水体的环境标准下充分利用其自净能力，美国一些州还采用了"季节总量控制"的方法，为适应水体不同季节不同用途对水质的标准要求，允许排污量在一年内的不同季节有所变化，可根据水量、水温、pH 等因素在各季节中的差异来确定。同时，美国有些州还实行了一种"变量总量控制"，它以河流实测的资料来变更允许排污量，更能充分利用水环境容量，更有效地分配已经确定的污染负荷总量。如美国的纽约湾，通过入海污染物总量控制和综合治理措施，得到了一定程度的恢复和改善。

　　日本由于国土面积小，人口和工业过分集中。20 世纪 60 年代，日本的水体一度污染很严重，水污染问题普遍存在于全国各河流及沿海水域，曾发生过很多人及动物中毒死亡的事件。60 年代末，日本为改善环境质量状况，提出了污染物排放量的总量控制，用以保护水域环境。1971 年开始对水质总量控制计划问题进行研究，并在 1973 年制定的《濑户内海环境保护临时措施法》中，首次在废水排放管理中引用了总量控制，以化学需氧量（COD）为指标限额颁发许可证。日本环境省于 1977 年提出了"水质污染总量控制"方法，主要是以 COD 为控制因子进行总量控制工作。

　　欧盟也采用了水污染物总量控制管理方法，并取得了一些效果，如处理了排入莱茵河的半数以上的工业废水和生活污水，莱茵河水质得到了明显改善。之后，瑞典、苏联、韩国、罗马尼亚、波兰等国家也相继实行了以污染物排放总量为核心的水环境管理方法，取得了一定成果。

　　（2）国内研究动态

　　多年来在近海和近岸海域进行的水质随机性监测表明，我国近岸环境日益恶化，污染加剧，生态系统受到威胁。20 世纪 70 年代初，我国从控制污染源排放着手，开始对污染物排放浓度进行控制，并颁布了一系列海洋污染物浓度排放标准、海洋环境质量标准及多项海洋环境保护政策。20 世纪 70 年代末，我国以制定第一个松花江 BOD 总量控制标准为先导，进行了最早的探索和实践，开始了环境污染总量控制研究。上海市于 1985 年开始试行污染物排放总量控制制度，在黄浦江上游水资源保护地区实行了以总量控制为目的的排污许可证制度。"七五"期间，陆续在长江、黄河、淮河的一些河段和白洋淀、胶州湾等水域，以总量控制规划为基础，进行了水环境功能区划和排污许可证发放的研究。1988年 3 月，国家环保局关于以总量控制为核心的《水污染排放许可证管理暂行办法》和开展排放许可证试点工作，标志着我国开始进入总量控制、强化水环境管理的新阶段。1996年全国人大通过的《国民经济和社会发展"九五"计划和 2010 年远景目标纲要》中，正式将污染物排放总量控制作为中国环境保护的一项重大举措，制定了全国污染物总量控制计划。随后通过的《国家环境保护"九五"计划和 2010 年远景目标》中提出了"全国污染物总量控制计划"，确定了对 12 种污染物实行全国总量控制，并在全国范围内开始实施。

但"九五"期间，我国实施的污染物总量控制计划仍属于初级阶段，主要进行的是对重点污染源的主要污染物的目标总量控制研究。这种控制方式适合于当时我国的科技和管理水平。这种方法的排污总量目标易于确定，工作量小，大大提高了总量控制的可操作性。从监测结果看，虽然许多污染物的排放浓度有所降低，并有相当数量的污水实现达标排放，但随着排入水体的污染物的增多和人们生活水平的提高，海岸带的排放总量也不断增加，即使污染物实现了达标排放，也不能实现海域环境保护的管理目标和海域使用功能，浓度控制已难以真正控制水环境污染。因此，这种仅对污染物排放实行浓度控制的方法已无法达到改善海洋环境质量的目的，只有同时对污染物排放的绝对量进行控制，才能有效地控制和消除污染。

改革开放以来，我国经济得到了高速发展，但技术与管理水平仍比较低，资源和能源的消耗和浪费比较大，因而污染物排放量也增加较快。我国海岸带地区是工业发展较快的地区，向近岸海域排放的污染物也大大增加。为了遏制环境污染和海洋生态破坏的加剧趋势，按照《中华人民共和国海洋环境保护法》的要求，国家海洋局已明确将污染物入海总量控制作为重点海域海洋环境管理工作目标。"总量控制"是我国当前环境管理工作走向科学化、规范化的重要举措。但这项工作制度对于我国环境工作者而言，既是一种新的指导思想，又是一种新的工作方法，许多技术与管理问题还有待于探索和研究。

我国一些学者关于污染物总量控制进行了很多研究，并建立了一些具体分析模型。如张学庆等在水质数值模拟的基础上建立了污染物总量控制模型，并计算了各污染点源的响应系数、分担率及环境容量；裴相斌等基于 GIS 的海湾陆源污染入海总量控制的空间优化分配方法进行了研究，并在"大连湾数据库"的支持下，研究了陆源入海总量控制的优化分配问题；张存智等运用了二维平流-扩散输运模型对大连湾污染排放总量控制进行了研究，基于质量守恒原理和线性叠加原理，推导出了受纳水域对污染源的响应关系，进而计算出各排污口的污染分担率、允许入海负荷及削减率；陈斌林等在污染源调查分析的基础上，利用建立的港口海域潮流和浓度模型，计算了港口海域各个排污口 COD 的总量控制目标。

但在污染物总量控制过程中还存在一些问题，阻碍了其更好地发挥作用，如：①统计数据不全面，总量基数不准确；②环境监测数据准确性差；③总量控制形式化；④地方保护主义严重，部门配合不协调；⑤监控手段不能适应总量控制的需要。

第三节　海域污染控制研究范围

本书研究范围北起瓦房店市浮渡河口，东至庄河市南尖镇，即东经 120°58′—123°31′，北纬 38°43′—40°12′大连市行政区划所辖的大连海域（即黄海和渤海，下同）及全部陆域。其中，海岸线长达 1 906 km（渤海 827.9 km，黄海 1 078.1 km），海域面积 2.9 万 km^2，陆域面积 13 538 km^2。研究范围见图 1-1。

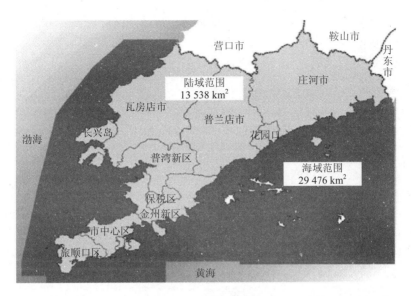

图 1-1 研究范围

第四节 海域污染控制研究内容与技术方法

一、研究内容

在可持续发展、生态经济和环境科学技术等理论指导下，着重研究大连市海域污染控制的若干问题。运用多学科交叉的方法，对大连市近岸海域环境质量现状进行系统分析，将陆域-海洋水污染视为一个整体，充分体现污染的累积性、整体性等特点。以海洋经济可持续开发利用为基本理念，以大连周边海域污染一体化调控模型和海陆一体化综合治理为研究对象，以海域污染形成机理、污染控制与环境质量优化为目标，以环境科学技术分析为手段，提出大连市海域污染控制的主要思路及具体项目建议。

二、研究方法与技术路线

拟以海洋可持续发展战略为指导，以海洋生态学、环境与资源经济学、系统科学等相关理论为基础，运用定性分析和定量分析相结合的方法，以定性分析为基本前提，同时借助定量分析工具，使结论更加科学、准确。由于海洋环境污染具有周期长、不可逆等特点，所以在研究时应考虑时间因素的影响，将静态分析与动态分析相结合。以大连海域环境污染控制实证分析为主线而展开，注重理论研究与个案分析相结合。采用比较分析、归纳演绎、系统分析等方法对其进行分析。具体研究方法如下：

①运用系统分析方法，结合 GIS 技术，从陆域-海洋一体化角度进行海域污染系统分析，将海洋功能区划、污染源海域水质响应系统和关系模型结合起来，制定污染物排海总量的环境质量优化决策方案。

②采用比较分析方法，将大连市地表水环境、近岸海域环境、海洋环境质量现状及其

功能区划进行对比分析，明确主要陆源污染物的排放、空间分布及其与大连市海域污染的相关关系。

③采用定性分析与定量分析相结合的方法，基于前面的分析结果，找出目前大连海域环境主要污染问题。

④采用理论分析与实证研究相结合的方法，运用海域污染扩散数值模型等，计算大连海域的环境容量和允许纳污量，并依据海域环境容量和环境质量要求，得出大连市海域污染的合理的治理措施和工程项目，并对具体项目投资及合理性进行分析。

⑤运用归纳演绎法提出大连市海域污染控制运行机制和保障措施的建立。

总体技术路线如图1-2所示。

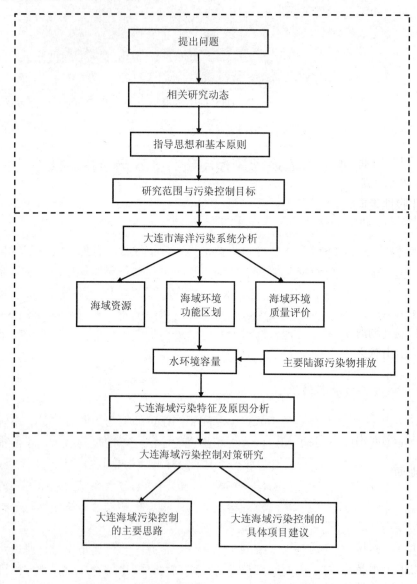

图 1-2　大连市海域污染控制总体技术路线

第二章 研究区域概况

研究区域概况的总结是解释该研究区域自然、社会经济发展及环境问题成因的基础，对提出海域污染控制对策有着非常重要的作用。本章首先介绍了研究区域的自然环境、社会经济、环境质量、陆源污染物排放及空间分布及海域污染控制的现状，进而分析了海域面临的主要环境问题，最后总结了现有环境管理机制、措施和存在的问题。

第一节 自然环境

一、地理位置

大连市地处欧亚大陆东岸，辽东半岛最南端，位于东经 120°58′—123°31′、北纬 38°43′—40°10′，东濒黄海与朝鲜对望，西临渤海与华北为邻，南与山东半岛隔海相望，北依东北平原。大连是东北腹地走向国际的主要通道和重要枢纽，是我国环渤海地区和辽东半岛沿岸通往国外的最近点，是欧亚大陆桥的重要连接点，是东北亚地区进入太平洋最便捷的海上门户。

二、地形地貌

大连市属沿海低山丘陵地貌区，是辽东丘陵山地的一部分，包括山地、丘陵、海岩阶地和岛屿 4 个基本类型。半岛呈东北—西南走向，北宽南窄，地势由半岛中部轴线向东南侧黄海及西北侧渤海倾斜，构成中央高东西两侧低、北高南低尾翘起的脊状地貌轮廓。主要山脉为千山山脉之延伸，庄河市步云山是辽东半岛的最高峰，海拔 1 132 m。

大连主城区南部为侵蚀剥蚀低山丘陵区；东南部黄海沿岸为侵蚀剥蚀丘陵及侵蚀、堆积平原区；北部所辖庄河、普兰店、瓦房店 3 个县级市地形起伏多变，多为侵蚀剥蚀山地区，海拔多在 500~1 000 m，是境内 200 多条大小河流的发源地。

市域西部渤海沿岸为侵蚀剥蚀丘陵与堆积平原区；岛屿为侵蚀剥蚀丘陵区。

三、地质

大连市境内有太古宙变质杂岩、早元古宇变质地层和晚元古宙以来的沉积盖层以及各构造岩浆期的侵入岩、喷出岩等。构造变形分为韧性和脆性两个构造层次的伸展、逆冲、走滑构造系统，表现有长期的地质发展演化史。

大连市地下水基本属于岩溶水、基岩裂隙或第四纪孔隙水。岩溶水主要分布在大连港、南关岭、周水子一带的石灰岩、泥灰岩和白云岩的岩溶之中，因地处张扭性断裂带附近及构造体系的复合部位，岩溶比较发育，水量亦较丰富。基岩裂隙水分布于金州、旅顺、庄河、瓦房店等地,由于沉积岩层多呈互层状,形成闭合的风化裂隙,层间裂隙细小(如碎石峭岩类),或因岩性软硬不一,浅部风化裂隙发育,富水性差(如变质岩类),因而水量不大。第四纪孔隙水主要分布在沿河的一级台地、河漫滩或沿海的海积温滩、海积平原等的沙砾石层中,水量有限。

四、气候

大连市位于北半球的暖温带地区,大气环流以西风带和副热带系统为主,属海洋性特点的暖温带大陆性季风气候,冬无严寒,夏无酷暑,四季分明,季风盛行。大连市多年年平均气温 8.8~10.5℃,夏季平均气温 22℃,春秋两季平均气温分别为 8~9℃和 11~13℃。全市气温最低月在 1 月,平均为-5℃左右,最高气温在 8 月,平均为 24℃左右。多年极端最高气温 35℃左右,极端最低气温南部-21℃左右、北部-24℃左右。无霜期 180~200 天。

大连市年平均日照时数为 2 500~2 800 h,日照率平均为 60%。冬季日照时数最低,春季最高,秋季多于夏季。

大连市地处东亚季风区,沿海地区每年 6 级或 6 级以上大风天数达到 90~140 天,内陆地区为 35~50 天。风速、盛行风向随季节转换而有明显变化。冬季盛行偏北季风,夏季盛行偏南季风,春、秋季是南、北风转换季节。

受大陆性季风和海洋性气候共同影响,多年平均降水量 720 mm,降水总量为 91 亿 m^3。降雨时空分布极不均匀,东北部地区多于西南部,庄河市东北部山区一带年降水量多在 900 mm 左右;金州区以南和瓦房店西南部年降水量一般不足 600 mm。降水量年内分配差异悬殊,6—9 月占全年降水量的 75%,1—5 月占 15%~16%,10—12 月占 9%~10%。最大月降水量多出现在 7 月、8 月。

大连市多年年平均蒸发量为 1 553 mm,蒸发量由东向西递减。东部地区在 1 300~1 500 mm,南部及中部地区为 1 500~1 700 mm;西部气候干燥,湿度小,年蒸发量为 1 800~1 950 mm。蒸发年内分配主要受气温、风力在年内变化影响,冬季最低,春季气温回升,空气干燥,多大风,故蒸发量最大,约占全年蒸发量的 30%。

大连市年平均相对湿度为 68%。全年最大相对湿度出现在 7 月,达 86%以上,4 月为全年相对湿度最小季节,平均为 56%。

五、水资源

大连市境内现有大小河流 200 余条,多为季节性河流。集水面积在 100 km² 以上的独流入海河流共有 23 条,其中汇入黄海和渤海的河流分别为 15 条和 8 条。河流集水面积在 1 000 km² 以上的有 3 条、500~1 000 km² 的有 2 条、100~500 km² 的有 18 条。集水面积在 20 km² 以上,且独流入海的河流 57 条。境内大部分河流流程短,河床坡度大,集流时间短,因此,大多在暴雨后洪水暴涨,无雨时河床干涸。

大连市各流域的径流主要由降水形成,其径流特性基本与降水特性一致。径流量的地区分布、年际变化和年内变化都极不均匀,差异很大。径流深分布不均,自东向西渐小,同纬度黄海、渤海两岸呈梯度渐小,最大相差近 350 mm。庄河市的英那河至地窨河一带年径流深是全市最高值,达到 450~500 mm;碧流河中下游一带 300~350 mm;复州河流经瓦房店市区一带为 200 mm 左右；金州以南地区最小，为 150~200 mm。径流量的年际变化比降水的年际变化更为明显，最大和最小年径流量的比为 9~15。年内 6—9 月的月平均径流深占年平均径流深的 80%~87%。多年平均最大、最小月径流量相差悬殊，少则几倍，多则上百倍。

大连市多年平均水资源量为 91 亿 m³。境内主要河流汇水区降水总量为 63.24 亿 m³，占全境降水总量的 69%。地下水天然补给资源量为 8.84 亿 m³，可开采资源量为 4.07 亿 m³。由于基岩出露较高、岩层富水性差，河流流程短、径流快等不利水文地质因素，再加上降水量不大且年内降水时段相对集中、地表植被保水性较差等因素，大连淡水资源相对缺乏。

六、海域资源

大连市海岸线东起庄河市南尖镇，西至瓦房店市李官镇，海岸带资源十分丰富，具有多种功能区。其中包括港口区、航道区、锚地区、养殖区、捕捞区、渔港和渔业设施基地建设区、固体矿产区、油气区、海底管线区、海岸防护工程区、盐田、风能利用区、潮流能区、潮汐能区、旅游区、科学研究实验区、海洋特别保护区、自然物种保护区、非生物保护区、军事区等。

1. 海域

大连市海域辽阔，海域范围为东经 120°58′—123°31′，北纬 38°43′—40°12′的大连市行政区划所辖的大连海域（即黄海和渤海，下同）。水深 0~40 m 的浅海水面达 5 246.7 km²，其中黄海部分为 4 590.9 km²，占 87.5%；渤海部分 655.8 km²，占 12.5%。沿岸港湾众多，港湾水面约 103.8 km²。海底地势从渤海由东向西微倾-20 m 等深线顺岸展布，除河口、蛇岛和老铁山水道外，平均坡度只有 1/2 000，黄海海底呈西北向东南倾斜，平均水深 34 m。本区沿岸地带适于渔业利用的海底面积约 1 636 km²，其中岩礁底 176 km²、砂壳底 660 km²、泥底 800 km²，蕴藏着丰富的贝类和海珍品资源。

2. 海岸

大连市海岸线全长 1 906 km，占辽宁省海岸线总长度的 73%，其中陆岸线长 1 288 km，岛岸线长 618 km。大连市黄海、渤海陆岸线长分别为 607.1 km 和 680 km，各占 47.15% 和 52.85%，岛岸线大部分分布在黄海，沿岸各县（市、区）海岸线长度见表 2-1。

表 2-1 各县（市/区）海岸线长度 单位：km

岸段\县区	黄海			渤海			合计		
	陆岸	岛岸	小计	陆岸	岛岸	小计	陆岸	岛岸	小计
全　市	607.10	470.99	1 078.09	680.4	147.5	827.9	1 287.5	618.49	1 905.99
庄河市	215.00		215.00				215.00		215.00
瓦房店市				423.1	38.10	461.2	423.10	38.10	461.20
普兰店市	52.00	3.00	55.00	10.00		10.00	62.00	3.00	65.00
长海县		428.50	428.50					428.50	428.50
金州区	100.00	11.39	111.39	91.00	76.80	167.8	191.00	88.19	279.19

岸段	黄海			渤海			合计		
县区	陆岸	岛岸	小计	陆岸	岛岸	小计	陆岸	岛岸	小计
开发区	67.00	16.40	83.40				67.00	16.40	83.40
旅顺口区	54.90	1.60	56.50	92.70	20.50	113.2	147.60	22.10	169.70
市 区	118.20	10.10	128.30	63.60	12.10	75.70	181.80	22.20	204.00

该区海岸的形成主要是 NE 向构造和 NNE 向构造，经第四季冰后期海侵，受海洋水动力和河流泥沙充填作用的影响，在河口附近形成淤泥海岸，各种类型海岸分布见表 2-2。

表 2-2　各类型海岸分布

类型	起止地点
淤泥岸	庄河南尖镇与东沟县分界处至金州区杏树屯镇老鹰嘴
基岩岸	金州区大李家乡城山头至甘井子区营城子镇黄龙尾
	瓦房店市谢屯镇平岛至瓦房店市三堂乡东嘴子
沙砾岸	金州区杏树屯镇老鹰嘴至金州区大李家乡城山头
	甘井子区营城子镇黄龙尾至瓦房店市谢屯镇平岛
	瓦房店市三堂乡东嘴子至瓦房店市李官乡与盖县交界处

3. 滩涂

全市潮间带面积 646.7 km²，黄海沿岸占 60.4%，渤海沿岸占 39.6%，滩涂集中分布在庄河和瓦房店市，约占全市滩涂总面积的 75%。该区潮间带按底质类型可分为泥质滩涂、泥沙质滩涂、沙质滩涂和岩礁滩，其面积分别占潮间带总面积的 60%、18.5%、12% 和 9.5%，沿海各县（市/区）各种类型滩涂的结构见表 2-3。

表 2-3　各种类型滩涂结构　　　　　　　　　　　　　　　单位：%

县区	各类滩涂所占比例			
	泥滩	泥沙滩	沙滩	岩礁滩
庄河市	94.6			5.4
普兰店市	99.5			0.5
金州区	19.8	30.0	27.5	22.7
开发区			91.8	8.2
甘井子区	11.2	12.1	51.5	25.2
市内三区	2.5		28.4	69.1
旅顺口	16.1	5.7	29.3	48.9
瓦房店市	31.8	45.1	18.0	5.1

4. 岛屿

在大连临近的广阔海域中，散布着众多的岛、礁、坨。据统计，面积超过 0.01 km² 的岛、坨约 200 余个，总面积 169.4 km²，大部分分布在黄海水域，其中面积大于 1 km² 的 24 个，面积大于 10 km² 的 5 个，面积最大的海岛是长兴岛，约 220 km²，上述岛屿中有 31 个有人居住，总人口超 8 万人。

第二节　社会经济

一、人口结构

全市 2007 年年末常住人口 608 万人，户籍总人口 578.2 万人。其中，非农业人口 336.8 万人，比重为 58.3%；农业人口 241.4 万人，比重为 41.7%。外省市迁入人口 8.4 万人，本市迁出人口 3.3 万人，机械增长占主导因素。出生人口 4.0 万人，人口出生率 6.95‰，死亡率 5.30‰，人口自然增长率 1.65‰，出生人口性别比处于正常范围内。

二、行政区划

大连市辖区范围内的陆地总面积为 12 574 km²，现辖 3 个县级市（瓦房店市、普兰店市、庄河市）、1 个县（长海县）和 6 个区（中山区、西岗区、沙河口区、甘井子区、旅顺口区、金州区）。

三、经济发展

2007 年，全市实现地区生产总值 3 131 亿元，按可比价格计算比上年增长 17.5%，增幅达到 1994 年以来的最高值。其中，第一产业增加值 247.6 亿元，增长 10.4%；第二产业增加值 1 536.5 亿元，增长 20.5%；第三产业增加值 1 346.9 亿元，增长 15.5%。三次产业构成比例为 7.9∶49.1∶43.0，对经济增长的贡献率分别为 4.8%、56.2% 和 39.0%。按常住平均人口计算，全市人均生产总值为 51 624 元，按年末汇率折算为 7 067 美元。

实现全部工业增加值 1 344.8 亿元，增长 23%。其中，规模以上工业企业完成工业增加值 1 157 亿元。在规模以上工业增加值中，重工业 884.1 亿元，增长 25.8%；轻工业 272.9 亿元，增长 31.5%。实现销售产值 4 295.5 亿元，增长 29.3%。

第三节　环境质量现状

一、水域环境质量现状

1. 监测点位设置

（1）入海河流

英那河设 5 个监测断面，复州河设 4 个监测断面，碧流河、登沙河、大沙河、庄河各设 3 个监测断面。除碧流河城子坦断面设东、中、西 3 个水质采样站位外，其他各断面均各设 1 个水质采样站位。

（2）近岸海域

大连市近岸海域监测海区有大连湾、大窑湾、小窑湾、南部沿海、营城子湾、金州湾、普兰店湾、瓦房店海域、旅顺海域、庄河海域、大连经济技术开发区红土堆子湾以及长海县黄海北部海域。

1）大连市区海域

大连市区近岸海域水质监测站位共33个，其中大连湾17个、市区南部沿海9个、大窑湾5个、小窑湾1个、营城子湾1个。

2）各区市县海域

大连市各区市县所属海域共设监测点位53个，其中金州湾8个、旅顺海域12个、开发区红土堆子湾3个、瓦房店海域7个、普兰店海域7个、庄河海域7个、长海县黄海北部海域9个，除庄河和旅顺海域部分站位不参与海域水质评价外，其余区市县海域监测站位均参与海域水质评价（表2-4至表2-9）。

表2-4 大连湾监测站位

站位号	地理位置		设置时间	功能区类别	备注
	东经	北纬			
1	121°38′47″	38°56′35″	1972 年	IV	原 1
2	121°39′50″	38°58′28″	1972 年	IV	原 2
3	121°40′40″	39°00′13″	1972 年	IV	原 3
5	121°43′07″	38°57′45″	1972 年	IV	原 5 略移动
7	121°44′30″	38°54′18″	1972 年	II	原 7
9	121°38′39″	38°57′43″	1978 年	IV	原 HO09
10	121°41′00″	38°56′20″	1978 年	IV	原 HO10
15	121°37′38″	38°57′00″	1972 年	IV	原 15
16	121°39′36″	38°59′53″	2001 年	IV	原 16 移至甜水套中间
17	121°39′36″	39°00′19″	2001 年	IV	原 17 移至大连湾渔港
24	121°47′50″	38°58′27″	2001 年	IV	原 24
25	121°45′46″	39°00′17″	1982 年	IV	原 25
HO12	121°42′42″	38°59′57″	1978 年	IV	原 HO12
LNO50	121°46′30″	38°58′06″	1972 年	IV	原 HO19
LNO54	121°45′36″	38°56′36″	1978 年	IV	原 HO20
LNO55	121°40′20″	38°57′00″	2001 年	IV	原 HO21
LNO57	121°47′20″	38°55′23″	1978 年	II	原 HO22

表 2-5 大连市区南部沿海监测站

站位号	地理位置		设置时间	功能区类别	备注
	东经	北纬			
23	121°45′00″	38°52′00″	1982 年	II	原 23
29	121°40′42″	38°51′30″	1983 年	II	原 29
30	121°37′00″	38°51′36″	1983 年	II	原 30
31	121°34′48″	38°52′30″	1983 年	II	原 31
32	121°33′48″	38°52′20″	1983 年	II	原 32
33	121°32′49″	38°51′36″	1983 年	II	原 33
34	121°31′08″	38°48′53″	1983 年	II	原 34
LNO67	121°35′12″	38°52′24″	2002 年	II	原 HO23
LNO59	121°33′53″	38°50′27″	2001 年	II	原 HO24

表 2-6 大窑湾监测站位

站位号	地理位置		设置时间	功能类别	备注
	东经	北纬			
12	121°52′06″	38°55′54″	1972 年	II	原 12
14	121°54′30″	38°58′40″	1978 年	IV	原 14
26	121°53′30″	39°00′42″	1982 年	IV	原 26
LNO51	121°52′50″	39°00′20″	1982 年	IV	原 HO16
LNO45	121°56′54″	38°57′48″	1978 年	II	原 HO18

表 2-7 小窑湾监测站位

站位号	地理位置		设置时间	功能类别	备注
	东经	北纬			
LNO49	121°57′04″	39°02′40″	2001 年	II	原 HO14

表 2-8 营城子湾监测站位

站位号	地理位置		设置时间	功能区类别
	东经	北纬		
LNO52	121°12′32″	38°59′46″	2003 年	II

表 2-9 大连各区市县海水监测站位

海域	站位名称	类别	站位性质	备注
金州金州湾（8 个）	1	III	市控	E121°40′41″ N39°07′24″
	2	III	市控	E121°40′50″ N39°07′03″
	3	III	市控	E121°40′28″ N39°06′27″
	4	II	市控	E121°40′10″ N39°06′44″
	5	II	市控	E121°40′19″ N39°07′08″
	6	II	市控	E121°40′30″ N39°07′21″
	LNO47	II	国控	E121°35′00″ N39°06′00″
	LNO72	III	国控	E121°39′26″ N39°07′32″

海域	站位名称	类别	站位性质	备注
旅顺海域（12个）	H1	IV	市控	不参与海域水质评价，E121°15′37″　N38°48′03″
	H2	IV	市控	不参与海域水质评价，E121°15′14″　N38°48′03″
	H3	IV	市控	E121°15′00″　N38°48′00″
	H4	IV	市控	不参与海域水质评价，E121°14′45″　N38°48′09″
	LNO62	IV	国控	即HO26，E121°14′23″　N38°47′42″
	H6	IV	市控	E121°15′46″　N38°46′51″
	H7	IV	市控	E121°24′27″　N38°49′36″
	LNO73	IV	国控	E121°06′59″　N38°48′15″
	LNO60	I	国控	即BO78，E121°06′18″　N38°46′24″
	LNO56	I	国控	即BO72，E120°59′21″　N38°56′51″
	LNO61	II	国控	E121°21′04″　N38°47′24″
	LNO63	I	国控	E121°11′24″　N38°42′25″
开发区红土堆子湾（3个）	1	II	市控	E121°45′23″　N39°01′39″
	2	II	市控	E121°44′30″　N39°01′57″
	3	IV	市控	E121°45′04″　N39°01′18″
瓦房店海域（7个）	1	II	市控	E121°28′24″　N39°39′50″
	LNO30	II	国控	即BO48，E121°28′24″　N39°39′50″
	3	II	市控	E121°28′24″　N39°42′03″
	4	II	市控	E121°26′19″　N39°42′03″
	5	II	市控	E121°26′19″　N39°39′50″
	6	II	市控	E121°24′54″　N39°38′45″
	LNO39	II	国控	E121°14′46″　N39°28′16″
普兰店海域（7个）	1	III	市控	E121°49′10″　N39°22′58″
	2	III	市控	E121°49′10″　N39°22′53″
	3	III	市控	E121°49′10″　N39°22′44″
	4	III	市控	E121°49′10″　N39°22′36″
	5	III	市控	E121°49′10″　N39°21′59″
	LNO41	II	国控	E121°42′42″　N39°21′00″
	LNO40	II	国控	E122°20′05″　N39°18′04″
庄河海域（7个）	1	II	市控	E121°58′38″　N39°37′23″
	2	II	市控	E123°00′02″　N39°38′33″
	3	II	市控	E122°58′56″　N39°38′03″
	LNO36	II	国控	即HO05，E123°01′12″　N39°38′05″
	4	II	市控	不参与海域水质评价，E123°01′07″　N39°39′15″
	5	II	市控	不参与海域水质评价，E123°00′21″　N39°39′12″
	LNO35	II	国控	E123°22′08″　N39°41′56″
长海黄海北部海域（9个）	D1	III	市控	E122°38′30″　N39°15′45″
	LNO46	II	国控	即HO11，E122°38′30″　N39°15′10″
	D3	III	市控	E122°35′05″　N39°16′00″
	D4	II	市控	E122°35′38″　N39°16′55″
	D5	III	市控	E122°34′20″　N39°16′05″
	LNO71	II	国控	即HO10，E122°34′24″　N39°16′05″
	X1	III	市控	E122°40′43″　N39°13′50″
	X2	II	市控	E122°41′30″　N39°13′50″
	LNO43	I	国控	即HO12，E122°45′10″　N39°13′20″

2. 入海河流水质状况

（1）河流概况

大连市境内河流属黄海、渤海水系，河网比较发育，多独流入海，境内现有大小河流 200 余条，多为季节性河流。流域面积在 20 km² 以上的河流有 152 条。其中，流域面积 1 000 km² 以上的河流有 3 条；流域面积 1 000～500 km² 的河流有 3 条；流域面积 500～100 km² 的河流有 27 条；流域面积 100～50 km² 的河流有 29 条；流域面积 50～30 km² 的河流有 37 条；流域面积 30～20 km² 的河流有 53 条。境内大部分河流流程短，河床坡度大，集流时间短，因此大多在暴雨后洪水暴涨，无雨时河床干涸。

境内大、中、小型水库共 67 座。其中主要功能为饮用水水源地的有 22 座。2005 年年末蓄水总量 13.22 亿 m³，比上年末增加蓄水量 1.30 亿 m³。其中大型水库蓄水总量 12.11 亿 m³，比上年末增加 1.36 亿 m³。

大连市各流域的径流主要由降水形成，其径流特性基本与降水特性一致。径流量的地区分布、年际变化和年内变化都极不均匀，差异很大。径流深分布不均，自东向西渐小，同纬度黄海、渤海两岸呈梯度渐小。

根据第二次水资源评价成果统计，全市 1956—2000 年多年平均地表水资源量 32.51 亿 m³，折合径流深为 258.55 mm。人均地表水资源占有量为 540 m³，仅为全国人均占有量的 1/4，而金州以南地区多年平均径流量 3.26 亿 m³，人均占有量仅有 117 m³。与第一次水资源评价成果相比：大连地区多年平均年径流量由 34.82 亿 m³ 减少到 32.51 亿 m³，减少了 2.31 亿 m³，占评价成果的 7.1%，径流深由 276.92 mm 减少到 258.55 mm，减少了 18.37 mm。

2005 年全市地表水资源量 38.69 亿 m³，折合年径流深 307.7 mm，比 2004 年增加 46.94%，比多年平均值增加 14.24%，主要原因为 2005 年全市年降水量较大，地表径流系数明显增大，蒸发水量减少。

表 2-10 大连市多年平均地表径流量分布

区域	年平均径流深/mm	径流量/亿 m³			
		多年平均	保证率 50%	保证率 75%	保证率 95%
金州以南	120～234	3.26	2.80	1.63	0.65
瓦房店市	140～260	6.08	5.17	2.98	1.09
普兰店市	200～300	7.42	6.53	4.08	1.78
庄河市	350～500	15.36	14.13	9.83	5.22
长海县	250	0.39	0.35	0.22	0.09
全市	258	32.51	28.98	18.74	8.84

2005 年全市各主要河流相继出现相对较大流量，8 月 8 日庄河沙里涂水文站洪峰流量 463 m³/s、英那河冰峪沟水文站洪峰流量 462 m³/s、碧流河茧场水文站洪峰流量为 344 m³/s、复州河关家屯水文站洪峰流量 119 m³/s、登沙河水文站洪峰流量 84.0 m³/s。

2005 年碧流河流域年径流深 323.4 mm，比 2004 年增加 44.18%，比多年平均值增加了

8.71%;英那河流域年径流深 557.3 mm,比 2004 年增加 22.7%,比多年平均值增加了 26.92%。

2005 年径流深在各行政区分布为:庄河市 482.1 mm;长海县 300.0 mm;普兰店市 259.6 mm;开发区 237.5 mm、大连市区 237.5 mm、甘井子区 232.1 mm、金州区 228.0 mm、旅顺口区 216.3 mm、瓦房店市 219 mm。各行政分区径流深比较见图 2-1。

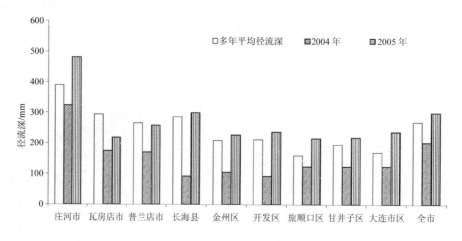

图 2-1　大连市行政分区径流深分布

（2）河流水质现状

1）总体评价

境内水资源天然水质总体情况良好,普兰店市以东地区优于西部地区。主要河流中碧流河、英那河、庄河水质较好,复州河污染严重。但由于工业特别是乡村工业的迅猛发展、工业废水和城市生活污水的增加,以及农用化肥和农药的使用对大连市水资源造成了不同程度的污染,污染程度市区重于县镇,县镇重于乡村。

全市评价河流单项污染参数按其污染河长占总评价河长的百分比从高到低排列依次为:汛期,化学需氧量（28.8%）＞五日生化需氧量（21.5%）＞溶解氧（15.6%）＞高锰酸盐指数（11.0%）＞氨氮（9.4%）＞pH 值（6.7%）；非汛期,化学需氧量（40.0%）＞高锰酸盐指数（25.4%）＞五日生化需氧量（24.5%）＞氨氮（9.4%）＞溶解氧（6.3%）＞挥发酚（3.8%）＞pH 值（0.7%）＞氟化物（0.5%）；全年,化学需氧量（40.1%）＞五日生化需氧量（23.9%）＞高锰酸盐指数（17.6%）＞氨氮（9.4%）＞溶解氧、挥发酚（3.8%）＞氟化物（0.5%）＞pH 值（0.1%）。

2）主要河流水质情况

①碧流河。碧流河水库大坝以上水质较好,水质类别符合Ⅰ～Ⅱ类标准,水库大坝下游 1 km 处非汛期水质为Ⅳ类,五日生化需氧量超标,全年、汛期水质为Ⅳ类、Ⅴ类,pH 值、化学需氧量超标,至入海口 8 km 以上水质较好,水质类别为Ⅱ～Ⅲ类,至入海口 8 km 处水质类别为劣Ⅴ类。溶解氧、高锰酸盐指数、化学需氧量、五日生化需氧量超标。下游支流吊桥河红旗水库以上水质较好,水质类别为Ⅲ类,水库下游到碧流河入口水质类别为Ⅴ类,高锰酸盐指数、化学需氧量、五日生化需氧量超标。

②复州河。复州河干流七道房水库以上 13 km 河段水质类别为Ⅲ类。以下 5 km 汛期

水质类别为Ⅲ类，非汛期、全年水质类别为Ⅳ类，化学需氧量、五日生化需氧量超标。以下至松树水库入口 18 km 水质类别非汛期为Ⅱ类、全年为Ⅲ类、汛期为Ⅳ类，溶解氧超标。松树水库段水质较好，水质类别为Ⅱ～Ⅲ类，以下至东风水库入口，水质类别为劣Ⅴ类，高锰酸盐指数、化学需氧量、五日生化需氧量、氨氮、溶解氧超标。东风水库非汛期水质类别为Ⅳ类，高锰酸盐指数、化学需氧量超标，汛期、全年水质类别为Ⅴ类，化学需氧量超标。以下至入海口 47 km 水质较好，水质类别为Ⅲ类。岚崮河上游 18 km 河段水质类别汛期为Ⅲ类、非汛期、全年为Ⅳ类，化学需氧量超标。九龙水库非汛期水质类别为Ⅳ类，化学需氧量超标，汛期水质类别为劣Ⅴ类，高锰酸盐指数、化学需氧量超标，全年水质类别为Ⅴ类，化学需氧量超标。以下至复州河 38 km 河段水质类别为劣Ⅴ类，高锰酸盐指数、化学需氧量、五日生化需氧量、挥发酚、氨氮、溶解氧超标。

③大沙河。大沙河上游至入海口 20 km 水质较好，水质类别符合Ⅱ～Ⅲ类标准。唐家房段 12 km 汛期水质类别为Ⅳ类，化学需氧量超标；非汛期水质类别为Ⅴ类，化学需氧量超标；全年水质类别为Ⅴ类，化学需氧量超标。至入海口 8 km 汛期、全年水质类别为劣Ⅴ类，化学需氧量、五日生化需氧量、高锰酸盐指数超标，非汛期水质类别为Ⅴ类，化学需氧量超标。支流长山河五四水库水质类别为劣Ⅴ类，高锰酸盐指数、化学需氧量、五日生化需氧量、氨氮、氟化物超标。支流夹河非汛期、全年水质类别为Ⅳ类，化学需氧量超标，汛期水质类别为Ⅴ类，化学需氧量、五日生化需氧量超标。洼子店水库水质类别为Ⅱ～Ⅲ类。

④英那河。英那河非汛期、全年水质较好，水质类别为Ⅰ～Ⅲ类，汛期距入海口 16 km 处水质类别为Ⅴ类，化学需氧量超标。

⑤庄河。庄河汛期水质较好，水质类别Ⅱ～Ⅲ类标准，非汛期距入海口 11 km 处水质类别为Ⅴ类，化学需氧量、五日生化需氧量、高锰酸盐指数、溶解氧超标。全年河流上中游 85 km 水质较好，水质类别为Ⅱ类，下游距海口 11 km 水质类别为Ⅳ类，化学需氧量超标。

⑥湖里河。湖里河河流上游 18 km 水质较好，水质类别为Ⅱ类，下游 26 km 水质汛期、非汛期、全年水质类别为Ⅳ类，化学需氧量超标。具体见表 2-11。

表 2-11 大连市主要河流水质情况

河流	测量点所在位置	水质状况	主要污染物	主要污染源
碧流河	庄河市荷花山镇姜屯公路桥	劣Ⅴ	pH、COD	
	庄河市城山镇胜利村姜屯	Ⅱ		
	普兰店市城子坦镇董家村花儿山屯	劣Ⅴ	DO、高锰酸盐指数、COD、BOD₅、总磷	农业、生活、工业
	普兰店市城子坦镇元发桥	Ⅴ	高锰酸盐指数、COD、BOD₅	农业、工业
	普兰店市安波镇七道房聂屯	Ⅲ		
	普兰店市同益乡西韭同益大桥	Ⅲ		
复州河	瓦房店市得利寺镇蔡房身大桥	劣Ⅴ	高锰酸盐指数、COD、BOD₅、氨氮、总磷	农业、生活、工业
	瓦房店市复州城镇那屯	Ⅲ		
	瓦房店市李店镇肖家炉大桥	Ⅳ	COD	农业
	瓦房店市杨家镇台前前屯大桥	劣Ⅴ	DO、氨氮、总磷、挥发酚、COD、BOD₅	农业、生活

河流	测量点所在位置	水质状况	主要污染物	主要污染源
大沙河	普兰店市沙包镇刘大水库入口	III		
	普兰店市大刘家镇洼子店村拦河闸	V	COD	农业
	普兰店市夹河庙镇夹河大桥	IV	COD	农业
英那河	庄河市塔岭镇李席坊屯英那河水库入口	II		
	庄河市大营镇	II		
	庄河市太平岭乡双河村朱家隈子水库入口	II		
	庄河市徐岭镇双峰村	II		
庄河	庄河市庙下桥	IV	COD	农业、生活、工业
	庄河市荷花山镇红星村白家屯	II		
	庄河市太平岭乡同碑村	II		
	庄河市高岭乡周家村转角楼水库入口	II		
	庄河市鞍子山乡石嘴屯	IV	COD	农业
登沙河	金州区华家镇杨家店	II		

3. 近岸海域水质状况

近岸海域是一个动态空间，具有海岸带资源多样性和海陆相互作用的自然地理特征。由于近岸海域人口密集、经济集中、资源过度开发及废弃物被随意处置，使海岸带这一脆弱的生态环境易遭到破坏。

（1）近岸海域总体水质状况

2008 年的监测结果显示，大连近岸海域水环境质量总体良好，但大连湾、大窑湾、小窑湾、庄河和长兴岛近岸局部海域水质为三类，受到无机氮、活性磷酸盐和石油类污染。大连近岸海域水环境变化趋势显示，2003 年以来近岸海域的主要污染物是无机氮、活性磷酸盐和石油类，2003—2005 年污染的区域以大连湾、庄河近岸局部区域为主，2006 年以来大窑湾、小窑湾、长兴岛近岸海域污染趋势加重，海域污染总面积（二类、三类、四类、超四类污染面积之和）由 2003 年的 1 226 km² 增加到 2007 年的 2 420 km²，总体呈上升趋势。"十五"期末与"九五"相比，大连湾无机氮、活性磷酸盐、石油类略有降低；南部沿海无机氮略有升高，活性磷酸盐、石油类不同程度降低；大窑湾无机氮有所升高，活性磷酸盐有所降低，石油类基本持平。小窑湾海域水质良好。

大连市近岸海域监测海区有大连湾、大窑湾、小窑湾、南部沿海、营城子湾、金州湾、普兰店海域、瓦房店海域、旅顺海域、庄河海域、大连经济技术开发区红土堆子湾以及长海县黄海北部海域。具体见表 2-12、表 2-13 和图 2-2 至图 2-7。

表 2-12 2003—2008 年大连市近岸海域水质状况一览表

年份	污染海域面积/km²				主要污染区域	主要污染物
	二类	三类	四类	劣四类		
2003	1 058	90	62	16	大连湾、青堆子湾	无机氮、活性磷酸盐、石油类
2004	1 158	100	62	15	大连湾、庄河	无机氮、活性磷酸盐、石油类

年份	污染海域面积/km²				主要污染区域	主要污染物
	二类	三类	四类	劣四类		
2005	353.6	100.1	53.4	0	大连湾、谢屯近岸	无机氮、活性磷酸盐
2006	1 002	604	329	279	大连湾、普兰店湾近岸、复州湾、庄河近岸	无机氮、活性磷酸盐、石油类
2007	1 250	650	110	410	大连湾、大窑湾、小窑湾、普兰店湾近岸、长兴岛近岸海域	无机氮、活性磷酸盐、石油类
2008	—	—	—	—	大连湾、大窑湾、小窑湾、庄河和长兴岛近岸海域	无机氮、活性磷酸盐、石油类

表 2-13 "十五"期间大连市近岸海域水质监测结果   单位：mg/L

位置	统计指标	化学需氧量	氨氮	活性磷酸盐	石油类	无机氮
大连湾	样品数	255	255	255	255	255
	最大值	0.319	3.76	10.8	0.166	12.4
	最小值	0.000 3	0.24	0.003 4	0.002	0.031 0
	平均值	0.015 3	1.28	0.590	0.040	0.942
南部沿海	样品数	132	132	132	132	132
	最大值	1.50	0.279	0.039 7	0.126	0.584
	最小值	0.36	0.005 9	0.000 3	0.002	0.033 6
	平均值	0.73	0.083 8	0.011 2	0.021	0.165
大窑湾	样品数	75	75	75	75	75
	最大值	1.24	0.333	0.025 8	0.063	0.382
	最小值	0.40	0.005 7	0.000 3	0.002	0.027 3
	平均值	0.73	0.053 0	0.006 7	0.020	0.125
小窑湾	样品数	15	15	15	15	15
	最大值	0.92	0.125	0.015 4	0.049	0.237
	最小值	0.48	0.014 3	0.000 3	0.002	0.048 0
	平均值	0.68	0.046 3	0.006 6	0.021	0.119
营城子湾	样品数	8	8	8	8	8
	最大值	1.44	0.067 4	0.028 8	0.034	0.200
	最小值	0.08	0.009 8	0.002 8	0.007	0.040 4
	平均值	0.75	0.034 8	0.009 0	0.018	0.097 6
金州湾	平均值	2.87	—	0.016 6	0.050	0.124
旅顺海域	平均值	0.61	—	0.015 5	0.054	0.076 9
红土堆子湾	平均值	1.68	—	0.015 9	0.016	0.200
瓦房店海域	平均值	0.83	—	0.017 9	0.039	0.257
普兰店海域	平均值	1.80	—	0.019 2	0.034	0.269
庄河海域	平均值	1.26	—	0.013 8	0.027	0.101
黄海北部	平均值	0.98	—	0.011 2	0.032	0.076

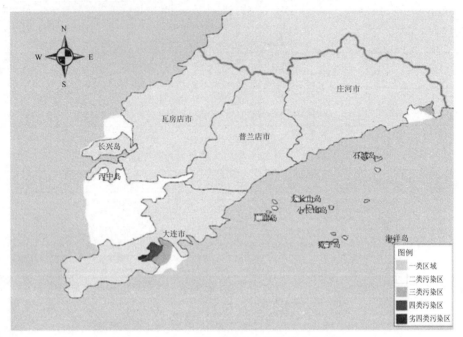

图 2-2　2003 年大连近岸污染海域分布示意

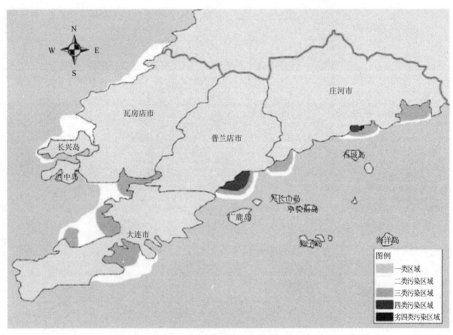

图 2-3　2004 年大连近岸污染海域分布示意

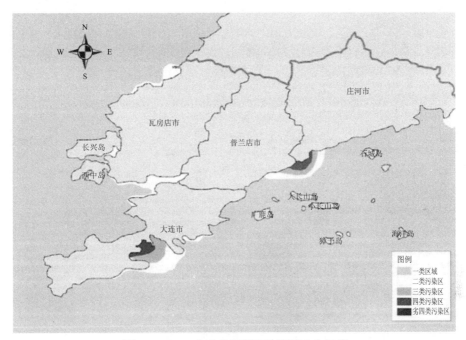

图 2-4　2005 年大连近岸污染海域分布示意

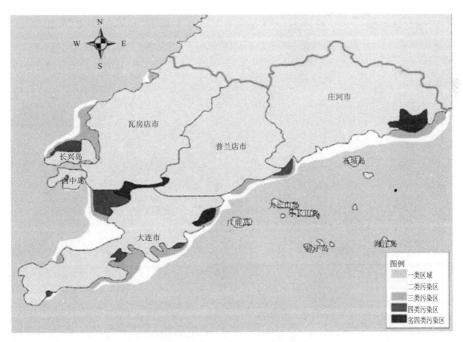

图 2-5　2006 年大连近岸污染海域分布示意

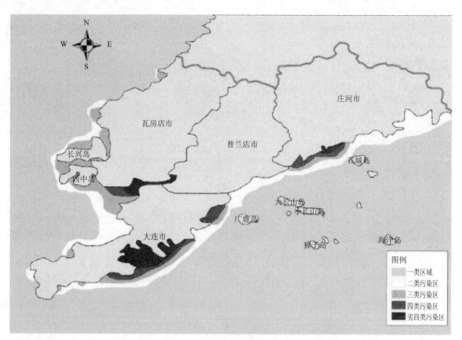

图 2-6　2007 年大连近岸污染海域分布示意

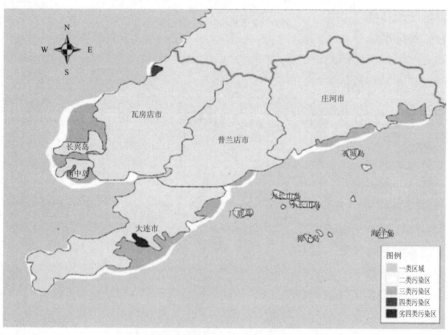

图 2-7　2008 年大连近岸污染海域分布示意

1）大连湾

大连湾分属于二、三、四类海域功能区。"十五"期间，大连湾主要污染物是无机氮，其均值为 0.942 mg/L，超国家二类海水水质标准（以下简称标准）2.1 倍；最大年均值为 2001 年的 1.16 mg/L，超二类标准 2.9 倍，超四类标准 1.3 倍。其他监测项目年均值符合二类标准。

2）南部沿海

南部沿海分属于二、三类海域功能区。"十五"期间,南部沿海各监测项目年均值均符合国家二类海域水质标准。

3）大窑湾

大窑湾海域分属于二、四类海域功能区。"十五"期间,大窑湾所有监测项目年均值均符合二类标准。

4）小窑湾

小窑湾海域属于二类海域功能区。"十五"期间,小窑湾各监测项目年均值均符合二类标准。

5）营城子湾

营城子湾海域属于二类海域功能区。"十五"期间,营城子湾各监测项目年均值均符合二类标准。

6）其他海域水质状况

金州湾:金州湾海域分属于二、三类海域功能区。"十五"期间各监测项目均值符合二类标准。

旅顺海域:旅顺海域分属于一、二、四类海域功能区。"十五"期间各监测项目均值符合二类标准。

红土堆子湾:红土堆子湾海域分属于二、四类海域功能区。"十五"期间各监测项目均值符合二类标准。

瓦房店海域:瓦房店海域属于二类海域功能区。"十五"期间各监测项目均值符合二类标准。

普兰店海域:普兰店海域分属于二、四类海域功能区。"十五"期间各监测项目均值符合二类标准。

庄河海域:庄河海域属于二类海域功能区,"十五"期间各监测项目均值符合二类标准。

黄海北部海域:黄海北部海域分属于一、二、三类海域功能区。"十五"期间各监测项目均值符合一类标准。

2005年大连市近岸海域主要监测项目结果表明,大连湾无机氮污染较重,红土堆子湾活性磷酸盐污染较重,大连湾石油类污染相对较重,金州湾化学需氧量污染较重。

（2）沉积物总体状况

采用单因子指数法对大连近岸海域沉积物中石油烃、总汞、镉、铅、砷、六六六、滴滴涕和多氯联苯等8个要素的污染状况进行了评价。评价结果如图2-8所示。

大连近岸海域沉积物中石油类污染严重的区域主要为大连湾海域,其含量超过第三类沉积物质量标准近4倍。由于大连湾港口航运的迅速发展,导致自2004年以来大连湾沉积物石油类污染日趋严重,应该引起关注。除大连湾以外,大连近岸其他海域沉积物石油类的含量都符合第一类沉积物质量标准,值得注意的是,金州湾附近海域沉积物中石油类的污染指数大于0.5,与2004年相比污染加重,应该作为潜在的污染区予以关注。

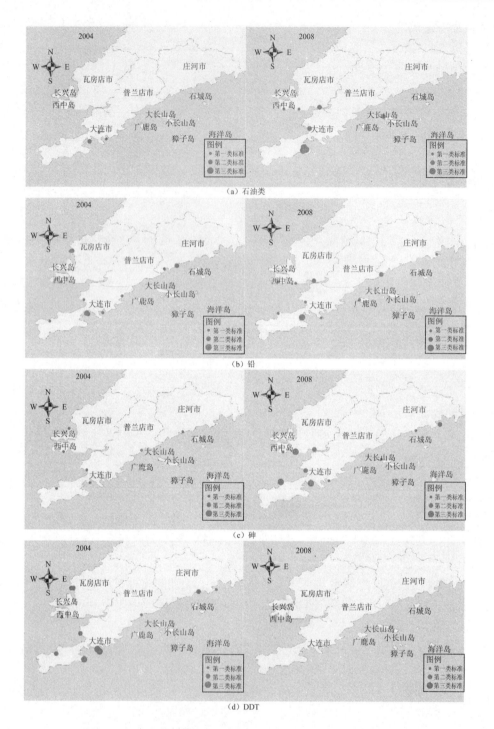

图 2-8 大连近岸海域沉积物石油类、铅、砷和 DDT 残留量分布

　　大连近岸海域沉积物中铅的污染也主要发生在大连湾海域，其含量超过第一类沉积物质量标准。与 2004 年相比，污染程度未发生显著变化。说明近 5 年来，大连湾铅污染的问题并未得到有效改善。除大连湾海域以外，大连近岸其他海域沉积物铅的含量均符合第

一类沉积物质量标准。大连近岸海域沉积物中的砷、镉和总汞的残留量都未超过第一类沉积物质量标准。与 2004 年相比，大连湾、营城子湾、复州湾、金州湾和普兰店湾附近海域的沉积物中砷的残留量明显升高，污染指数均大于 0.5，大连近岸海域沉积物中持久性有机污染物滴滴涕、六六六和多氯联苯的检出率为 6.2%，全部符合第一类沉积物质量标准；而在 2004 年，持久性有机污染物的检出率高达 97%，大连湾和大窑湾附近海域沉积物中滴滴涕的残留量超过第三类沉积物质量标准，普兰店湾和庄河附近海域的沉积物中滴滴涕的残留量超过第一类沉积物质量标准。

对大连近岸海域沉积物质量总体状况进行评价，结果表明，大连湾为大连近岸的主要污染海域，采用生态风险指数法对大连湾的生态风险进行了综合评价。

根据沉积物中石油类、铅、砷、汞、镉、砷等十几种重金属的实测含量，结合该金属污染物的风险参数、毒性响应参数，计算潜在生态风险指数。结果表明：大连湾沉积物中的石油烃为高污染，潜在生态风险高；铅为中污染，具有低潜在生态风险；总汞、镉、砷、六六六、滴滴涕和多氯联苯都为低污染，具有低潜在生态风险。大连湾沉积物综合污染程度为高污染，潜在生态风险为中。

4. 海水浴场水质状况

大连市海水浴场水质总体基本稳定。主要海水浴场中三官庙（金州区）、塔河湾（旅顺口区）、金石滩、泊石湾（开发区）、仙浴湾（瓦房店市）和棒棰岛浴场水质较好，优良次数所占比例为 76.9%～100%；其次是东海公园、傅家庄和夏家河浴场，优良次数所占比例为 30.8%～53.8%；星海公园和星海湾浴场水质较差，优良次数所占比例均低于 16%。海水浴场主要污染物为粪大肠菌群。

各海水浴场水质状况由好到差依次为：三官庙浴场、塔河湾浴场、金石滩浴场、泊石湾浴场、仙浴湾浴场、棒棰岛浴场、东海公园浴场、傅家庄浴场、夏家河浴场、星海公园浴场、星海湾浴场。

二、陆域环境质量现状

1. 空气环境

（1）监测点位设置情况

2007 年大连市环境空气自动监测系统有监测点位 16 个，自然降尘监测点位有 46 个。具体见表 2-14、表 2-15。

表 2-14 大连市空气自动监测四项污染物监测点位

点位号	测点名称	功能分区	行政区
1	甘井子	特定工业区	甘井子区
2	周水子	一般工业区	甘井子区
3	星海三站	居民区	沙河口区
4	青泥洼桥	交通区	中山区

点位号	测点名称	功能分区	行政区
5	付家庄	居民区	中山区
6	七贤岭	一般工业区	甘井子区
7	旅顺	居民区	旅顺口区
8	金州	居民区	金州区
9	开发区	居民区	开发区
10	双D港	居民区	开发区
11	大孤山园区	特定工业区	开发区
12	普兰店1	居民区	普兰店
13	普兰店2	居民区	普兰店
14	瓦房店1	居民区	瓦房店
15	瓦房店2	居民区	瓦房店
16	长海	居民区	长海县

表 2-15　大连市自然降尘监测点位

测点名称	点位数量/个	功能分区	行政区
甘井子工业区	1	特定工业区	甘井子区
南沙工业区	1	一般工业区	沙河口区
五一广场工业区	1	一般工业区	沙河口区
春柳小区	1	居民区	沙河口区
白山路	1	居民区	沙河口区
西岗居民区	1	居民区	西岗区
沙河口火车站	1	交通区	沙河口区
青泥洼桥	1	交通区	中山区
机场	1	交通区	甘井子区
二七广场	1	一般工业区	中山区
大连理工大学	1	文化区	甘井子区
天津街	1	商业区	中山区
付家庄	1	居民区	中山区
金州区	5	居民区	金州区
旅顺口区	6	居民区	旅顺口区
开发区	4	居民区	开发区
普兰店市	6	居民区	普兰店市
瓦房店市	5	居民区	瓦房店市
庄河市	4	居民区	庄河市
长海县	3	居民区	长海县

（2）环境空气质量

根据国家和辽宁省统一的监测计划，大连市环境空气常规监测包括二氧化硫（SO_2）、可吸入颗粒物（PM_{10}）、二氧化氮（NO_2）、一氧化碳（CO）、臭氧（O_3）、自然降尘、硫酸盐化速率、降水等 8 项。对监测项目 SO_2、PM_{10}、NO_2、CO、O_3 的评价采用《环境空气质量标准》（GB 3095—1996），自然降尘评价采用辽宁省规定标准，硫酸盐化速率和降水的评价标准采用环境保护部推荐值。上述项目中对大连市空气环境影响较大的污染物为自然降尘、PM_{10}、SO_2、NO_2。

2007 年，大连市区空气中 SO_2 年均值 0.049 mg/m³，PM_{10} 年均值 0.086 mg/m³，NO_2 年均值 0.043 mg/m³，上述三项污染物年均值均符合国家环境空气质量二级标准。具体见表 2-16、表 2-17 和图 2-9。

采暖期 SO_2 均值明显高于非采暖期，达到 0.098 mg/m³，超过年平均标准 0.6 倍。PM_{10} 春季均值最高，为 0.107 mg/m³，超过年平均标准 0.1 倍。另外，PM_{10} 浓度随风速变化明显，微风天气时，市区大部分区域超标。4 个季节的 NO_2 均值都低于年平均标准，随季节变化不大。

大连市区环境空气质量优良天数为 338 天，占全年天数的 92.6%，其中优 82 天，比上年增加 8 天。金石滩优良天数最多，占全年 94.0%；甘井子工业区优良天数最少，占全年 77.3%。全年空气质量日报首要污染物以 PM_{10} 为主，占 81.1%；其次为 SO_2，占 18.9%。

表 2-16　　2007 年各点位空气主要污染物浓度　　　　单位：mg/m³

点位 ＼ 因子	SO_2	PM_{10}	NO_2
甘井子	0.073	0.107	0.061
周水子	0.056	0.100	0.052
星海三站	0.059	0.089	0.040
青泥洼桥	0.065	0.089	0.059
付家庄	0.054	0.072	0.035
七贤岭	0.038	0.085	0.038
旅顺	0.033	0.075	0.030
金州	0.045	0.082	0.043
开发区	0.043	0.089	0.045
双 D 港	0.024	0.076	0.023
瓦房店	0.035	0.083	0.022
普兰店	0.024	0.054	0.024
庄河	0.012	0.079	0.016
长海	0.005	0.047	0.010

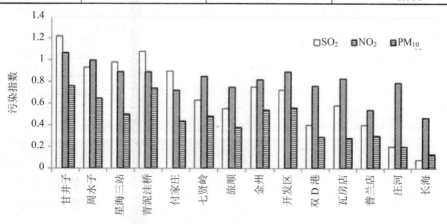

图 2-9　空气主要污染物污染指数

表 2-17   2007 年各点位空气主要污染物污染指数

因子 点位	P_{SO_2}	P_{NO_2}	$P_{PM_{10}}$	P
甘井子	1.22	1.07	0.76	3.05
周水子	0.93	1.00	0.65	2.58
星海三站	0.98	0.89	0.50	2.37
青泥洼桥	1.08	0.89	0.74	2.71
付家庄	0.90	0.72	0.44	2.06
七贤岭	0.63	0.85	0.48	1.96
旅顺	0.55	0.75	0.38	1.68
金州	0.75	0.82	0.54	2.11
开发区	0.72	0.89	0.56	2.17
双 D 港	0.40	0.76	0.29	1.45
瓦房店	0.58	0.83	0.28	1.69
普兰店	0.40	0.54	0.30	1.24
庄河	0.20	0.79	0.20	1.19
长海	0.08	0.47	0.13	0.68

甘井子和青泥洼桥点位 SO_2 浓度的均值偏高，均略超出二级标准；甘井子点位的 PM_{10} 浓度的均值最高，超出二级标准 0.1 倍。大连市空气质量综合状况由好到差的监测点位依次为长海、庄河、普兰店、双 D 港、旅顺、瓦房店、七贤岭、付家庄、金州、开发区、星海三站、周水子、青泥洼桥、甘井子。各测点 SO_2、NO_2、PM_{10} 三项综合污染指数的主要污染区为甘井子，其次为青泥洼桥、周水子和星海三站。

2007 年，大连市共受到 5 次外来沙尘天气影响，累计时间为 131 h，受其影响城市空气质量日报 API 值最高达 500，为重污染。全年外来沙尘对市区自然降尘的贡献率为 8%。大连市降水 pH 值为 3.45~7.83，市区南部酸雨频率相对较高。全年市区酸雨频率为 51.6%。

（3）自然降尘

2007 年中心城区自然降尘年均值为 16.0 t/（km^2·m），超过辽宁省标准 1.0 倍，一次值超标率 71.8%。从各功能区看，各功能区的自然降尘年均值均超过省定标准。其中交通区的年均值最高，为 21.4 t/（km^2·m），超过省定标准 1.7 倍；文化区的年均值最低，为 10.5 t/（km^2·m），超过省定标准 0.3 倍。2007 年大连市中心城区各功能区自然降尘产生量详见表 2-18。

表 2-18   2007 年大连市中心城区各功能区自然降尘产生情况

功能区	月产生量/[t/（km^2·m）]	超过省定标准倍数
交通区	21.4	1.7
特定工业区	18.9	1.4
一般工业区	15.8	1.0
商业区	13.6	0.7
居民区	13.4	0.7
文化区	10.5	0.3

（4）废气排放

全市 SO_2 排放量 11.55 万 t，烟尘排放量 5.26 万 t，粉尘排放量 1.92 万 t。其中工业废气中 SO_2 排放量 9.52 万 t，占全市 SO_2 排放量的 82.4%，生活废气中 SO_2 排放量 2.03 万 t，占全市 SO_2 排放量的 17.6%。工业烟尘排放量 1.97 万 t，占全市烟尘排放量的 37.4%；生活烟尘排放量为 3.29 万 t，占全市烟尘排放量的 62.6%。

2007 年大连市工业废气排放为 1 948 亿 m^3，其中燃料燃烧废气 1 265 亿 m^3，占工业废气总排放量的 64.9%；生产工艺废气 683 亿 m^3，占工业废气总排放量的 35.1%。见表 2-19。

表 2-19　2007 年大连市工业废气排放量

区域	废气排放量/万 m^3	占全市排放总量/%	燃料燃烧废气		生产工艺废气	
			排放量/万 m^3	占总量/%	排放量/万 m^3	占总量/%
中山区	185 670	0.95	185 670	100.0	0	0
西岗区	255 882	1.31	252 882	98.8	3 000	1.2
沙河口区	1 528 937	7.85	1 349 946	88.3	178 991	11.7
甘井子区	8 289 336	42.55	5 269 524	63.6	3 019 812	36.4
旅顺口区	357 038	1.83	118 799	33.3	238 239	66.7
金州区	1 096 348	5.63	583 005	53.2	513 343	46.8
开发区	1 088 499	5.59	510 281	46.9	578 218	53.1
高新园区	73 947	0.38	10 481	14.2	63 466	85.8
保税区	1 696 364	8.71	1 105 706	65.2	590 658	34.8
瓦房店市	1 894 115	9.72	339 024	17.9	1 555 091	82.1
普兰店市	269 715	1.38	208 230	77.2	61 485	22.8
庄河市	2741 741	14.07	2 714 461	99.0	27 280	1.0
长海县	5 600	0.03	5 480	97.9	120	2.1
全市合计	19 483 192	100.0	12 653 489	64.9	6 829 703	35.1

2. 声环境

（1）噪声监测点位设置

2007 年大连市各区、市、县环境监测站进行了功能区噪声、道路交通噪声监测工作，其中大连市环境监测中心还进行了大连市区的区域环境噪声监测工作。

大连市各区市县噪声监测点位设置情况见表 2-20。大连市区区域环境噪声、道路交通噪声、功能区噪声监测点位设置情况见表 2-21 至表 2-23。

表 2-20　大连市环境噪声监测点数　　　　　　　　　　　　　　单位：个

地区	功能区噪声定期监测点	道路交通噪声监测点	区域环境噪声监测点
大连市区	6	422	244
金州区	5	—	—
瓦房店市	5	14	168
普兰店市	6	16	152
庄河市	5	8	101

地区	功能区噪声定期监测点	道路交通噪声监测点	区域环境噪声监测点
旅顺口区	6	—	—
长海县	4	3	114
大连市开发区	4	—	—

注：大连市功能区噪声测点数为大连市中心城区测点数。

表 2-21　大连市区区域环境噪声监测点位

年份	网格大小	网格总数
2007	1 000 m×1 000 m	244

表 2-22　大连市道路交通噪声监测点位

年份	道路测量条数	测点个数	干线总长/km
2007	154	422	427.4

表 2-23　大连市区功能区噪声监测点位

点位号	测点名称	功能分区	行政区
1	棒棰岛宾馆	0 类功能区	中山区
2	省大连干部疗养院	1 类功能区	沙河口区
3	西安路商业街	2 类功能区	沙河口区
4	大连石化公司	3 类功能区	甘井子区
5	沙河口环保分局	4 类功能区	沙河口区
6	东北路华岳饭店	4 类功能区	西岗区

（2）噪声质量现状

1）交通噪声

大连市道路交通噪声均值为 65.8～69.2 dB，其中大连市区为 68.5 dB，符合国家标准。市区道路交通噪声等效声级主要分布在 60～75 dB，其中超过 70 dB 的干线长度为 162.2 km，占干线总长度的 38.0%。

2）区域和功能区环境噪声

大连市区域环境噪声均值为 50.9～54.8 dB，其中大连市区区域环境噪声均值为 53.1 dB。

大连市功能区环境噪声昼间均值为 49.2～56.4 dB，夜间均值为 41.0～47.6 dB。其中大连市区功能区噪声昼间均值为 56.3 dB，夜间均值为 46.6 dB。市区各功能区中 0 类、1 类、2 类、3 类功能区噪声昼、夜间均值均符合国家标准，4 类功能区（交通干线两侧区域）噪声昼间均值超标 1.4 dB，夜间均值超标 10.9 dB。

3．固体废物

（1）生活垃圾

2007 年大连市区生活垃圾产生量为 98.90 万 t，无害化处理总量为 92.26 万 t，无害处理率为 93.29%，主要的处置方式为卫生填埋。

（2）工业固体废物

2007 年大连市的固体废物利用率为 84.69%，一般工业固体废物利用率为 89.95%，其中，粉煤灰的利用率为 85.61%，炉渣的利用率为 93.99%，尾矿的利用率为 76.02%，冶炼废渣的利用率为 94.55%，脱硫石膏的利用率为 100%，其他废物的利用率为 91.86%。工业危险废物利用率为 49.79%。

1）危险废物

大连市 2007 年危险废物产生量为 12.87 万 t，其中处置量为 6.46 万 t，综合利用量为 6.41 万 t，处置利用率 100%，危险废物综合利用率为 49.79%。见图 2-10。

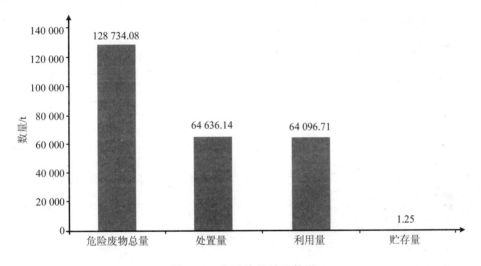

图 2-10　危险废物统计数据

2）医疗废物

目前，大连市每天产生医疗废物约为 10 t。全年医疗废物产生约 3 000 t。主要处置方式为焚烧，焚烧处置率约为 80%。

3）一般工业固体废物

2007 年全市固体废物的产生量为 633.39 万 t，其中工业固体废物 618.39 万 t。工业固体废物中一般工业固体废物为 605.52 万 t，工业危险废物 12.87 万 t。一般工业固体废物主要成分为粉煤灰、炉渣、尾矿渣和冶炼渣等，主要产生于电力、热力生产供应业，黑色金属冶炼及压延加工业和非金属矿物制品业，见图 2-11。

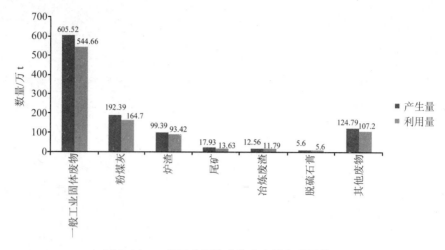

图 2-11　一般工业固体废物产生量和利用量

4．电磁辐射

目前，大连市区共有电磁辐射监测点位 11 个，监测点位靠近行政区、工业区、居民区、大专院校以及重要部门和主要辐射源等敏感区域。见表 2-24。

表 2-24　大连市环境电磁辐射监测点位分布

序号	点位	地理坐标	行政区域	备注
1	市政府南门岗	N38°54′45.3″；E121°36′36.7″	西岗区	重要部门
2	市委南门岗	N38°54′56.5″；E121°39′31.0″	中山区	重要部门
3	棒棰岛宾馆 8#楼	N38°53′11.4″；E121°42′13.3″	中山区	涉外宾馆
4	21 中学门岗	N38°54′50.1″；E121°35′55.2″	西岗区	辐射源（广电中心）附近
5	石化宾馆	N38°58′27.5″；E121°28′28.5″	甘井子区	工业区
6	泡崖小区欣乐公园	N38°58′24.2″；E121°33′06.9″	甘井子区	居民区
7	理工大学	N38°52′41.5″；E121°31′22.9″	甘井子区	高校区
8	劳动公园	N38°54′40.5″；E121°37′55.8″	西岗区	辐射源（邮电枢纽大厦）附近
9	港湾桥	N38°55′32.7″；E121°39′17.0″	中山区	辐射源（海港通讯楼）附近
10	金海花园	N38°54′04.8″；E121°35′50.7″	西岗区	快轨沿线
11	香西路 59 号道南	N38°55′32.7″；E121°35′01.8″	沙河口区	沈大电气化铁路沿线

2007 年，各监测点位在 0.1～3 MHZ 频率范围内电强度结果均低于《电磁辐射防护规定》（GB 8702—88）中的公众照射导出限值，表明大连市中心城区电磁辐射监测值符合国家标准，见表 2-25。

表 2-25　大连市环境电磁辐射检测结果

点位	时间	2007 年上半年		2007 年下半年		2007 年均值		2006 年均值
		电场强度/（V/m）	功率密度/（W/m²）	电场强度/（V/m）	功率密度/（W/m²）	电场强度/（V/m）	功率密度/（W/m²）	电场强度/（V/m）
01	上午	1.33	34×10^{-4}	1.01	29×10^{-4}	1.17	32×10^{-4}	1.32
	下午	0.87	27×10^{-4}	0.90	32×10^{-4}	0.88	30×10^{-4}	1.03
	夜间	1.23	33×10^{-4}	0.92	23×10^{-4}	1.08	28×10^{-4}	1.20
02	上午	0.53	11×10^{-4}	0.61	10×10^{-4}	0.57	10×10^{-4}	0.57
	下午	0.82	12×10^{-4}	0.73	14×10^{-4}	0.78	13×10^{-4}	0.60
	夜间	0.46	11×10^{-4}	0.79	11×10^{-4}	0.62	11×10^{-4}	0.56
03	上午	0.42	4×10^{-4}	0.19	1×10^{-4}	0.32	2×10^{-4}	0.34
	下午	0.32	2×10^{-4}	0.20	1×10^{-4}	0.26	2×10^{-4}	0.28
	夜间	0.46	4×10^{-4}	0.47	6×10^{-4}	0.46	5×10^{-4}	0.32
04	上午	0.80	19×10^{-4}	0.14	1×10^{-4}	0.47	10×10^{-4}	0.63
	下午	0.72	17×10^{-4}	0.41	6×10^{-4}	0.56	12×10^{-4}	0.66
	夜间	0.48	6×10^{-4}	0.23	1×10^{-4}	0.36	4×10^{-4}	0.33
05	上午	0.26	3×10^{-4}	0.16	1×10^{-4}	0.21	2×10^{-4}	0.26
	下午	0.49	8×10^{-4}	0.23	1×10^{-4}	0.36	4×10^{-4}	0.58
	夜间	0.43	7×10^{-4}	0.07	1×10^{-4}	0.25	4×10^{-4}	0.40
06	上午	0.40	5×10^{-4}	0.24	2×10^{-4}	0.32	4×10^{-4}	0.42
	下午	0.66	11×10^{-4}	0.33	4×10^{-4}	0.50	8×10^{-4}	0.59
	夜间	0.52	7×10^{-4}	0.28	1×10^{-4}	0.40	4×10^{-4}	0.44
07	上午	0.88	18×10^{-4}	1.08	31×10^{-4}	0.98	24×10^{-4}	0.87
	下午	0.74	15×10^{-4}	1.33	45×10^{-4}	1.04	30×10^{-4}	0.75
	夜间	0.39	6×10^{-4}	1.02	28×10^{-4}	0.70	17×10^{-4}	0.36
08	上午	0.37	5×10^{-4}	0.26	2×10^{-4}	0.32	4×10^{-4}	0.36
	下午	0.43	8×10^{-4}	0.27	2×10^{-4}	0.35	5×10^{-4}	0.28
	夜间	0.25	2×10^{-4}	0.23	1×10^{-4}	0.24	2×10^{-4}	0.27
09	上午	0.79	18×10^{-4}	1.01	26×10^{-4}	0.90	22×10^{-4}	0.63
	下午	0.64	11×10^{-4}	1.02	28×10^{-4}	0.83	20×10^{-4}	0.53
	夜间	0.33	4×10^{-4}	0.88	21×10^{-4}	0.60	12×10^{-4}	0.35
10	上午	1.01	19×10^{-4}	1.35	46×10^{-4}	1.18	32×10^{-4}	0.73
	下午	1.08	30×10^{-4}	1.67	67×10^{-4}	1.38	48×10^{-4}	0.71
	夜间	1.12	31×10^{-4}	1.43	54×10^{-4}	1.28	42×10^{-4}	1.16
11	上午	0.54	8×10^{-4}	0.28	2×10^{-4}	0.41	5×10^{-4}	0.54
	下午	0.46	6×10^{-4}	0.47	6×10^{-4}	0.46	6×10^{-4}	0.36
	夜间	0.35	4×10^{-4}	0.29	2×10^{-4}	0.32	3×10^{-4}	0.38

5. 土壤

根据国家布设调查点位的要求，大连市土壤环境质量调查共采集 128 个点位。其中耕地调查点位 78 个；林草地调查点位 19 个；自然保护区调查点位 31 个，分布在除长海县以外的各个县市区。

另外，大连市重点区域土壤调查共采集了 354 个土壤样品，这些调查点位分布在 36 个重点区域内，以厂区周边的土壤调查为主。

根据国家的调查进度要求，2007 年调查的监测数据尚在整理和汇总之中，而且国家对于本次使用的评价技术规范也正在制定过程中，所以目前只能对调查结果依据现有的标准进行粗略的评价。评价标准一律采用《土壤环境质量标准》（GB 15618—1995）二级标准中的 pH 6.5～7.5 段的标准值进行评价。污染分级则按照《农田土壤环境质量监测技术规范》（NY/T 395—2000）中划定的方法进行，具体见表 2-26。

表 2-26 土壤污染分级标准

等级划定	综合污染指数	污染等级	污染水平
1	$P_{综}\leq0.7$	安全	清洁
2	$0.7<P_{综}\leq1.0$	警戒线	尚清洁
3	$1.0<P_{综}\leq2.0$	轻污染	土壤污染物超过背景值，视为轻污染，作物开始受到污染
4	$2.0<P_{综}\leq3.0$	中污染	土壤、作物均受到中度污染
5	$P_{综}>3$	重污染	土壤、作物污染已相当严重

大连市耕地及林草地土壤环境质量评价结果为 0.6，属于安全水平。大连市重点区域土壤环境质量评价结果为 1.0，属于警戒线水平。各个区市县的调查点位数量及评价结果见表 2-27。各自然保护区的调查点位数量及评价结果见表 2-28。

表 2-27 各区市县土壤环境质量评价结果

项目	甘井子	旅顺	金州	开发区	瓦房店	普兰店	庄河
点位数	1	2	7	1	30	26	30
污染指数均值	0.7	0.65	1.1	0.8	0.6	0.6	0.5
污染等级	安全	安全	轻污染	警戒线	安全	安全	安全

表 2-28 各自然保护区土壤环境质量评价结果

项目	城山头	老铁山	石城乡	仙人洞	金石滩	小黑山
点位数	4	9	3	9	3	3
污染指数均值	0.5	0.4	0.5	0.5	0.6	0.5
污染等级	安全	安全	安全	安全	安全	安全

各个重点区域的调查点位数量及评价结果见表 2-29。

表 2-29 重点区域土壤环境质量评价结果

序号	调查区域	污染指数均值
1	瓦房店轴承厂及其周边	1.6
2	瓦房店垃圾场、岗店太阳沟	1.5
3	瓦房店岗店、蔬菜基地	1.2
4	瓦房店金刚石矿及其周边	1.6
5	庄河徐岭、蔬菜基地	0.7

序号	调查区域	污染指数均值
6	普兰店丰荣、蔬菜基地	1.0
7	普兰店垃圾场、丰荣	1.3
8	金州七顶山、蔬菜基地	1.1
9	甘井子、营城子后牧、蔬菜基地	1.0
10	旅顺铁山鸦鹊嘴村蔬菜基地	0.9
11	旅顺三涧堡、韩伟养鸡场及其周边	0.8
12	大连凯飞化工厂及其周边	0.8
13	大连染料厂及其周边	1.0
14	大连化工厂渣场周边	1.0
15	金州、大连绿源化工厂及其周边	0.9
16	金州登沙河、大连瑞泽化工厂及其周边	1.0
17	大连毛茔子垃圾场周边	0.6
18	甘井子、东泰前关一般固体废物场周边	0.7
19	金菊化工厂及其周边	0.8
20	金州区瑞泽厂及其周边	1.0
21	大连开发区园区	0.7
22	华能渣场周边	0.9
23	大连钢厂、大连化工厂及其周边	0.9
24	西太平洋、东泰危险废物渣场及其周边	0.8
25	旅顺土城子矿山工业区及其周边	0.5
26	旅顺垃圾场周边	1.1
27	旅顺开发区	0.5
28	大连辉瑞制药厂及其周边	0.8
29	大连东泰环境工程公司及其周边	0.8
30	大连水泥厂及其周边	1.1
31	甘井子矿山工业区及其周边	0.8
32	大连石化公司及其周边	0.8
33	大连染料厂原厂区（寺儿沟）及其周边	0.7
34	大连港及造船工业区	4.4
35	大连煤气二厂	0.9
36	大连南沙河口工业区	0.8

综合考虑以上评价结果，影响较大的主要有以下区域：大钢和大化等重点污染企业搬迁后的土壤以及大连港及造船工业区、大连水泥厂及其周边、瓦房店轴承厂及其周边、瓦房店垃圾场及岗店太阳沟、瓦房店岗店及蔬菜基地、瓦房店金刚石矿及其周边、金州七顶山及蔬菜基地、旅顺垃圾场周边。

6. 生态

采用《生态环境状况评价技术规范》（HJ/T 192—2006）所推荐的指标体系和计算方法对大连市 2006 年、2007 年生态状况进行评价。相关指标见表 2-30。

表 2-30　生态环境状况评价指标

评价指标	参数名称	2006 年	2007 年	单位
生物丰度指数	林地丰度指数	114.39	115.67	—
	草地丰度指数	89.15	109.91	—
	水域丰度指数	73.65	73.66	—
	耕地丰度指数	109.76	94.92	—
	建设用地丰度指数	84.99	85.68	—
	未利用地丰度指数	76.36	76.29	—
植被覆盖指数	林地	4 851.15	4 853.68	km²
	草地	231.41	228.43	km²
	水域	270.47	282.98	km²
	耕地	5 696.65	5 677.60	km²
	建设用地	1 512.61	1 518.16	km²
	未利用地	11.55	13.00	km²
水网密度指数	河流	27.96	27.19	km²
	湖库	178.48	173.84	km²
	水资源量	22.19	30.66	亿 m³
土地退化指数	轻度	6 406.05	6 406.05	km²
	中度	4 199.03	4 199.03	km²
	重度	2 064.14	2 064.14	km²
环境质量指数	二氧化硫	12.06	11.55	万 t
	化学需氧量	5.72	5.59	万 t
	固体废物排放量	97.0	96.6	万 t

　　根据《生态环境状况评价技术规范》（HJ/T 192—2006）的评价标准，大连市 2006 年、2007 年的生态环境状况指数为 55～75，属于良，说明大连市植被覆盖度较高，生物多样性较丰富。生态环境状况指数变化幅度为 3，表明大连市的生态环境状况略微变好。

第四节　陆源污染物排放及空间分布现状

　　大连市尽管海洋功能区已全部达标，但由于工业排放废水中直排入海量占 92.2%，陆源污染物排放导致入海排污口超标率约为 60%。近岸海域污染主要是由于陆源污染物的过量排放所致，因此，对海域污染实施控制的关键问题之一是对陆源污染排放总量进行控制。本书对陆域污染源的调查主要以企业污染源为主，根据大连市环境保护局提供的 2007 年排污申报资料，对典型污染源进行校核，以乡镇为单元对数据进行分析、汇总，最终得到本次调查的结果。

一、污染物排放特征

1. 总量特征

2007 年大连市废水排放量 56 111 万 t，其中工业废水排放量 34 463 万 t，占全市废水排放量的 61.4%；生活污水排放量 21 648 万 t，占全市废水排放量的 38.6%。全市 COD 排放量 5.5 万 t，其中工业 COD 排放量占 23.8%，氨氮排放量 0.84 万 t，其中工业氨氮排放量占 12.8%。生活污水中的 COD、氨氮排放量占全市总排放量的比重分别高达 76.2%、87.2%。近三年大连市水污染物排放如图 2-12 所示。

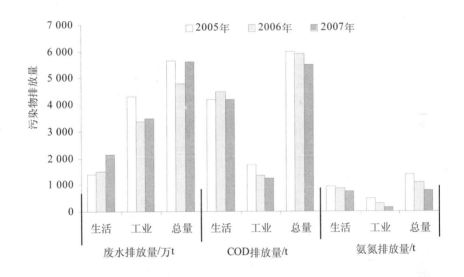

图 2-12　2005—2007 年大连市水污染物排放量

2005—2007 年，工业废水排放量占废水总排放量的比重为 61.4%～75.7%，工业 COD 排放量占 COD 总排放量的比重为 23.8%～30.1%，工业氨氮排放量占氨氮总排放量的 12.8%～30.0%。氨氮排放量近三年呈递减趋势。工业 COD 近三年逐年递减，生活 COD 排放量 2006 年最高，2007 年最低，COD 总排放量近三年呈递减趋势。

2005—2007 年大连市分区水污染物排放量如图 2-13、图 2-14 所示，各区县中，甘井子区的污染物排放量最大，COD 排放量占全市排放总量的 27.28%～34.67%，氨氮排放量占全市排放总量的 27.02%～41.17%。其次为金州区 COD 排放量占全市排放总量的 13.28%～18.42%，氨氮排放量占全市排放总量的 8.87%～19.15%。

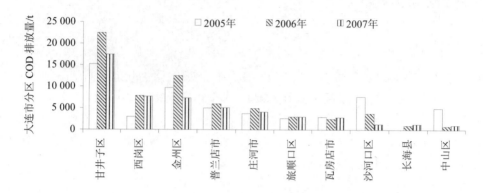

图 2-13　2005—2007 年大连市分区 COD 排放量

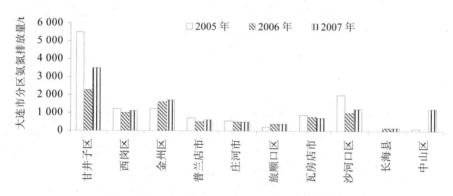

图 2-14　2005—2007 年大连市分区氨氮排放量

2．结构特征

大连市现有工业体系以石化、装备制造、造船、电子信息为主。2007 年大连市工业废水排放量为 34 463.29 万 t，其中石油化工企业废水排放量占全市总量的 71.9%。工业废水直排入海的排放量占总量的 96.4%。2007 年大连市工业分行业 COD 排放比例如图 2-15、图 2-16 所示。工业 COD 排放量较大的行业依次为精细化工、石油化工、食品加工制造，占全市重点工业源 COD 排放总量的 80%。工业氨氮排放量较大的行业依次为精细化工、石油化工、机械制造，占全市重点工业源氨氮排放总量的 85%。石油类排放量集中于石油化工、精细化工行业，占全市工业排放总量的 99.2%。石油化工行业挥发酚、氟化物排放量分别占总量的 97% 以上。

根据环境统计数据库企业排污资料统计的 11 个行业 COD、氨氮排放量分别占全市重点工业源污染物排放总量的 85.6%、87.9%。各产业的排放量差异较大，主要污染物排放量行业分布较为集中，说明大连市污染物排放呈现明显的结构性污染问题。

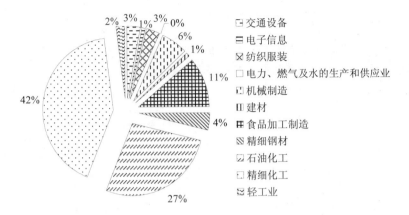

图 2-15 2007 年大连市工业分行业 COD 排放比例

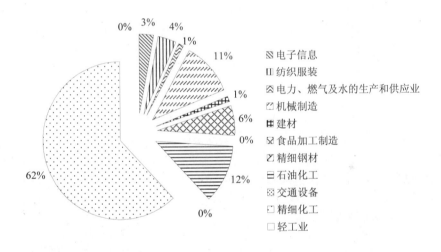

图 2-16 2007 年大连市工业分行业氨氮排放比例

2005—2007 年大连市各行业污染物排放强度如图 2-17 所示。精细化工行业的污染物排放强度历年均为最高，2005—2007 年 COD 排放强度为 5.33～9.26 kg/万元，氨氮排放强度为 0.65～5.31 kg/万元，均远高于当年的行业平均排放强度 0.63～1.1 kg/万元和 0.053～0.26 kg/万元。纺织服装、食品加工制造行业 COD 排放强度也较高，均高于当年行业平均排放强度。轻工业，电力、燃气及水的生产和供应业的 COD 排放强度历年浮动较大。电力、燃气及水的生产和供应业的氨氮排放强度仅次于精细化工业，均高于当年行业平均排放强度，其他行业氨氮排放强度差异不大。

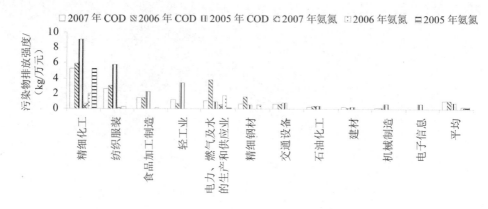

图 2-17   2005—2007 年大连市各行业污染物排放强度

3. 空间特征

2007 年大连市各区生活及工业 COD、氨氮排放量如图 2-18、图 2-19 所示，2007 年大连市各区工业、生活 COD 与氨氮排放量所占的比重如图 2-20 至图 2-23 所示。2007 年全市各区县生活污染物排放量较为平均，各区县中，占全市生活 COD 排放总量比重最大的依次为甘井子区、西岗区、金州区，分别为 23%、18%、13%。占全市生活氨氮排放总量比重最大的依次为甘井子区、金州区、沙河口区，分别为 21%、19%、14%。全市工业水污染源集中分布于甘井子区、金州区，占全市工业 COD 排放总量比重分别为 72%、14%。占全市工业氨氮排放总量比重分别为 70%、22%。

大连市近 5 年工业水污染物排放统计显示，污染企业集中分布于金州以南地区，该区域 COD 排放量占全市总量的 91.35%～95.17%，氨氮排放总量占 94.19%～99.82%。

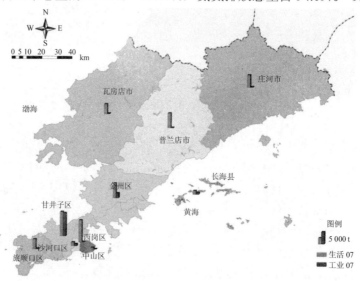

图 2-18   2007 年大连市各区生活及工业 COD 排放量

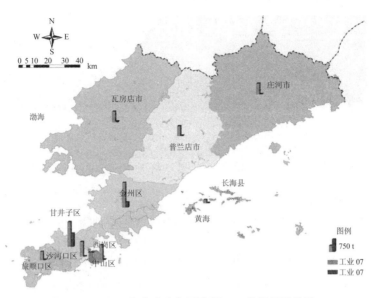

图 2-19　2007 年大连市各区生活及工业氨氮排放量

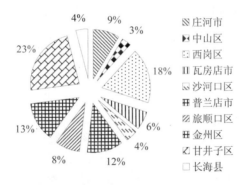

图 2-20　2007 年各区生活 COD 排放比重

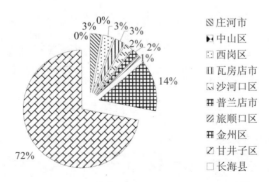

图 2-21　2007 年各区工业 COD 排放比重

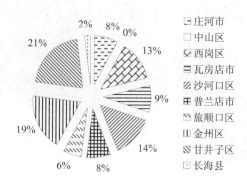

图 2-22　2007 年各区生活氨氮排放比重

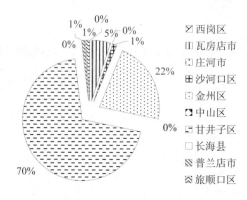

图 2-23　2007 年各区工业氨氮排放比重

大连市工业污染源分布参见图 2-24，工业污染源集中分布于甘井子区、金州区，这两个区域的工业 COD、氨氮排放量分别占全市排放总量的 86%、92%。

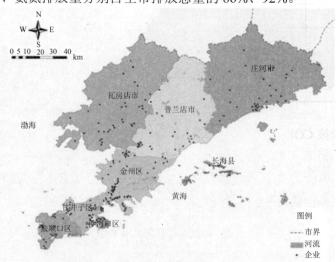

图 2-24　大连市工业污染源分布

综上所述，对大连市陆源污染进行控制的主要区域是甘井子区和开发区，主要行业集中于石油加工业和化工业，主要污染来源于生产和生活污染排放，主要污染物以化学需氧量和氨氮为主，主要排入海域是大连湾和大窑湾。针对工业密集度高、污染物排放量大的区域、行业实行污染控制可以有效减少污染物的排放。

二、各行政单元工业污染物排放

工业废水排放量最多的是甘井子区，排放量为 31 465 万 t，占全市工业废水排放总量的 75.8%，其次是保税区和高新园区，排放量分别为 4 613 万 t 和 1 447 万 t，占全市工业废水排放总量的 11.11%、3.5%，以上累计排放量占全市工业废水排放量的 90.41%，其他各区、市、县废水排放量占全市比例均小于 1%。生活污水排放量最多的是甘井子区，排放量为 15 040 万 t，占总量的 55.4%。具体见表 2-31。

表 2-31 各区市县废水排放量统计　　　　单位：万 t/a

行政区域	废水排放量	生活污水排放量	工业废水排放量
庄河市	458	30	428
中山区	3 400	3 367	33
西岗区	628	538	90
瓦房店市	2 690	2 638	51
沙河口区	7 318	4 406	2 912
普兰店市	933	708	225
旅顺口区	28	14	14
经济技术开发区	438	25	19
金州区	522	309	213
高新园区	1 493	46	1 447
甘井子区	46 506	15 041	31 465
长海县	41	16	25
保税区	4 627	14	4 613

企业污染源按 COD 排污量（大于 1 000 t/a）大小依次为甘井子建成区、铁山街道、沙河口区、大连湾街道、革镇堡镇、瓦房店城区，以上占总排放量的 81.7%；按氨氮排放量（大于 10 t/a）大小依次为甘井子建成区、铁山街道、瓦房店城区、登沙河街道、金州城区、中山区，以上占总排放量的 96.1%。

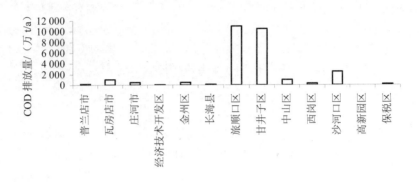

图 2-25　企业 COD 年排放量地区分布

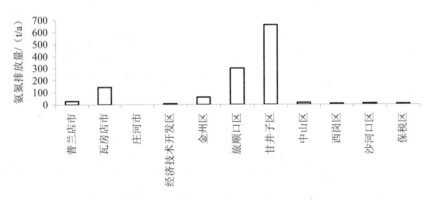

图 2-26　企业氨氮年排放量地区分布

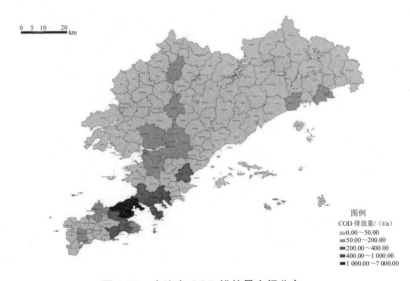

图 2-27　大连市 COD 排放量空间分布

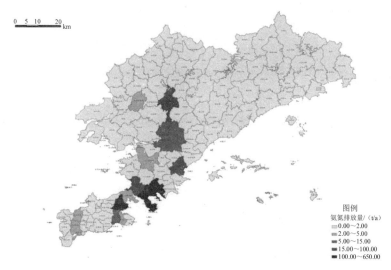

图 2-28　大连市氨氮排放量空间分布

第五节　海域污染控制现状

一、城市污水处理厂

大连城区污水处理工程始建于 20 世纪 80 年代初。近年来，为了保证城市社会和经济可持续发展，市政府非常重视环境基础设施建设，采用社会化投融资方式，加快实施城市污水处理工程建设进程，目前，大连有城市污水处理厂 13 座（表 2-32），设计日处理污水能力 88.8 万 m³，城区污水处理率达 80%左右。

表 2-32　大连市已建污水处理厂

名称		设计规模/ （万 t/d）	处理工艺	占地面积/ hm²	建设投资/ 万元	起始运行 时间
春柳河污水处理厂	一期	8	传统活性污泥	10.5	8 166	1984 年
	二期	12	好氧生物滤池	10	11 500	2008 年
马栏河污水处理厂	一期	12	好氧生物滤池	4.3	26 500	2001 年
	二期	8	好氧生物滤池	4	10 000	2008 年
付家庄污水处理厂		1	TAO 活性污泥法	0.83	2 432	2001 年
凌水河污水处理厂		6	CAST 生化法	3.5	8 100	2006 年
老虎滩污水处理厂		8	CAST 生化法	3.1	10 300	2005 年
泉水污水处理厂		3.5	CAST 生化法	4	6 507	2005 年
夏家河污水处理厂		3	CWSBR 生化法	10	4 000	2007 年
旅顺污水处理厂		3	A2/O 生化法	5.15	5 993	2004 年
开发区污水处理一厂		8	A/O 生化法	8.09	8 000	1989 年

名称	设计规模/ （万 t/d）	处理工艺	占地面积/ hm²	建设投资/ 万元	起始运行 时间
开发区污水处理二厂	8	A/O 生化法	12.5	12 000	1999 年
瓦房店污水处理厂	6	ICEAS 生化法	11.53	19 645.83	2004 年
普兰店污水处理厂	2	SBR 生化法	10	7 000	2007 年
长海县污水处理厂	0.3	好氧生物滤池	0.06	1 840	2001 年
合计	88.8		97.56	141 984	

二、排污口

大连市对直排海的排污口进行了普查并统一编号，实施规范监测和管理。根据最新的调查结果，大连市直排海的排污口共有 192 个，其中大连湾与南部沿海排污口共有 148 个，主要分布在中山区内 31 个、西岗区内 26 个、沙河口区内 23 个、高新园区内 18 个、甘井子区内 50 个。按照是否在用划分，在用排污口 120 个，废弃的排污口 28 个。各区沿海排污口的具体情况见表 2-33。各区市县直排海的排污口共有 44 个，主要分布在旅顺口区 16 个、开发区 11 个、金州区 4 个、普兰店市 6 个、瓦房店市 1 个、庄河市 6 个。

表 2-33   大连湾与南部沿海排污口按照行政区分布情况   单位：个

	中山区	西岗区	高新园区	沙河口区	甘井子区	总计
市政	11	7	8	5	8	39
企业	1	6	6	4	25	42
泄洪	10	1	4	14	3	32
市政企业混合	—	2	—	—	5	7
废弃	9	10	—	—	9	28
合计	31	26	18	23	50	148

在用的 120 个沿海排污口中，按照排污口排入的排水区系划分可以得到：大连湾排水区 27 个、三道沟排水区 3 个、甘井子排水区 10 个、春柳排水区 1 个、青泥排水区 11 个、寺儿沟排水区 14 个、岭前排水区 13 个、马栏排水区 15 个、凌水排水区 17 个、小平岛排水区 9 个。具体见表 2-34。

表 2-34   大连湾与南部沿海排污口按照排水区系分布情况

排水区系	市政	企业	市政企业混合	泄洪	合计
大连湾排水区	4	19	1	3	27
三道沟排水区	2	—	1		3
甘井子排水区	1	6	3	—	10
春柳排水区	1	—	—	—	1
青泥排水区	5	4	2	—	11
寺儿沟排水区	7	1	—	6	14
岭前排水区	6	2		5	13

排水区系	市政	企业	市政企业混合	泄洪	合计
马栏排水区	5	—	—	10	15
凌水排水区	3	9	—	5	17
小平岛排水区	5	1	—	3	9
合计	39	42	7	32	120

类别为企业的沿海排污口又可以根据其排污成分不同分为加工水类型、冷却水（海水）类型和养殖水类型。行政区分布情况见表2-35，排水区系分布情况见表2-36。

表2-35 各企业排污口类型按照行政区分布情况

类型	中山区	西岗区	高新园区	沙河口区	甘井子区	总计
加工水	—	5	6	3	19	33
冷却水（海水）	—	—	—	—	2	2
养殖水	1	1	—	1	4	7
合计	1	6	6	4	25	42

表2-36 各企业排污口类型按排水区系分布情况

排水区系	企业			合计
	加工水	冷却水（海水）	养殖水	
大连湾排水区	13	2	4	19
三道沟排水区	—	—	—	—
甘井子排水区	6	—	—	6
春柳排水区	—	—	—	—
青泥排水区	4	—	—	4
寺儿沟排水区	1	—	—	1
岭前排水区	—	—	2	2
马栏排水区	—	—	—	—
凌水排水区	8	—	1	9
七贤岭排水区	1	—	—	1
合计	33	2	7	42

县市区排污口、入海河流、排水区系分布和数量见表2-37。

表2-37 各县区直排海排污口分布和数量

城区名称	直排海口/个	入海河流/条	排水区系/个
旅顺口区	16	1	3
金州区	4	5	1
开发区	11	3	6
普兰店市	6	4	1
瓦房店市	1	2	2
庄河市	6	6	1
长海县	1	0	0
合计	45	21	14

三、工业废水

大连市一直重视工业废水的污染控制，与 2000 年相比，2007 年大连市废水中主要污染物的排放量大幅削减，其中化学需氧量排放量削减 19.3%。

四、水源保护区

大连市完成了碧流河、英那河水库等 7 座水库上游水土保持生态建设规划。启动了水库上游及周边"三道绿色生态屏障"环境治理工程，实施生态河治理。加大饮用水水源地环境监管力度，开展对饮用水水源地风险排查和饮用水水源地专项执法检查，一级保护区内严禁新建与保护饮用水水源无关的建设项目，对水源地环境构成威胁的企业实施关闭、搬迁、限期治理等措施，保证了饮用水安全。2006 年 2 月和 2007 年 6 月，大连市环保局先后两次对饮用水水源地上游 110 家单位进行了安全隐患排查，掌握了水源地保护区内企业的生产情况和污染物排放情况，初步排查出了危害饮用水水源的安全隐患。

2007 年，根据《饮用水水源保护区划分技术规范》（HJ/T 338—2007）的要求，大连市对饮用水水源保护区进行了重新划定。目前有县级以上集中式城市饮用水水源保护区 21 处，其中包括 16 座水库、3 处自来水公司井群及 2 处饮用水输水河道。分别如下：

水库名称按库容由大到小依次为碧流河水库、英那河水库、刘大水库、松树水库、朱隈子水库、转角楼水库、东风水库、大梁屯水库、大西山水库、龙王塘水库、鸽子塘水库、洼子店水库、五四水库、北大河水库、卧龙水库、小龙口水库；

河道有大沙河与登沙河；

自来水公司井群包括自来水公司所属大魏家、马栏河、三道沟地下水井群。

表 2-38　大连市城市饮用水水源保护区信息汇总

水库	所在河流	一级保护区面积/km²	二级保护区面积/km²	准保护区面积/km²	主要供水方向
碧流河水库（境内）	碧流河	52.58	489.2	299	大连市市区
英那河水库（境内）	英那河	39.20	136.80	192.29	大连市市区
刘大水库	大沙河	15.03	41.35	219.99	普兰店市
松树水库	复州河	20.75	42.01	243.26	瓦房店市
朱隈水库	庄河西支流	25.69	109.40	93.54	庄河市
转角楼水库	湖里河西支	23.87	60.25	51.58	大连市
东风水库	复州河	21.12	84.21	253.08	瓦房店市
大梁屯水库	清水河	8.48	16.30	20.48	普兰店市
大西山水库	马栏河	4.94	12.10	13.03	大连市
龙王塘水库	龙王塘河	4.33	5.15	28.18	大连市
鸽子塘水库	三十里河	4.83	11.71	33.84	大连市
洼子店水库	大沙河末端支流	4.43	8.02	—	大连市
五四水库	长山河	4.13	22.18	—	普兰店市
北大河水库	北大河	3.28	24.71	11.89	大连市
卧龙水库	东大河	2.92	22.50	18.85	大连市

水库	所在河流	一级保护区 面积/km²	二级保护区 面积/km²	准保护区 面积/km²	主要供水方向
小龙口水库	—	0.31	0.66	—	长海县
大沙河	大沙河	0.40	5.25	—	大连市
登沙河	登沙河	0.26	10.15	—	大连市
大魏家井群		1.17	0.96	—	大连市
马栏河井群	—	0.001 6	0.126	—	大连市
三道沟井群	—	0.005 7	0.046	—	大连市

五、节水

在全社会开展节水活动，目前典型的节水企业——大连石油七厂的中水回用量为 1 万 t/d，泰山热电厂中水回用量为 2 万 t/d，北海热电厂中水回用量为 1.5 万 t/d。环境友好型住宅——大有恬园小区中的景观用水是经再生水厂处理的污水。大连市现已建成 5 座以城市污水处理厂排水为水源的再生水厂，市区中水回用率达到 32%。这些再生水主要用于工艺用水、工业循环冷却水、绿化用水、景观用水、建筑用水和住宅冲厕水。

第六节　海域面临的主要环境问题

大连市的河流多为季节性独流入海，坡陡流急，随季节变化较大，入河污染物自然降解能力与其他地区相比较低，河流中大部分污染物未经降解，直接入海，是影响大连市周边海域环境质量的主要因素。对大连海域环境污染进行系统分析，发现大连海域面临的主要环境问题有以下几方面。

一、沿海生境质量不高

1. 湿地生境破坏严重

大连湿地总面积 40 多万 hm²，地处东北地区鸟类迁徙的通道上，是东北亚区域鸟类迁徙的中间停歇繁殖地。按照《湿地公约》对湿地类型的划分，31 类天然湿地和 9 类人工湿地在大连均有分布。野生动植物繁多，资源非常丰富。初步统计，共有脊椎动物（不包括浮游动物）近 5 000 种、昆虫类 4 000 种、淡水无脊椎动物 200 余种、两栖类 9 种、爬行类 18 种、鸟类 376 种、兽类 46 种。国家重点保护野生动物和大连地区重点保护的 78 种。珍稀濒危的保护动物有 85 种，如黑脸琵鹭和紫貂等。此外，还有许多是属于跨国迁徙的鸟类。大连地区成为东北亚大陆候鸟南北迁徙的重要通道，每年有几百万只候鸟从此通过。现已记录的鸟类有 300 余种，占全国鸟类种数的 20%，占东北鸟类种数的 50%，其中属于国家一级保护的鸟类有 9 种、二级保护的鸟类有 45 种。

大连市委、市政府认真执行《湿地公约》，逐步落实中国湿地保护行动规划，并根据辽政发[2002]91 号文件精神，进一步加强了湿地保护管理工作，采取建立自然保护区的形式推进湿地保护与管理。目前，全市被列为国家级湿地自然保护区有 4 个，即蛇岛老铁山自然保护区、三山岛自然保护区、大连斑海豹自然保护区、仙人洞自然保护区；省级的有金石滩自然保护区；市级的有黑脸琵鹭自然保护区。

尽管大连市委、市政府非常重视湿地的保护，并发挥了重要作用，但是随着经济社会的发展，湿地的功能、属性正处于变化之中。特别是由于人口的剧增，过度开垦，部分湿地已被围垦成农田、虾池，再加上多年的淤塞、污染、沙化和过度捕猎、捕捞等，给湿地资源和生态环境造成很大的压力，许多地方已受到严重威胁。主要表现在原生型湿地逐渐减少。在大连地区有代表性的湿地植物如芦苇、柽柳和碱蓬等植被群落性分布已不多见，面积也缩小，已经不具有群落性景观的规模。由于沼泽地锐减，沼生动物如沼泽蟹已很少见，依靠沼泽植被栖息的鸟类也大量减少，盐沼在大连逐渐消失，很多高等植物将在这些地区灭绝，以盐沼为繁殖生境的黑嘴鸥也将消亡，尤其是威胁到了国际迁徙鸟类栖息地，比如国家一级保护鸟类丹顶鹤已很少见。湿地的减少，也造成了沿海临近乡村的海水倒灌，淡水减少，村民饮水不利因素在增长。湿地减少，海风大，灾害频繁，给农业及经济社会发展带来威胁。不计生态成本、过分追求经济效益的开发活动，使沿海湿地所面临的压力进一步加剧。

2. 海岸带破坏与海防林建设存在的问题

大连市海岸带的开发利用程度较高，矛盾突出，由于缺乏科学论证和统一规划，局部近岸海域环境污染严重，人工岸线区域潮间带生境遭受一定程度的破坏，环境容量急剧缩减。自然岸线减少和人工岸线生态退化已成为大连近岸主要生态环境问题之一。

大连市沿海防林从 20 世纪 50 年代开始营造。1988 年，国家计委批复《全国沿海防护林体系建设总体规划》（计经[1988]174 号）后，在省林业厅统一部署下，从 1989 年开始，大连 8 个区市县开始实施沿海防护林体系建设工程。经过一期、二期的建设，全市共完成建设任务 221 435 hm²。其中，人工造林面积 159 955.6 hm²（含基干林带 782.7 km，面积 11 635.6 hm²），低效林改造 61 479.4 hm²。其中，一期工程总建设面积 152 959.9 hm²；二期工程总建设面积 68 475.1 hm²。当前，大连海防林建设存在如下问题：

①海防林定位不高，总量不足。由于工程规划初期认知的局限性，导致工程在实施过程中，突出了海岸基干林带和荒山绿化，忽视了海防林的保护管理和城乡绿化一体化等内容，无法适应新形势对沿海防护林抵御海啸和风暴潮等自然灾害作用的实际需要。2005 年，大连市森林覆盖率为 41.5%，虽然高出全国平均水平，但与沿海其他地区和辽宁省的丹东等林业发达省市相比，与抵御海啸和风暴潮等自然灾害的要求相比，还有很大的差距。目前，全市水土流失面积仍为 5 000 km²，每年流失的泥沙相当于全市地表剥掉 2 mm。海岸基干林带尚没有真正实现完全封闭合拢，海防林总量严重不足。

②海防林质量不高，稳定性差。一是由于有纯林多、树种单一、结构简单，造成生态系统稳定性差；二是营造时间较早的海防林开始退化老化，林木受损严重，疏林残林较多，致使防护功能后天受损；三是海岸基干林带宽度不够，特别是对照国家林业局出台的新标准普遍不达标，海防林的功能作用不能充分发挥。综上，导致现有海防林对抗御海啸、风暴潮、海雾等自然灾害不利，具有潜在隐患。如 2004 年 8 月 27 日大连遭大暴雨袭击，农田水淹面积 24 万亩，虾圈、参圈等海产品养殖受灾面积达 13 000 亩，损坏大小渔船（舶）

46艘，直接经济损失3.1亿元。

③海防林建设资金投入严重不足。沿海防护林属于生态公益林，各级政府作为建设和投入的主体，受财力不足所限，实际投入严重不够。一是投入标准低，大连海岸类型复杂，立地条件差，盐碱地、石质山多，造林难度大、成本高，每亩成本均在千元以上，而国家仅投入100元；二是后续抚育管护手段缺乏，工程建设只考虑当年的造林，没有考虑造林后的抚育管护，造成失管现象突出。

3．水生生物结构退化

过度捕捞和生境的变化，导致近海渔业资源不断衰退。一是大连海域带鱼、小黄鱼等优质经济鱼类大量减少，取而代之的为各种杂鱼、杂虾；二是各种鱼类趋于幼龄化、小型化、低质化，带鱼、平鲽类等地方特产经济鱼类资源几乎形不成渔汛，海洋生物种类明显减少。

二、工业污染

未来大连市将以集群化、专业化、生态化产业区为载体，不断优化经济布局。重点开发建设临海新型产业带，突出各具特色、错位发展的专业主体功能，形成工业集中、产业集聚、土地集约、管理集成、环境良好的发展新格局。见图2-29。

图2-29　大连临海新型产业带分布

大连临海新型产业带的"新"主要体现在：产业形态上，在已形成的四大产业基地和六大优势产业的基础上，大力发展高新技术产业，用高新技术改造传统产业，衍生培育有市场前景的新兴产业，逐步形成三、二、一产业互促共进、协调发展、新兴产业快速成长的经济发展新格局。产业地位上，振兴装备制造业，成为国家的重要生产基地；建设环海洋炼化一体的重要石化基地；保持造船业领先地位，提高配套能力和附加值；建设电子软件产业生产出口基地；发展新兴产业和产业集群，大大增强竞争能力。发展途径上，按照科技含量高、经济效益好、资源消耗低、环境污染少、人力资源优势得以充分发挥、可持续的要求改造传统企业，建设新项目。空间分布上，由城市中心区向县域延伸，重点开发以"一城一岛十区"为重要节点的大连临海新型产业带，拓展发展空间，盘活经济载体，形成产业化、专业化、大型化、集群化、生态化发展，使大连经济的增量向该地区集中，成为大连经济的新集聚增长区。

大连新型产业开发项目，多分布在临海临港地区，项目集中、产业集聚，产污排污也相对集中。集约化布局虽然具有循环再利用、集中处置等优势，但随着经济的持续快速增长，污染物产生量仍将不断增加，对近岸海域环境保护形成的压力也将越来越大。根据大连市城市发展规划环评的预测结果，普兰店湾工业污水排放量将比现状增加 11 倍左右，无机氮、无机磷均将超出环境容量。除主城区南部沿海，大窑湾、金州及普兰店东南海域污染物排放负荷将低于现状排污水平外，其他海域污染排放负荷均有不同程度的增加。石油化工是最为关键的环境敏感行业，如不加大治理能力建设和监管力度，放任自流，至2020 年部分重点海域功能区将会出现超标的现象。

随着大连临海新型产业带的逐步建设和工业规模扩张，工业污染物质将比现状有较大幅度增加，对周边敏感的海洋生态系统产生潜在的负面影响。为使大连市的海洋功能区达标率长期保持达标，必须对临海新型产业带加强环境保护监管，对污染物的处置和排放实行严格控制。在生产中，从源头抓起，积极推进清洁生产和循环经济发展，严格执行排放标准，确保增产增效不增污，在保证经济快速发展的同时，有效防治污染，把负面环境影响降到最低。在未来发展中，如何实现工业污染源的稳定排放依然是大连市陆源污染防控的首要问题。

三、生活污染

目前，大连入海河流水质情况不容乐观，河道污染严重，其中生活污染是造成海域污染的重要因素之一。大连主城区已建成马栏河、付家庄、虎滩、泉水等城市污水处理厂，但仍不能满足城市发展的需要；部分区市县污水处理厂扩建和新建速度缓慢。村镇生活污水无序排放，直接破坏了周边流域的生态环境。其中马栏河污水处理厂、虎滩污水处理厂等存在着不同程度的满负荷、超负荷运行；10 个区市县中，尚有金州区、普兰店市和庄河市未建城市污水处理厂，旅顺口区城市污水处理厂仅为一级处理。按照现有的建设规模和水平，随着城乡人口的大量增加和城市化的快速推进。生活污染将显得越发突出，它将给城市环境保护带来较大的压力。

生活垃圾的排放给经济社会的发展造成的压力越来越大。据统计，到 2005 年年末，大连城市生活垃圾量已达 107 万 t。随着经济的快速发展和城市化的加快，预计大连市生活垃圾量每年呈 5%的速度递增，到 2010 年生活垃圾量将达到 135 万 t，到 2020 年生活垃圾量将达到 219 万 t。由于大连市现有的垃圾填埋场均是 20 世纪 80 年代末期按照简易卫生填埋标准建成的，加之现代生活垃圾物理特性的变化，其技术工艺落后，均未达到无害化处理标准，垃圾渗沥液和沼气对周边生态环境造成严重污染。其中：中心城区、金州区、大连经济技术开发区的垃圾填埋场均建在海岸线上；庄河市和长海县的垃圾填埋场也计划建在沿岸，如不达标处理将进一步加剧对海洋和黄海生态环境及周边环境的污染。因此，生活垃圾已成为影响大连城市经济社会可持续发展的重大环境问题。

四、农业污染

2005 年，大连市化肥施用量为 44.04 万 t，种植业使用农药 9 319 t，但由于化肥的利用率只有 30%左右，大量流失的化肥、农药残留物和禽畜养殖业废水成为面源污染的主要因素，是地表水氨氮污染的主要因子之一。

村镇生活污水无序排放，直接破坏了周边生态环境。目前，村镇生活污水基本上是未经任何处理直接排放。

大连规模化禽畜养殖发展迅速，同时也带来了很大的环境问题。2005 年，全市畜禽存栏量达 3 804.8 万头（只），禽畜粪污每日排放量约 4.9 万 t，年排放量达 1 789 万 t 左右。大连规模化禽畜养殖场排放的禽畜排泄物，大部分未按国家有关规定进行无害化处理，安全利用率仅为 50%左右，这些未经有效处理的粪便直接进入农田或堆放，不仅直接污染了地表水和地下水，造成农业环境被污染，而且还成为人畜患病的重要成因。

五、石油类污染

大连海域港口设施建设也将加大对周边海域生态影响和引发环境突发性事件发生的概率。规划期内，随着大连口岸货物、客流吞吐量的增加，将导致海域石油类污染加剧、溢油风险和外来海洋生物入侵风险将显著提高。同时，地处海洋沿岸的辽宁红沿河核电站的事故应急防治体系建设也显得十分重要和迫切，一旦出现事故，产生的后果和影响将不可想象。

大连口岸承接了东北腹地 80%左右的进出口物资运输，除了大型散装货运、集装箱等专用码头外，现有从事油品、散装液体化学品装卸作业港口 4 个。2005 年，共进口原油 2 000 多万 t，出口成品油 2 200 多万 t，进口散装液体化学品 40 多万 t，出口散装液体化学品 40 万 t。2006 年，进口原油达到 2 200 多万 t，出口成品油 2 200 多万 t，进口散装液体化学品 60 多万 t，出口散装液体化学品 80 多万 t，出口原油 24 万 t，全部流向海洋湾内港口。随着东北经济的振兴，一些能源等大宗货运、危险品的中转、运输量也将不断增加。国家石油储备基地在新港的建成使用，将使每年约 400 万 t 的原油自大连流向海洋湾内的其他港口。

港口现行清污设备难以适应重大海域污染事故应急求助需要。大连目前仅有辽宁海事局船队和大连海乐船舶服务公司两家专业清污队伍，其他港口、业主码头和修造船厂也有清污队伍。应急设备库现有污油水作业船 4 艘、撇油器 4 台、储油设备 4 套、转驳泵 1 台、消油剂喷洒装置 2 台、收油机 1 台，围油栏约 10 000 m，溢油分散剂 26 t，吸油毡 15.5 t，远不能承担起重大海域污染事故的应急处理重任。

六、海水入侵

20 世纪 60 年代，大连市的海水自然入侵面积仅 4 km^2；此后，随着地下水开采量的不断增加，海水入侵面积已从 70 年代的 120.6 km^2 上升到 2004 年的 473.5 km^2。

全市海水入侵区不仅面积大，而且分布广。据统计，海水纵向入侵深度最大达 6.8 km，主要分布在渤海岸，黄海岸次之。

海水入侵使得地下水矿化度和氯离子浓度增高、地下淡水咸化、水质变差，失去了原有利用价值，给当地的工农业生产、人民生活及生态环境造成了极大的危害。

七、渔港、渔船污染

大连市海岸线全长 1 906 km，分布大小渔港 211 座。全市机动渔船近 3 万艘，进出各个渔港停泊、避风、补给等。

渔港是公益性设施，大连市渔港大部分是在 20 世纪 60—70 年代建设而成的，全市仅有 3 座渔港建有防污染设施，大部分渔港未配套防污染设施。渔船和渔港企业将生产作业时产生的生活垃圾、污水、废弃物等排放至海中和港内，致使近岸和港口遭到污染，港池淤积。除了在国外生产作业的 200 艘渔船在船上配备油水分离器外，在国内水域生产的渔船基本上未配备，大部分渔船主要活动在沿海渔场，船舶的生活垃圾、污水、废弃物等排放至海中，对海洋环境、生态系统、人民生活及渔业生产都造成了极大的危害。

第七节　污染系统分析

大连市的海域污染，主要是由工业、生活、农业（如化肥、农药）污染和海水养殖污染及港口污染造成的。污染系统分析思路及结果见图 2-30。

由图 2-30 可知，影响海域环境质量状况的主要方面有：城市生活污水、工业企业废水、流域沉积污染物、农业面源污染、水土流失、海水养殖。因此，实现大连市海域污染的全面控制，应加大对上述因素的资金和管理的投入。

系统控制的关键点在于：减少水土流失，控制陆源污染的入海途径；提高对重要区域的生态保护，以减少海洋功能的损失；加强工业污染控制，迎接新的环境压力；加强城市基础设施建设，满足城市发展需求；加强农村环保投入，改善农业面源污染防治薄弱的局面。大连市未来海域污染控制应围绕上述内容开展。

第八节　现有环境管理机制、措施和存在的问题

一、现有国家法律、法规及标准

1．国家法律

自 1984 年以来，我国已陆续颁布实施 10 余部与保护海洋环境相关的法律，内容涉及海域、陆域，涵盖环境、资源、经济等众多方面，主要如下：

中华人民共和国环境保护法（2015-01-01）；

中华人民共和国海洋环境保护法（2000-04-01）；

中华人民共和国环境影响评价法（2000-10-28）；

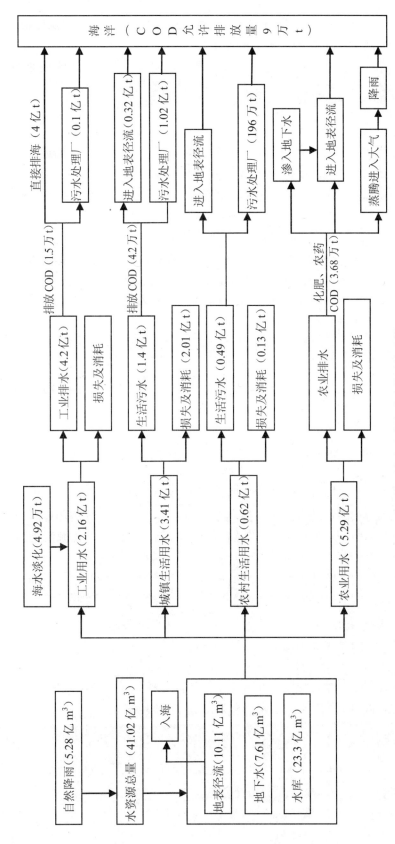

图 2-30 大连市海域污染系统分析

中华人民共和国固体废物污染环境防治法（1995-10-30）；

中华人民共和国水污染防治法（2008-06-01）；

中华人民共和国清洁生产促进法（2003-01-01）；

中华人民共和国安全生产法（2002-11-01）；

中华人民共和国水法（2002-10-01）；

中华人民共和国防沙治沙法（2002-01-01）；

中华人民共和国海域使用管理法（2001-10-27）；

中华人民共和国专属经济区和大陆架法（1998-06-26）；

中华人民共和国防洪法（1997-08-29）；

中华人民共和国水土保持法（1991-06-29）；

中华人民共和国野生动物保护法（1988-11-08）；

中华人民共和国渔业法（2004 年修正）（2000-10-31）；

中华人民共和国土地管理法（1998 年修正）（1986-06-25）；

中华人民共和国矿产资源法（1996 年修正）（1986-03-19）；

中华人民共和国森林法（1998 年修正）（1985-1-1）。

2．国家法规

自 1983 年以来，我国已颁布实施了一系列与保护海洋环境相关的管理条例、规章等行政法规，为有关机构的具体管理工作提供了法律依据。主要如下：

中华人民共和国防治船舶污染内河水域环境管理规定（2005-08-20）；

退耕还林条例（2002-12-06）；

中华人民共和国森林法实施条例（2001-01-29）；

中华人民共和国水污染防治法实施细则（2000-03-20）；

淮河流域水污染防治暂行条例（1995-08-08）；

中华人民共和国自然保护区条例（1994-12-01）；

中华人民共和国水生野生动物保护实施条例（1993-10-05）；

中华人民共和国防治陆源污染物污染损害海洋环境管理条例（1990-08-01）；

中华人民共和国防治海岸工程建设项目污染损害海洋环境管理条例（1990-06-25）；

中华人民共和国防止拆船污染环境管理条例（1988-05-18）；

中华人民共和国渔业法实施细则（1987-10-14）；

中华人民共和国海洋倾废管理条例（1985-03-06）；

中华人民共和国海洋石油勘探开发环境保护管理条例（1983-12-29）；

中华人民共和国防止船舶污染海域管理条例（1983-12-29）。

3．环境标准

截至目前，我国已出台了 20 余项与海洋环境保护相关的标准、技术规范，主要有：

地表水环境质量标准（GB 3838—2002）；

海洋沉积物质量标准（GB 18668—2002）；

海洋生物质量标准（GB 18421—2001）；

海水水质标准（GB 3097—1997）；

渔业水质标准（GB 11607—89）；

污水综合排放标准（GB 8978—1996）；

城镇污水处理厂污染物排放标准（GB 18918—2002）；

污水海洋处置工程污染控制标准（GB 18486—2001）；

畜禽养殖业污染物排放标准（GB 18596—2001）；

畜禽养殖业污染防治技术规范（HJ/T 81—2001）；

海洋石油开发工业含油污水排放标准（GB 4914—85）；

船舶污染物排放标准（GB 3552—83）；

港口溢油应急设备配备要求（JT/T 451—2001）；

船舶油污染事故等级标准（JT/T 458—2001）；

溢油分散剂技术条件（GB 18188.1—2000）；

溢油分散剂使用准则（GB 18188.2—2000）；

围油栏（JT/T 465—2001）；

自然保护区类型与级别划分原则（GB/T 14529—93）；

海洋自然保护区管理技术规范（GB/T 19571—2004）；

自然保护区管护基础设施建设技术规范（HJ/T 129—2003）；

海洋功能区划技术导则（GB 17108—1997）；

海洋工程环境影响评价技术导则（GB/T 19485—2004）；

造林技术规程（GB/T 15776—1995）；

生态公益林建设技术规程（GB/T 18337.3—2001）；

中国森林可持续经营标准与指标（LY/T 1594—2002）。

二、现有管理制度与规定

1. 管理制度

在防止陆源污染、保护海洋环境方面，我国目前已建立和实施的相关管理制度主要如下：

环境影响评价制度；

"三同时"制度；

排污收费制度；

环境保护目标责任制度；

城市环境综合整治定量考核制度；

排污申报登记与排污许可证制度；

限期治理污染制度；

排污总量控制制度；

船舶油污损害民事赔偿责任制度；

海洋捕捞渔船控制制度；

海洋伏季休渔制度；

市政公用事业特许经营制度；

污水处理收费制度；

海洋功能区划制度；

海洋保护区制度；

海洋倾废管理制度；

海域使用论证制度。

2. 管理规定和办法

在防止陆源污染、保护海洋环境方面，我国目前已实施的相关管理规定和办法主要有：

渤海生物资源养护规定（2004-05-01）；

环境保护行政处罚办法（修正案）（2003-11-05）；

排放污染物申报登记管理规定（2003-05-19）；

国家级自然保护区范围调整和功能区调整及更改名称管理规定（2003-04-15）；

排污费征收标准管理办法（2003-02-28）；

渔业捕捞许可管理规定（2002-12-1）；

淮河和太湖流域排放重点水污染物许可证管理办法（试行）（2001-07-02）；

畜禽养殖污染防治管理办法（2001-05-08）；

近岸海域环境功能区管理办法（1999-12-10）；

国家重点保护野生植物名录——第一批（1999-08-04）；

防止船舶垃圾和沿岸固体废物污染长江水域管理规定（1998-03-01）；

水生动植物自然保护区管理办法（1997-10-17）；

渔业水域污染事故调查处理程序规定（1997-03-26）；

饮用水水源保护区污染防治管理规定（1989-07-10）；

水污染物排放许可证管理暂行办法（1988-03-20）；

报告环境污染与破坏事故的暂行办法（1987-09-10）；

渤海海域船舶排污设备铅封程序规定（2003-02-08）；

海洋自然保护区管理办法（1995-05-29）；

海洋石油平台弃置管理暂行办法（2002-06-24）；

海洋倾倒区管理办法（2003-11-14）；

无居民海岛保护与利用管理规定（2003-07-01）；

赤潮信息发布管理暂行办法（2002-01-22）；

省级海洋功能区划审批办法（2002-02-17）；

海洋特别保护区管理暂行规定（2005-11-16）；

沿海国家特殊保护林带管理规定（1996-12-9）。

三、现有管理措施

自 1998 年以来，国家各有关部门在海洋环境保护工作中采取了一系列措施，取得了明显成效。主要的管理措施有：

（1）加强陆源污染防治，全面推进《渤海碧海行动计划》的实施

2001 年，国家环保总局会同有关部门组织编制的《渤海碧海行动计划》是经国务院批复并纳入国家环境保护"十五"计划中"33211"的重点工程之一。自 2001 年实施以来，通过城镇污水处理厂建设、垃圾处理场建设、沿海生态农业和生态林业发展、小流域治理、港口码头油污染防治、海上溢油应急处理系统建设以及"禁磷"措施的实施，初步遏制了渤海海洋环境继续恶化。2002 年以来渤海再未发生大面积赤潮，近岸海域水质逐步好转，为促进环渤海地区的经济持续、快速、健康发展起到了重要作用。

（2）国务院出台相关规定，推进海洋环境保护工作

2004 年国务院印发了《关于进一步加强海洋管理工作若干问题的通知》，指出海洋环境保护要由重视污染防治向污染防治与生态建设并重转变，要求从严控制围填海和开采海砂、控制陆源污染物排海、加强渔业和港口海域环境污染监督、加大海洋环境监测力度、做好赤潮的防治和减灾工作、做好海洋生态保护工作。2005 年国务院发布了《国务院关于落实科学发展观　加强环境保护的决定》，其中指出把渤海等重点海域和河口地区作为海洋环保工作重点，要求严禁向江河湖海排放超标工业废水，做好红树林、滨海湿地、珊瑚礁、海岛等海洋、海岸带典型生态系统的保护工作。

（3）开展近岸海域环境功能区划，为近岸海域环境管理提供科学依据

经过十余年的不懈努力，沿海 11 个省、自治区、直辖市编制的《全国近岸海域环境功能区划》已经完成。出版了区划报告和图集，并以局长令的形式颁布了《近岸海域环境功能区划管理办法》，为我国沿海海域环境实现目标责任制管理提供了科学依据。

（4）开展海洋功能区划，为海洋资源开发管理提供科学依据

国务院于 2002 年 8 月 22 日批准了《全国海洋功能区划》，明确指出海洋是我国经济社会可持续发展的重要资源。在海域使用管理上，必须认真贯彻执行海洋管理法律法规，坚持"在保护中开发，在开发中保护"的方针，严格实行海洋功能区划制度，实现海域的合理开发和可持续利用。

（5）努力指导沿海地方政府职能部门建立良好工作机制，共同做好近岸海域环境保护工作

根据"全国环境保护'十五'计划"目标，及时组织沿海其他 7 个省、自治区、直辖市编制并启动"碧海行动计划"。项目由地方政府负责组织实施，环保部门牵头协调，涉海部门分工负责，形成共同保护近岸海域生态环境的良好局面。

（6）加强我国海洋环境保护与管理的能力建设，为我国海洋环境保护管理服务

环境保护管理是以环境监测现代化技术为手段、环境监测数据有效获取和科学分析结果为依据的决策管理。监测能力建设对海洋环境保护管理尤为重要。2002 年，在已覆盖中国 4 个海区的近岸海域监测网的基础上，国家环保总局又在 7 个重点海域、海湾建立了近岸海域生态环境监测分站，使中国近岸海域的环境监测初步形成了"网站结合"的全方位监控、多要素监测，符合新形势下海洋环境保护管理要求的监测体系。同时，积极筹措资金，购置和更新海洋环境监测、分析、化验的仪器设备，加强海洋环境监测能力。

（7）强化海洋环境法制建设，规范海洋环境保护行政管理行为

国家有关部门积极组织《中华人民共和国防治陆源污染物污染损害海洋环境管理条例》《中华人民共和国防治海岸工程建设项目污染损害海洋环境管理条例》的修订工作；结合国家"城考""创模""生态示范区"指标体系建设，将沿海城市近岸海域环境功能区纳入考核指标；部署了对近岸海域环境功能区的监测工作，完成了近岸海域环境功能区监测站位调整；编制并发布了《中国近岸海域环境质量公报》《中国渔业生态环境状况公报》和《重点城市海水浴场水质周报》。

（8）国际海洋环境合作项目为我国海洋生态环境保护工作提供了重要技术支撑并取得明显成效

通过艰苦的努力，南中国海项目于 2001 年获得 GEF 和财政部 200 万美元、1 480 万元人民币的经费支持。其中，防治陆源污染海洋、红树林、湿地及海草项目的研究工作，在摸清中国南方沿海三省海洋生态环境和资源的污染现状及破坏程度基础上，分析原因并提出对策，对制订该区域海洋与海岸带生态环境保护行动计划起到了重要的指导作用。目前，已建立了项目的国家数据库，制订了国家行动计划。由于工作基础扎实，研究数据翔实，海洋环保思路清晰，在南中国海区域 7 国项目技术工作组会议上，广东防治陆源污染伶仃洋、珠江口湿地保护、海南清澜港红树林保护、广西合浦海草保护分别获得备选示范区第一名。此外，"西北太项目""中韩黄海环境调查""东亚海"及"GPA"项目均取得明显进展。

四、存在的主要问题

环境问题的复杂性决定了环境管理的综合性极强。政府很多职能部门都涉及自身权限范围内的环保问题，且互相交叉和互相渗透，各自为政，边界模糊。对环境问题全面抓、负总责的环保部门在统一监管和协调中往往感到孤掌难鸣、力不从心。部门之间的分工和配合难以落实。环境管理体制不顺导致运转机制不灵，使陆域和海域之间、中央和地方之间、地方和地方之间、各行各业之间在环境管理中难以形成合力，处于多头管理又管理不力的尴尬境地。环境管理体制和决策、运行机制尚未作为独立的运转程序和固定渠道确定下来，尚未能通过人大、政协、政府及其所属有关部门的相关职责得以体现。

（1）职责不明，责任不清

从中央到地方各级人大、政协均设有与环境保护相关的专门委员会，各级政府均设立有环境保护主管部门，政府的各个部门也都相应设置了环保机构或分管人员，负责部门内部具体的环保工作。各部门有各部门的中心工作，只有当分管领域内环保问题突出到了足以影响到本领域发展时，才会引起部门的关注。各部门的职责不够明确，应负的法律责任不够清晰，造成应做的工作互相推诿，出了问题则互相推卸责任，环境管理难以实施到位。

（2）环境管理结构松散

由于缺乏必要的法律和制度保障，松散型的环境管理体制难以达到高效率。绝大多数环境决策职能的落实取决于各级党委、政府及其各职能部门领导的环境保护意识和具体经办人的环保知识及技能。使环境管理和决策表现出很强的人为性、主观性、跨越性、随意性和临时性，缺乏必要的统一性和稳定性，环境管理的实施运行则不够顺畅，从而往往使

环境管理与决策流于形式，各种措施浮于表面，执行尺度掌握弹性很大。

（3）部门间、区域间缺乏协调与沟通

某些经济与产业部门和地区对于可持续发展认识不够，本着"部门利益、地方利益优先"原则，忽视环境保护要求。一些部门往往强调各自工作的独立性，闭关自守，有意无意地拒绝环保部门对环保工作的统一管理，或行动迟缓，或工作不力。由于历史的原因，环保部门长期在政府中处于相对较弱位置，导致环保部门在环境管理和决策中的协调能力较弱。权限不明确和职能交叉，致使政出多门、各行其是，容易出现"各唱各的调"或"你说你的，我做我的"等不和谐、扯皮现象。

一些部门出于种种原因不愿意公开可以公开的信息，造成信息交流和共享困难，影响了环境管理的效率，增加了重复劳动，提高了管理成本。

（4）具体实施运行机制尚未有效形成和配套

缺乏具体的运作机制，如资金和技术保障机制、海陆联动机制、分工协作机制、监督制衡机制、反馈机制等，部门间评价标准也不一致。

第三章　海域污染控制模型化研究

在海域污染控制和规划中，首先评价海域环境质量，其次预测海域污染物浓度，最后预测海域环境容量，这三方面是构成海域污染控制模型化研究的基本内容。其中海域环境质量评价常用的预测模型有海水水质评价模型、海水富营养化评价模型和模糊数学综合评价；海域污染物浓度预测常用的模型有基于经典统计学的线性时间序列分析方法、潮流数值模型、海洋生态动力学模型和人工神经网络法；海域环境容量常用的预测模型有模型试算法、均匀混合法、分担率法、地统计学和 GIS 方法。

第一节　海域环境质量评价模型

生态环境评价是生态学和环境科学相结合形成的生态环境学的一部分，有关生态学和环境学的基本原理、基本理论体系就是生态环境评价的理论基础。区域生态环境体系涉及大量相互关联、相互制约的生态和环境因素，生态系统本身包括实现营养元素循环与能量流动的生命系统和非生命系统两大部分，把诸如土壤、水分、营养物质和生物种群在结构上视作有紧密内在有机联系的组织，而环境系统又把人类活动对自然界的影响以及人类与自然等同作用的有关化学、生物、气候等因素反馈到生态系统，因此，区域生态环境质量就应包括区域水、土壤、生物等生态环境组织的质量状况以及人类活动和自然地理气候等自然因素对生态环境体系的作用和这种作用下的各生态环境组织的变化程度等，而所谓评价就是依据一定的判断标准对生态环境各组织的质量状况和作用与变化程度的度量，以回答区域自然生态环境体系所处的状况及其对区域生态环境可持续性的作用、人类活动的影响程度及其与生态环境容量的可协调等问题。因此，区域环境质量状况实质上取决于区域生物多样性、稳定生物种群的营养与能量供给和流动的资源数量、人类活动的影响及生态环境对人居环境的反作用程度等，这就涉及资源有限论和环境资源论等指导性理论。

干旱内陆河区域水体、土壤、生物等资源的有限性，集中表现在水资源的极其有限性与上中下游水体的共享性，这种共享性造成中上游一带过量利用水资源，实质上是对下游地区水资源的袭夺，其结果是水资源在空间上的非平衡重新分配与中下游地水资源的日益紧缺。资源的有限性还表现在土地资源相对丰富，但其利用率取决于水资源的可利用量，而水资源可承载的土地资源是极其有限的；另外，对大多数在漠境条件下形成的土壤，其养分和恢复能力很差，一旦遭到破坏，易向沙质荒漠化发展。生物资源的有限性表现在干旱及漠境水热条件下形成的生物种类、数量和生物产量都较少，其营养与能量结构和食物链比较简单，自调节与自恢复能力、抗干扰能力等都很差，人类活动和自然环境的波动变化都易导致已建立的生态平衡体系遭到破坏。环境是资源，又大于资源，一般意义上的天然物质体系和实体等资源依存于环境之中，是环境的组成部分，环境又是资源存在、更新的基础，因而环境是人类生存与发展所依存的资源。环境状况评价就应是立足于资源观点上的考虑环境代价的评价。基于上述生态环境评价的理论与认识，提出下列海域环境质量评价的基本原则：

①综合整体性。既要反映海域不同区域的生态环境质量，又要以全海陆的观点，把海陆看作一个生态环境整体进行评价，但整体性中又要考虑自然生态环境与经济社会的不同。

②评价因子体系化与全面性。全面考虑环境各组织的相互作用，所选取的评价因子是有环境的体系表征特点并能全面反映环境的质量状况，既能反映自然生态环境要素，又能反映人类活动的作用，一个海域环境质量是所有生态环境要素及其相互作用的综合反映。

③评价技术的系统化与定量化。由于海域环境的因子构成具有系统性和层次性，因此评价力求具有系统的层次、结构、功能，用系统分析观点突出因子与因子、因子与子系统、子系统之间以及层次之间的相互联系与综合分析。为使评价结果直观并能定量地说明环境质量状况，应力求用适当的定量手段，建立定量化评价数学方法和数学模型。

一、海水水质评价模型

现有海水环境质量评价模型大致可归纳为以下几大类：

1. 单项指标评价

单项指标评价多采用指数法，以环境质量标准为度，污染物的标准化比值大小可直接反映环境质量的优劣状况。

$$P_i = C_i / L_i$$

式中，P_i——第 i 种污染物的污染指数；

C_i——第 i 种污染物的测定浓度；

L_i——第 i 种污染物的标准值。

2. 综合指标评价

（1）内梅罗水质评价方法

$$WQI = \sqrt{\frac{P_{i\,max}^2 + \overline{P}^2}{2}}$$

单一强调了最大单因子指数的作用，当 $\overline{P} < 1$ 时，有抵消 P_{max} 的作用。

（2）几何均值模型

$$WQI = \sqrt{P_{i max} \cdot \overline{P}}$$

反映评价因子分指数的平均状况，当 $\overline{P}<1$ 时，有抵消 $P_{\max}$ 的作用。

（3）统计模型

$$WQI = \begin{cases} E\left(P_i\right)\cdot\sum\limits_{i=1}^{n}W_iP_i \\ \sigma^2 \end{cases}$$

用期望值和方差评价环境质量，具有二次综合的不确定性。

（4）向量模型

$$WQI = \sqrt{\sum_{i=1}^{n}P_i{}^2}$$

分指数值越大，其失真的程度越大。

（5）加权平均值模型

$$WQI = \frac{1}{n}\sum_{i=1}^{n}W_iP_i$$

加 $WQI = \overline{P}+S_n$ 权平均值不能科学地反映环境质量，当 $\sum\limits_{i=1}^{n}W_i=1$ 时，即为算术平均值，高值就被平均值所抵消。

（6）半集均方差模型

$$WQI = \overline{P}+S_n$$

$$S_n = \sqrt{\dfrac{\sum\limits_{i=1}^{m}\left(P_i - \overline{P}\right)^2}{m}} \qquad m = \begin{cases} \dfrac{n}{2}, & n\text{ 为偶数} \\ \dfrac{n-1}{2}, & n\text{ 为奇数} \end{cases}$$

该综合模型虽然数学方法颇为严谨，但在环境质量上仍然是算术平均值起主要作用，半集均方差起调整作用。

3. 模糊数学综合评价

早在 1982 年，容跃等已将模糊数学理论应用于水质评价，打破了以往仅用一个确定的指数评价水质的方法，提出了水质的隶属度概念。

首光，用隶属度刻画水质分级界线，隶属度可用隶属函数表示。其计算公式为：

$$Y_1 = \begin{cases} 1, & x \leqslant A_1 \\ \dfrac{A_2 - x}{A_2 - A_1}, & A_1 < x < A_2 \\ 0, & x \geqslant A_2 \end{cases}$$

$$Y_{\text{II}} = \begin{cases} 1, x \leqslant A_2 \\ \dfrac{x - A_1}{A_2 - A_1}, A_1 < x < A_2 \\ \dfrac{A_3 - x}{A_3 - A_2}, A_2 < x < A_3 \\ 0, x \geqslant A_3 \end{cases}$$

$$Y_{\text{III}} = \begin{cases} 1, x \geqslant A_3 \\ \dfrac{x - A_2}{A_3 - A_2}, A_2 < x < A_3 \\ 0, x \leqslant A_2 \end{cases}$$

式中 Y 为隶属度，下标 I 、II 、III 为对应隶属类别，A 为评价标准值。下标为对应的隶属类别，x 为实测周年中值，下标为对应的1、2、3。其次，对单项指标分别评价。取 U 为污染物各单项指标的集合，v 为水体分级的集合。

$$U = \left\{ A_1, A_2, \cdots, A_m \right\}$$

其中，A 为单项指标（参数），V 为{一级水、二级水，$\cdots$，n 级水}，通过隶属函数，求出 m 个单项指标对 n 级水的隶属程度。得出一个 $m \times n$ 矩阵 $\boldsymbol{R}$：

$$R = \begin{cases} Y_{A1}, \text{一级水}; Y_{A1}, \text{二级水}; \cdots; Y_{A1}, n \text{级水} \\ Y_{A2}, \text{一级水}; Y_{A2}, \text{二级水}; \cdots; Y_{A2}, n \text{级水} \\ \vdots \qquad\qquad \vdots \qquad\qquad \vdots \\ Y_{Am}, \text{一级水}; Y_{Am}, \text{二级水}; \cdots; Y_{Am}, n \text{级水} \end{cases}$$

然后，根据分指数超标情况进行加权，超标越多，加权越大。权重值 $W_i = C_i / C_s$，i 为第 i 种污染物实测浓度，s_i 为第 i 种污染物某种用途各级标准值的算术平均值，从而得模糊矩阵 A。为进行模糊运算，对各单项权重值进行归一化。

最后，进行模糊矩阵复合运算。对矩阵 $\boldsymbol{A}$、$\boldsymbol{R}$ 进行运算得出综合评价结果。所得结果对应于以上的各项隶属度。所得结果如对某类水质的隶属度为最大，则该站水质就属该类水质。

所得结果对应于以上的各项隶属度。所得结果如对某类水质的隶属度为最大，则该站水质就属该类水质。

4．灰色关联分析

设某水域有 m 个待分级评价的断面，每个断面又有 n 项被评价的单项水质指标，它们可以排列为一个样本矩阵，记为 $X_{m \times n}$。

$$X = \begin{cases} X_{1(1)}, X_{1(2)}, \cdots, X_{1(n)} & \text{断面 1} \\ X_{2(1)}, X_{2(2)}, \cdots, X_{2(n)} & \text{断面 2} \\ \vdots \quad \vdots \quad \vdots \quad \vdots & \vdots \\ X_{m(1)}, X_{m(2)}, \cdots, X_{m(n)} & \text{断面 } m \end{cases}$$

根据各个断面的实测水质指标，可以确定评价水体污染程度的分级（即分类）数，记为 p。按《海水水质标准》（GB 3097—1997），可以确定对应的水质标准浓度矩阵 $S_{p \times n}$。

$$S_p = \begin{cases} S_{1(1)}, S_{1(2)}, \cdots, S_{1(n)} & 1 \text{ 级} \\ S_{2(1)}, S_{2(2)}, \cdots, S_{2(n)} & 2 \text{ 级} \\ \vdots \quad \vdots \quad \vdots \quad \vdots & \vdots \\ S_{p(1)}, S_{p(2)}, \cdots, S_{p(n)} & p \text{ 级} \end{cases}$$

这里各断面水质评价的任务是通过它的 n 个因子与水质标准的距离分析，最终说明它隶属于 $S_{p \times n}$ 矩阵中的哪一级水。全水域的水质评价则需要通过综合各断面水质因子后，采用同样的距离评判分析，说明整个水体的水质现状。

很显然，水质标准级数的划分是相对的，存在一定的模糊概念。对同一断面的 n 项水质指标，完全存在其中某一群指标属 P_1 级水，而另外某群指标属 P_2 级水的情况。怎样从监测数据中提炼出大多数接近的那类水质级别信息，从某种意义上讲，就需要进行监测序列和水质标准各级数序列间的关联性分析或隶属关系分析，其中关联性最密切的序列就是所要评价的级别，这就是环境质量评价中关联分析的原理。

以各点实测数据按季节建立样矩阵，进行矩阵元素归一化。矩阵元素归一化有两个目的：一是将元素量纲归一化，二是使元素值转变为[0，1]内的数。令实测水质序列中的第一行向量 a_1 为母序列。先取归一化水质标准矩阵 B 中的一级水质为子序列 b_1，可求 a_1-b_1 的绝对差 Δ。有鉴于被评价的要素取值均在[0，1]的关联离散函数，如：

$$\varsigma_p(k) = \frac{1 - \Delta_p(k)}{1 + \Delta_p(k)}$$

由此可以评判站点的水质隶属级别，从而判断该测点的实测指标有没有超标现象。

二、海水富营养化评价模型

近年来，随着沿海经济的迅速发展，排入海域中的 N、P 污染物量逐年增加，水体富营养化趋势日益加剧，赤潮频繁发生，造成许多经济鱼类消失，使近海环境遭到严重破坏，海洋渔业和养殖业遭受巨大的损失。为了解水体的富营养化程度，国内外学者对海水富营养化进行了深入的研究，并提出了特征法、参数法、生物指标法、Voflenweider 模型法、营养状态指数法、物元分析模型、人工神经网络模型等多种评价和防治模型，但基于海水富营养化评价问题是一个多因素、多水平耦合作用的复杂系统，是一个不确定系统，至今仍没有一个统一的确定的评价模型。

1. 单项指标评价

①物理参数法：气温、水色、透明度、照度、辐射量等。如 Carlson 的营养状态指数：$TSI=10(6-\log_2^Z)$，Z 为用塞氏圆盘测得的透明度。由于水体中悬浮物也影响透明度，因此，此方法不适用于悬浮物高的河口等地区。

②化学参数法：用溶解氧（DO）、CO_2、N、P、化学需氧量（COD_{Mn}，高锰酸钾法测得的化学需氧量）、生化需氧量（BOD）、总有机碳（TOC）和总需氧量（TOD）等这些与藻类增殖有直接关系的化学物质的含量来衡量水体富营养化的程度；也有的用有毒物质作为水体富营养化的指标，如重金属、有机毒物等；还有的用生化参数作为水体富营养化的指标，如酶等。

③生物学参数法：藻类现存量或叶绿素 a（Chla）、浮游植物种类、多样性指数、AGP（藻类增殖的潜力）、底栖动物和硅藻群落等。

2. 综合指标评价

$$NQI = \frac{COD}{COD_s} + \frac{TN}{TN_s} + \frac{TP}{TP_s} + \frac{Chla}{Chla_s}$$

式中，COD、TN、TP 和 Chla 分别为检测真实值，COD_s、TN_s、TP_s 和 $Chla_s$ 分别为其标准值。

NQI 值大于 3 为富营养水平，在 2 与 3 之间为中营养水平，小于 2 为贫营养水平。

邹景忠等给出，

$$E = \frac{COD \times DIN \times DIP}{4\,500} \times 10^6$$

式中，COD、DIN、OIP 的单位均为 mg/L。E 值大于或等于 1 即为富营养化。本方法仅适用于没有藻类生长限制因素（N 或 P）的水域。

Just.e 给出，

$$D = \sqrt{(X_s)^2 + (X_b)^2}$$

式中 X_s=表层氧饱和度-1，X_b=1-底层氧饱和度，D 为富营养化指标。$D<0.2$ 为贫营养型，$D>0.4$ 为富营养型，D 为 0.2 与 0.4 之间为中营养型。

三、模糊数学综合评价

鉴于水体富营养化程度是一个模糊的概念，近年来，有些学者提出了以模糊理论为基础的模糊评判法，主要有隶属度分析法、加权分析法、聚类分析法和集对分析法。曹斌等将其应用于湖泊水质富营养化的评价。首次将模糊数学理论应用于近海（包括河口区）水体富营养化水平评价的是彭云辉等。

1. 隶属度分析法

彭云辉等提出的隶属度分析法主要使用指标 COD、TN、P 和 Chla 等 4 个评价指标及三类海水标准类别。该方法通过计算各站位各指标的隶属度，得模糊矩阵 **R**，然后计算各指标的权重，得模糊矩阵 **A**，最后求矩阵 **A** 与 **R** 的内积。所得内积如对某类水质的隶属度最大，则该站水质就属该类水质。

2. 加权分析法

熊得琪等提出了一种新的模糊评价模型——加权分析法，即根据海水水质富营养化指标的实测值和标准值，通过求隶属度得实测指标隶属度矩阵 **R** 和标准指标隶属度矩阵 **S**。经过超标权重矩阵 **Q** 及各项指标的重要性权向量——之间的复合运算得指标综合权重矩阵 **W**。根据海水富营养化分析的模糊性，求出本集隶属于各级标准的样本隶属度矩阵 **U**。最后，根据建立的目标函数使加权广义权距离平方和为最小的原则，得海水富营养化模糊评价的基本模型如下：

$$U_{hj} = 1 / \sum_{k=1}^{t} \frac{\left[\sum_{t=1}^{m} (w_y |r_y - s_{ik}|)^p \right]^{\frac{2}{p}}}{\sum_{t=1}^{m} (w_y |r_y - s_{ik}|)^p}$$

然后，再根据隶属最大原则得出样本应归属的富营养化级别。

3. 集对分析法

集对分析是另一种新的模糊评价模型，基于集对分析的海洋富营养化评价可将评价水体的评价指标含量与评价标准构筑一个集对，对于一个测点来说，设有 N 个评价指标，若有 S 个指标优于一级（I）标准，有 F 个处于二级（II）标准，有 P 个处于三级（III）标准，则该监测点的联系度表达式为：

$$\mu = \frac{S}{N} + \frac{F}{N}i + \frac{p}{N}j$$

式中，i、j 分别表示差异不确定度和对立度标记。设 $a=S/N$，$b=F/N$，$c=P/N$，则 a、b、c 依次表示同一度、差异不确定度、对立度，该式可简写为：

$$\mu = a + bi + cj$$

根据集对分析理论，式中的同一度、对立度是相对确定的，而差异度则相对不确定，同时由于 a、b、c 三者是对同一问题不同侧面的全面刻画，因而三者彼此间存在相互联系、制约、转化关系，依据 a、b、c 三者大小关系及定量分析，可判断实际测点的富营养化状况。显然，a 值越大，b、c 值越小，水体富营养化程度越小。另外，根据 a、b、c 的具体数值，可对海水水体富营养化状况进行分级，即以评价因子的含量指标相对于富营养化的评价标准的达标、超标及其所占比例，确定海域水体富营养化等级。

第二节　海域污染物浓度预测模型

水体污染物浓度预测是实施总量控制的一项重要内容，是进行环境管理的重要手段之一。

目前用于水体污染物浓度的方法较多，有神经网络法、潮流场模拟法、灰色聚类法、灰色关联度法等。

一、基于经典统计学的线性时间序列分析方法

在经典统计学理论中，时间序列用$\{X_t, t \leqslant T_0\}$来表示。其中X_t为定义在样本空间S上的随机变量，对于不同的t，X_t代表不同的随机变量，t取一系列不同的值时，得到族随机变量；t的取值范围T_0称为指标集。如果T_0为离散集，则称时间序列$\{X_t, t \leqslant T_0\}$为离散时间序列；如果T_0为连续集，则称时间序列$\{X_t, t \leqslant T_0\}$为连续时间序列；如果在指标集T_0的某个时刻同时观测到多个数据序列，则称$\{X_t, t \leqslant T_0\}$为多维时间序列。

时间序列分析就是研究t取不同值时，得到的不同随机变量之间的关系。当随机变量X_t可以完全由一组随机变量X_1，X_2，$\cdots$，X_{t-1}决定时，就可以利用这种随机变量的观测值x_1，x_2，$\cdots$，x_{t-1}来对随机变量X_t做一定的估计，这就叫做时间序列的预测。

Yule 关于太阳黑子数的自回归建模工作是利用传统统计学方法进行时间序列分析的开拓性工作，Box 和 Jenkins 方法的提出标志着线性时间序列建模理论的完善。该理论主要包括自回归模型（Autoregression Model，AR(p)）、滑动平均模型（Moving Average Model，MA(q)）、自回归滑动平均模型（Autoregression Moving Average Model，ARMA(p, q)）、自回归求和滑动平均模型（Autoregressive Integrated Moving Average Model，ARIMA（p, d, q)）和季节自回归求和滑动平均模型（Seasonal Autoregressive Integrated Moving Average Model，ARIMA）。

AR（p）模型假设当前状态完全由过去p个时刻的状态决定，MA（q）模型假设当前状态完全由过去q个时刻的偶然误差决定，ARMA（p, q）模型假设当前时刻的状态由过去p个时刻的状态和过去q个时刻的误差来决定，这三种模型都仅适用于平稳序列。当待分析的时间序列有明显的趋势时，需要先对序列进行差分，直至平稳为止，对差分后的平稳序列就可以按 ARMA（p, q）模型来分析，这里差分的次数就是 ARIMA（p, d, q）模型中的参数d，ARIMA（p, d, q）模型适合于具有明显趋势时间序列的分析。有的时间序列不仅具有明显的趋势，而且具有某些周期特征，需要根据实际情况或者自协方差函数r_k的估计值来确定序列的周期T，然后通过差分消除周期和趋势，再使用 ARMA 模型进行分析，含有周期和趋势项的 ARMA 模型就是 SARIMA 模型，表达式如下：

$$(1 - B^T)^D (1 - B)^d \alpha(B) X_t = \beta(B) \varepsilon_t$$

式中，T为周期，D为周期差分的阶数，d为趋势差分的阶数，B为延迟算子，即$B^n X_t = X_{t-n}$，X_t为t时刻的状态，是一个随机变量，ε_t为白噪声，α（B）和β（B）分别为X_t和ε_t的系数多项式，展开式如下：

$$\alpha(B) = 1 - a_1 B - a_2 B^2 -, \cdots, -a_p B^p$$
$$\beta(B) = 1 + b_1 B + b_2 B^2 +, \cdots, +b_q B^q$$

当$T=0$，$D=0$时，SARIMA 模型就变为 ARIMA 模型，表达式如下：

$$(1-B)^d \alpha(B) X_t = \beta(B)\varepsilon_t$$

当 d=0 时，ARIMA 模型就变为 ARMA 模型，表达式如下

$$\alpha(B)X_t = \beta(B)\varepsilon_t$$

其展开式为

$$X_t - a_1 X_{t-1} - a_2 X_{t-2} -, \cdots, a_p X_{t-p} = \varepsilon_1 + b_1\varepsilon_{t-1} +, \cdots, + b_q\varepsilon_{t-q}$$

当 $\alpha(B)$=1 时，ARMA 模型就变为 MA（q）模型，表达式如下：

$$X_t = \varepsilon_t + b_1\varepsilon_{t-1} + b_2\varepsilon_{t-2} + \cdots + b_q\varepsilon_{t-q}$$

当 $\beta(B)$=1 时，ARMA 模型就变为 AR（p）模型，表达式如下：

$$X_t = a_1 X_{t-1} + a_2 X_{t-2} + \cdots + a_p X_{t-p} + \varepsilon_t$$

AR（p）、MA（q）和 ARMA（p，q）模型都有各自的参数估计、定阶准则、拟合检验和模型预测方法，而 ARIMA 模型和 SARIMA 模型则可以转化为 ARMA 模型，由此可以得到基于经典统计学的线性时间序列分析方法的一般步骤：

①根据实际问题背景或者自协方差函数 $\{r_k\}$ 的图像分布来确定周期 T。

②从 D=1 开始对样本数据进行差分：

$$Y_t = (1-B)^D X_t$$

得到 $Y_t(t = DT+1, DT+2, \cdots, n)$

③根据 Y_t 的时间序列图特征或者自协方差函数 $\{r_k\}$ 图像分布来确定 d 值。

④对时间序列 Y_t 作 d 次差分：

$$Z_t = (1-B)^d Y_t$$

取 t=d+1，d+2，$\cdots$，n 得到新的时间序列 Z_t。

⑤对时间序列 Z_t 用 ARMA 模型进行拟合：作时间序列的自相关函数和偏相关函数图，根据图像的特征大致确定 ARMA 模型的阶数：如果自相关函数 q 步截尾则为 MA（q）模型，如果偏相关函数 p 步截尾则为 AR（p）模型，如果二者都拖尾，则为 ARMA 模型。

⑥利用 AIC 准则对 p、q 不同取值的 ARMA 模型进行选择，确定模型的阶数，并估计参数以及模型检验。

⑦如果检验不通过，则提高 d 值，返回到第（4）步继续，如果多次差分之后仍然通不过，则返回到第（2）步，令 D=2 继续，直到通过为止，然后进行预测。

以上就是基于经典统计学理论的线性时间序列分析模型。以 ARMA 模型为核心的线性时间序列分析模型因其简单性、可行性和灵活性，40 多年以来得到了广泛的应用，在将来仍然会继续发挥积极的作用。

二、潮流数值模型——三维 ECOM 数值模型

1. 控制方程组

（1）连续方程

$$h_1 h_2 \frac{\partial \eta}{\partial t} + \frac{\partial (h_2 U_1 D)}{\partial \xi_1} + \frac{\partial (h_2 U_2 D)}{\partial y} + h_1 h_2 \frac{\partial \varpi}{\partial \sigma}$$

（2）动量方程

$$\frac{\partial (h_1 h_2 U_1 D)}{\partial t} + \frac{\partial (h_2 U_1^2 D)}{\partial \xi_1} + \frac{\partial (h_1 U_1 U_2 D)}{\partial \xi_2} + h_1 h_2 \frac{\partial \varpi U_1}{\partial \sigma} + D U_1 (-U_2 \frac{\partial h_1}{\partial \xi_2} + U_1 \frac{\partial h_2}{\partial \xi_1} - f)$$

$$= -g D h_1 \frac{\partial \eta}{\partial \xi_1} - \frac{g D^2 h_1}{\rho_0} \int_\alpha^0 (\frac{\partial \rho}{\partial \xi_1} - \frac{\sigma}{D} \frac{\partial D}{\partial \zeta_1} \frac{\partial \rho}{\partial \sigma}) \mathrm{d}\sigma + \frac{h_1 h_2}{D} \frac{\partial}{\partial \sigma} (K \frac{\partial U_1}{\partial \sigma}) + \frac{\partial}{\partial \zeta_1} (A_M \frac{h_2}{h_1} D \frac{\partial U_1}{\partial \zeta_1})$$

$$+ \frac{\partial}{\partial \xi_2} (A_M \frac{h_1}{h_2} D \frac{\partial U_1}{\partial \zeta_2})$$

$$\frac{\partial (h_1 h_2 U_2 D)}{\partial t} + \frac{\partial (h_2 U_1^2 D)}{\partial \xi_1} + \frac{\partial (h_1 U_2^2 D)}{\partial \xi_2} + h_1 h_2 \frac{\partial \varpi U_2}{\partial \sigma} + D U_1 (-U_1 \frac{\partial h_1}{\partial \xi_2} + U_2 \frac{\partial h_2}{\partial \xi_1} - f)$$

$$= -g D h_1 \frac{\partial \eta}{\partial \xi_1} - \frac{g D^2 h_1}{\rho_0} \int_\alpha^0 (\frac{\partial \rho}{\partial \xi_2} - \frac{\sigma}{D} \frac{\partial D}{\partial \zeta_2} \frac{\partial \rho}{\partial \sigma}) \mathrm{d}\sigma + \frac{h_1 h_2}{D} \frac{\partial}{\partial \sigma} (K \frac{\partial U_2}{\partial \sigma}) + \frac{\partial}{\partial \zeta_1} (A_M \frac{h_2}{h_1} D \frac{\partial U_2}{\partial \zeta_1}) +$$

$$\frac{\partial}{\partial \xi_2} (A_M \frac{h_1}{h_2} D \frac{\partial U_2}{\partial \zeta 2})$$

（3）温度和盐度方程

$$\frac{\partial (h_1 h_2 D\theta)}{\partial t} + \frac{\partial (h_2 D U_1 \theta)}{\partial \zeta_1} \frac{\partial (h_2 D U_1 \theta)}{\partial \zeta_1} + \frac{\partial (h_2 D U_2 \theta)}{\partial \zeta_2} + h_1 h_2 \frac{\partial \omega \theta}{\partial \sigma}$$

$$= \frac{\partial}{\partial \zeta_1} (\frac{h_2}{h_1} A_H D \frac{\partial \theta}{\partial \zeta_1}) + \frac{\partial}{\partial \zeta_2} \left(\frac{h_1}{h_2} A_H D \frac{\partial \theta}{\partial \zeta_2} \right) + \frac{h_1 h_2}{D} \frac{\partial}{\partial \sigma} (K_H \frac{\partial \theta}{\partial \sigma})$$

$$\frac{\partial (h_1 h_2 DS)}{\partial t} + \frac{\partial (h_2 D U_1 S)}{\partial \zeta_1} \frac{\partial (h_2 D U_1 S)}{\partial \zeta_1} + \frac{\partial (h_1 D U_2 S)}{\partial \zeta_2} + h_1 h_2 \frac{\partial \omega S}{\partial o}$$

$$= \frac{\partial}{\partial \zeta_1} (\frac{h_2}{h_1} A_H D \frac{\partial S}{\partial \zeta_1}) + \frac{\partial}{\partial \zeta_2} (\frac{h_1}{h_2} A_H D \frac{\partial S}{\partial \zeta_2}) + \frac{h_1 h_2}{D} \frac{\partial}{\partial o} (K_H \frac{\partial S}{\partial \sigma})$$

$$\rho = \rho(\theta, S)$$

（4）湍流闭合方程

$$h_1 h_2 \frac{\partial (Dq^2)}{\partial t} + \frac{\partial (h_2 D U_1 q^2)}{\partial \zeta_1} + \frac{\partial (h_1 D U_2 q^2)}{\partial \zeta_2} + h_1 h_2 \frac{\partial \omega q^2}{\partial \sigma}$$

$$= h_1 h_2 \{ \frac{2 K_M}{D} [(\frac{\partial U_1}{\partial \sigma})^2 + (\frac{\partial U_2}{\partial \sigma})^2 + \frac{2g}{\rho_0} K_H \frac{\partial \rho}{\partial \sigma} \frac{2q^3 D}{A_1} W] \}$$

$$+ \frac{\partial}{\partial \zeta_1}(\frac{h_2}{h_1}A_H D \frac{\partial q^2}{\partial \zeta_1}) + \frac{\partial}{\partial \zeta_2}(\frac{h_1}{h_2}A_H D \frac{\partial q^2}{\partial \zeta_2}) + \frac{h_1 h_2}{D}\frac{\partial}{\partial o}(K_H \frac{\partial q^2}{\partial \sigma})$$

$$h_1 h_2 \frac{\partial (Dq^2 I)}{\partial t} + \frac{\partial (h_2 DU_1 q^2 I)}{\partial \zeta_1} + \frac{\partial (h_1 DU_2 q^2 I)}{\partial \zeta_2} + h_1 h_2 \frac{\partial \omega q^2 I}{\partial \sigma}$$

$$= h_1 h_2 \{\frac{IE_1 K_M}{D}[(\frac{\partial U_1}{\partial \sigma})^2 + (\frac{\partial U_2}{\partial \sigma})^2 + \frac{IEg}{\rho_0}K_H \frac{\partial \rho}{\partial \sigma}\frac{2q^3 D}{B_1}W]\} + \frac{\partial}{\partial \zeta_1}(\frac{h_2}{h_1}A_H D \frac{\partial q^2 I}{\partial \zeta_1}) +$$

$$\frac{\partial}{\partial \zeta_2}(\frac{h_1}{h_2}A_H D \frac{\partial q^2 I}{\partial \zeta_2}) + \frac{h_1 h_2}{D}\frac{\partial}{\partial o}(Kq \frac{\partial q^2 I}{\partial \sigma})$$

垂直紊动黏滞系数 K_M 和垂向扩散系数 K_H、K_q 分别由下列公式确定：

$$K_M = q_1 S_M, \quad K_H = q_1 S_H, \quad K_q = q_1 S_q$$

S_M、S_H、S_q 为稳定函数。根据 Mellor 和 Yamada 的研究，S_M、S_H、S_q 由下列方程组确定：

$$G_M = \frac{I^2}{q^2 D}[(\frac{\partial U_1}{\partial \sigma})^2 + (\frac{\partial U_2}{\partial \sigma})^2]$$

$$G_H = \frac{I^2}{q^2 D}\frac{g}{\rho_0}\frac{\partial \rho}{\partial \sigma}$$

$$S_M(6A_1 A_2 G_M) + S_H(1 - 2A_2 B_2 G_H - 12A_1 A_2 G_H) = A_2$$

$$S_M(1 + 6A_1^2 G_M - 9A_1 A_2 G_M) - S_H(12A_1^2 G_H + 9A_1 A_2 G_H A_2 B_2 G_H) = A_1(1 - 3C_1)$$

$$S_q = 0.20$$

A_1、A_2、B_1、B_2、C_1、E_1、E_2 为经验常数，由实验确定所得（A_1、A_2、B_1、B_2、C_1、E_1、E_2）=（0.92，0.74，16.6，10.1，0.80，1.8，1.33）

2．初始条件

因海洋的动力过程调整较快，初值一般取为 0。

$$U_1(x, y, \sigma, t) = 0$$
$$U_2(x, y, \sigma, t) = 0$$
$$\omega(x, y, \sigma, t) = 0$$
$$\zeta(x, y, \sigma, t) = 0$$

3．边界条件

（1）海面边界条件
①运动学边界条件：

$$\omega(x, y, 0, t) = 0$$

②动力学边界条件：

$$\frac{\rho_0 K_M}{D}\frac{\partial U_1}{\partial \sigma}\bigg|_{\sigma=0}=\iota_{0\zeta 1};\frac{\rho_0 K_M}{D}\frac{\partial U_2}{\partial \sigma}\bigg|_{\sigma=0}=\iota_{0\zeta 2}$$

$$q^2=B^{2/3}U_{is}^{\ 2}$$

$$q^2 l=0$$

U_{is} 是海表摩擦速度；$\iota_{0\zeta 1}$、$\iota_{0\zeta 2}$ 为风应力矢量 ι_0 在 ζ_1、ζ_2 方向上的分量。

海表风应力 $\overline{\tau_0}$ 的参数化形式为

$$\overline{\tau_0}=\rho_a C_D \left|V_a\right|\overline{V_a}$$

其中：ρ_a 为空气密度，V_a 为风速矢量，C_D 为海水对风的拖曳系数。C_D 的计算基于 Lagre 和 Pnod 建立的中性稳定状态的拖曳系数。

$$C_D=1.2\times 10^{-3},\left|\overline{V_a}\right|\leqslant 11\,\mathrm{m/s}$$

$$C_D=(0.49+0.065\left|\overline{V_a}\right|)\times 10^{-3},11\,\mathrm{m/s}<\left|\overline{V_a}\right|\leqslant 25\,\mathrm{m/s}$$

$$C_D=(0.49+0.065\times 25)\times 10^{-3},\left|\overline{V_a}\right|>25\,\mathrm{m/s}$$

（2）海底边界条件

$$\frac{\rho_0 K_M}{D}\frac{\partial U_1}{\partial \sigma}\bigg|_{\sigma=-1}=\tau_{b\zeta 1};\frac{\rho_0 K_M}{D}\frac{\partial U_2}{\partial \sigma}\bigg|_{\sigma=-1}=\tau_{b\zeta 2}$$

$$q^2=B_{2/3}U_{\tau b}^{\ 2}$$

$$q^2 l=0$$

$\tau_{b\zeta 1}$、$\dot{\tau}_{b\zeta 2}$ 为底摩擦应力矢量 ι_0 在 ζ_1、ζ_2 方向上的分量。$U_{\tau b}$ 是底摩擦速度；底应力拖曳系数 C_d 由近海底 z_{ab} 处的流速呈对数分布计算。

$$C_d=\max\left(k^2\bigg/\ln\left(\frac{Z_{ab}}{Z_0}\right)^2,0.002\,5\right)$$

其中 k 为卡门常数，$k=0.4$；z_0 为海底粗糙度，一般取为 $0.001\sim 0.002\,\mathrm{m}$。

（3）侧边界条件

在侧边界上，法向流速为零，由于没有对流和扩散，温盐的法向梯度也为零。

（4）水边界条件

采用外海强迫水位输入：$\eta=\eta^*$。

4. 数值计算方法

ECOM 模型数值计算方法采用算子分裂法，将原来比较复杂的数学、物理问题的求解分解成 3 个简单问题的连续求解过程。对于动量和连续方程，空间采用中央差格式，时间差分慢过程采用显式格式，快过程采用隐式格式，动量方程和连续方程联立求解。

下面给出时间差分形式，在前 1/3 步长显式差分求解对流部分，在 2/3 时间步长，隐式差分求解扩散部分，在后 1/3 时间步长，隐式求解连续方程。该方法编程简单、计算稳定性好、精度较高。

第一步，在 $[n\Delta t, (n+\frac{1}{3})\Delta t]$ 时间过程，由对流和扩散效应，显式求解 $U_1^{n+\frac{1}{3}}$、$U_2^{n+\frac{1}{3}}$。

$$\frac{Dh_1h_2U_1^{n+\frac{1}{3}} - Dh_1h_2U_1^n}{\Delta t} = \text{UF}$$

$$\frac{Dh_1h_2U_2^{n+\frac{1}{3}} - Dh_1h_2U_2^n}{\Delta t} = \text{VF}$$

UF、VF 代表非线性平流项、科氏力项、密度梯度力项、水平涡动黏滞项和自由坐标产生的曲率项。所有这些项均作显式处理。

第二步，考虑垂向涡动黏滞项，作隐式处理。

$$\frac{Dh_1h_2U_1^{n+\frac{2}{3}} - Dh_1h_2U_1^{n+\frac{1}{3}}}{\Delta t} = \frac{h_1h_2}{D}\frac{\partial}{\partial_0}(K_M\frac{\partial U_1^{n+\frac{2}{3}}}{\partial_0})$$

$$\frac{Dh_1h_2U_2^{n+\frac{2}{3}} - Dh_1h_2U_2^{n+\frac{1}{3}}}{\Delta t} = \frac{h_1h_2}{D}\frac{\partial}{\partial_0}(K_M\frac{\partial U_2^{n+\frac{2}{3}}}{\partial_0})$$

第三步，考虑外重力波产生的水位梯度力，这是个快过程，作隐式处理。

$$\frac{Dh_1h_2U_1^{n+1} - Dh_1h_2U_1^{n+\frac{2}{3}}}{\Delta t} = -h_2gD\frac{\partial\eta^{n+1}}{\partial\zeta_1}$$

$$\frac{Dh_1h_2U_2^{n+1} - Dh_1h_2U_2^{n+\frac{2}{3}}}{\Delta t} = -h_2gD\frac{\partial\eta^{n+1}}{\partial\zeta_2}$$

上述方程整理得 U_1^{n+1}、U_2^{n+1}

$$U_1^{n+1} = U_1^{n+\frac{2}{3}} - \Delta t\frac{1}{h_1}g\frac{\partial\eta_{n+1}}{\zeta_1}$$

$$U_2^{n+1} = U_2^{n+\frac{2}{3}} - \Delta t\frac{1}{h_2}g\frac{\partial\eta_{n+1}}{\zeta_2}$$

上述方程和连续方程联立求解，连续方程在垂向上积分，利用运动学边界条件，变化形式为：

$$h_1 h_2 \frac{\partial \eta}{\partial t} + \frac{\partial}{\partial \zeta_1} \int_{-1}^{0} h_2 D U_1 \mathrm{d}\sigma + \frac{\partial}{\partial \zeta_2} \int_{-1}^{0} h_1 D U_2 \mathrm{d}\sigma = 0$$

$$\omega = \frac{\partial}{\partial \zeta_1} \int_{\sigma}^{0} h_2 D U_1 \mathrm{d}\sigma + \frac{\partial}{\partial \zeta_2} \int_{\sigma}^{0} h_1 D U_2 \mathrm{d}\sigma - \sigma \frac{\partial \eta}{\partial t}$$

连续方程时间差分：

$$h_1 h_2 \frac{\eta^{n+1} - \eta_n}{\Delta t} + \frac{\partial}{\partial \zeta_1} \int_{-1}^{0} h_2 D^n U_1^{n+1} \mathrm{d}\sigma + \frac{\partial}{\partial \zeta_2} \int_{-1}^{0} h_1 D^n U_2^{n+1} \mathrm{d}\sigma = 0$$

温盐方程和湍能方程求解方法类似。空间采用中央差格式，时间上采用前差格式，分裂算子求解，水平对流和扩散项采用显式处理，垂向湍混合项采用隐式处理。以盐度方程为例：

第一步，$\dfrac{D h_1 h_2 S^{n+\frac{1}{3}} - D h_1 h_2 S^n}{\Delta t} = \mathrm{UF}_{1s}$

UF_{1s} 代表盐度方程中的水平对流项和垂向对流项，采用显式求解。

第二步，$\dfrac{D h_1 h_2 S^{n+\frac{2}{3}} - D h_1 h_2 S^n}{\Delta t} = \mathrm{UF}_{2s}$

UF_{2s} 代表盐度方程中的水平扩散项，采用显式求解。

第三步，$\dfrac{D h_1 h_2 S^{n+1} - D h_1 h_2 S^{n+\frac{2}{3}}}{\Delta t} = h_1 h_2 \dfrac{\partial}{\partial \sigma} \left(K_n \dfrac{\partial S}{\partial \sigma} \right)$

5. 变边界模型

当模拟的海域潮间带面积较大时宜采用变边界模型，一般采用干湿点方法模拟漫滩过程。实际做法是，在计算 u 前先判别相应的格点是"湿"或"干"。如果是"干"，那么该点的速度设为零。如果是"湿"，则通过求解对应的动量方程获得该点的速度值。假设流速点 (i,j) 总水深为 $(du_{i,j},\ dv_{i,j})$，水位点总水深为 $D_{i,j}$、$\eta_{i,j}$ 为格点的水位，$H_{i,j}$ 为平均海平面起算的水体的深度。具体判别方法如下：

定义：

$$D_{i,j} = H_{i,j}; du_{i,j} = 0.5 \times (D_{i,j} + D_{i-1,j}); dv_{i,j} = 0.5 \times (D_{i,j} + D_{i,j-1})$$

u 方向可能出现的水深空间分布情况为：

$(a)du_{i,j} > 0;$

$(b)D_{i,j} > 0 且 D_{i-1,j} > 0;$

$(c)D_{i,j} > 0 且 D_{i-1,j} < 0; 且 \eta_{i,j} - \eta_{i-1,j} > 0$

$(d)D_{i,j} > 0 且 D_{i-1,j} > 0; 且 \eta_{i-1,j} - \eta_{i,j} > 0$

其干湿判断规则如下：

①如果满足（b）自然满足（a），则 u 流速点为湿点。

②如果满足（a）和（c）；或满足（a）和（d），此时 u 流速点为湿点。

③其余情况，u 流速点为干点。

对于 v 分量，其判别过程与之类似。为了避免动量方程求解过程中当网格露滩时出现奇异值，将设置一个总水深的最小值，露滩时对应点的水位取为该值。

6．潮流数值模型小结

三维 ECOM 模型是国际上流行的海洋数值模型，由于采用半隐计算方法，比模型分裂方法节省机时；引入了变边界处理技术可更好地适应近岸海域的需要。

三、海洋生态动力学模型

海洋中控制生态系统的生物过程在不同海域存在明显差异。用数学表达式或函数来描述这些生物过程，会非常复杂。往往是在不同海域，函数选用和参数取值有很大差别。因此，严格地说，不存在一个适用各海域的海洋生态模型。对海洋生态系统模型正确的研究方法应该是：首先模拟物理环境场，在物理环境场较完善的基础上，结合研究目的和本海区基础观测资料，从简单到复杂逐步地发展生物模型。

1．概念模型

模型包括营养盐（无机氮 DIN、磷酸盐 PO_4-P 和硅酸盐 SiO_3-Si）、自养浮游植物、食植浮游动物、有机碎屑以及底栖碎屑 5 个变量，概念模型如图 3-1 所示。

模型中营养盐通过光合作用被自养浮游植物吸收；碎屑通过分解向水体释放营养盐；河流向海湾输送营养盐；沉积物-水界面向水体释放营养盐。自养浮游植物通过光合作用生长；被食植浮游动物摄食；沉积转化为底栖碎屑（NPT）；死亡转化为水体中的碎屑（DPT）。食植浮游动物摄食浮游植物，同化为自身的有机物；未被同化部分和死亡后的尸体进入水体碎屑（DPT）。水体中碎屑（DPT）由死亡了的浮游植物、浮游动物以及浮游动物摄食浮游植物没有同化而落入水体中的浮游植物部分组成，其去向一部分向海底沉积转化为底栖碎屑，一部分通过分解转化为营养盐。底栖碎屑由沉积的浮游植物、水体碎屑组成，在底栖一般会发生复杂的生物作用和化学反应。

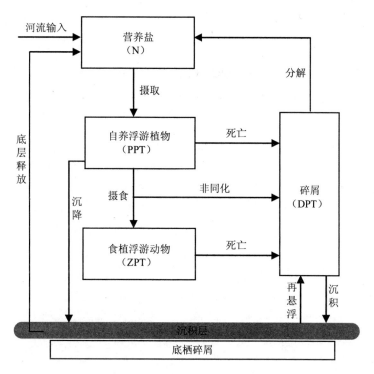

图 3-1 生态动力学概念模型

2．生态模型基本控制方程组

①浮游植物（PPT）：$\dfrac{\partial \mathrm{PPT}}{\mathrm{d}t} + \mathrm{adv(PPT)} = \mathrm{diff(PPT)} + s\_\mathrm{PPT}$

②浮游动物（ZPT）：$\dfrac{\partial \mathrm{PPT}}{\mathrm{d}t} + \mathrm{adv(ZPT)} = \mathrm{diff(ZPT)} + s\_\mathrm{ZPT}$

③碎屑（DPT）：$\dfrac{\partial \mathrm{(DPT)}}{\mathrm{d}t} + \mathrm{adv(DPT)} = \mathrm{diff(DPT)} + s\_\mathrm{DPT}$

④营养盐（DIN、PO_4-P、SiO_3-Si）：

$$\frac{\partial \mathrm{DIN}}{\mathrm{d}t} + \mathrm{adv(DIN)} = \mathrm{diff(DIN)} + s\_\mathrm{N}$$

$$\frac{\partial N_{\mathrm{PO}_4}}{\mathrm{d}t} + \mathrm{adv}(N_{\mathrm{PO}_4}) = \mathrm{diff}(N_{\mathrm{PO}_4}) + s\_\mathrm{P}$$

$$\frac{\partial N_{\mathrm{SiO}_3}}{\mathrm{d}t} + \mathrm{adv}(N_{\mathrm{SiO}_3}) = \mathrm{diff}(N_{\mathrm{SiO}_3}) + s\_\mathrm{Si}$$

⑤底栖碎屑（NPT）：

$$\frac{\partial(\text{NPT})}{\text{d}t} = s\_\text{NPT}$$

$$\text{adv}() = u\frac{\partial}{\partial x} + v\frac{\partial}{\partial y} + \frac{\omega - \omega_s}{H}\frac{\partial}{\partial \sigma}$$

$$\text{diff}() = \frac{\partial}{\partial x}(K_h\frac{\partial}{\partial x}) + \frac{\partial}{\partial y}(K_h\frac{\partial}{\partial y}) + \frac{\partial}{H^2\partial\sigma}(K_V\frac{\partial}{\partial\sigma})$$

其中，adv（）为平流项，diff（）为扩散项，N_{PO_4}、N_{SO_3} 分别表示磷酸盐和硅酸盐，$s\_$ 表示浮游植物、浮游动物、碎屑以及营养盐的源汇项。7 个变量中除了 NPT 为二维变量外，其他的变量均为三维变量。

海面边界条件：

海面净同量为 0，在 σ 坐标下 $w=0$，海面处有

$$-\omega_{\text{PPT}}\text{PPT} - \frac{K_V}{D}\frac{\partial\text{PPT}}{\partial\sigma} = 0, \sigma \longrightarrow 0$$

$$-\omega_{\text{DPT}}\text{DPT} - \frac{K_V}{D}\frac{\partial\text{DPt}}{\partial\sigma} = 0, \sigma \longrightarrow 0$$

$$\frac{K_h}{D}(\frac{\partial\text{DIN}}{\partial\sigma}, \frac{\partial N_{PO_4}}{\partial\sigma}, \frac{\partial N_{SiO_3}}{\partial\sigma}) = 0, \sigma \longrightarrow 0$$

海底边界条件：

颗粒态物质在沉积物—海水界面通过扩散作用沉积或再悬浮进入水体。浮游植物沉降进入沉积物，但不考虑再悬浮。

$$-\omega_{\text{PPT}}\text{PPT} - \frac{K_V}{D}\frac{\partial\text{PPT}}{\partial\sigma} = \text{PPT}_{\text{dvp}}, \sigma \longrightarrow -1$$

$$-\omega_{\text{DPT}}\text{DPT} - \frac{K_V}{D}\frac{\partial\text{DPT}}{\partial\sigma} = \text{DPT}_{\text{ero}} - \text{DPT}_{\text{dep}}, \sigma \longrightarrow -1$$

$$\frac{K_h}{D}(\frac{\partial\text{DIN}}{\partial\sigma}, \frac{\partial N_{PO_4}}{\partial\sigma}, \frac{\partial N_{SiO_3}}{\partial\sigma}) = [\text{bot}(\text{DIN}), \text{bot}(N_{PO_4}), \text{bot}(N_{SiO_3})], \sigma \longrightarrow -1$$

式中，PPT_{dep}、DPT_{ero}、DPT_{dep} 分别表示浮游植物的沉积通量、水体碎屑的侵蚀通量和沉积通量；bot 代表沉积物水界面交换通量。

3. 生物子过程

（1）浮游植物子过程

浮游植物子过程包括浮游植物的光合作用（生长）、死亡以及被浮游动物摄食过程。浮游植物的呼吸作用通过增大浮游植物的死亡率来体现。

$$s\_\text{PPT} = \text{GR.PPT} - \varepsilon_P.\text{PPT} - F(P, Z) + \frac{\partial(W_{\text{PPT}}.\text{PPT})}{\partial Z}$$

式中，PPT、GR、ε_p、F（P，Z）分别为浮游植物生物量、浮游植物光合作用生长项、浮游植物死亡率、浮游动物对浮游植物的捕食，W_{PPT} 为浮游植物的沉降速度。

1）浮游植物生长 GR

浮游植物通过光合作用吸收营养盐。考虑光、营养盐和海温的条件，浮游植物的生长率可表示为：

$$GR = \mu \cdot f(T) \cdot f(I)$$

μ、$f(T)$、$f(I)$ 分别为营养盐、温度和光强的限制函数。

①营养盐的限制。

海洋中浮游植物的生成需要无机营养盐的供应。可是一些重要无机物在海水中的含量低至可限制浮游植物的生产力，在营养盐不充分的海区，浮游植物的生长受营养盐浓度的限制。浮游植物的生长率和营养盐的浓度关系由 Michaeli-Menten 酶动力学公式给出：

$$\mu = \mu_{max} \frac{N}{K_N + N} \quad u = \frac{u_{max}[S]}{K_N + [S]}$$

其中，μ 为在营养盐浓度为 N 时浮游植物的生长率（也称为营养盐的摄取率），μ_{max} 为浮游植物的最大生长率，K_N 为摄取率为最大摄取率的一半时的营养盐浓度，简称摄取半饱和常数。

浮游植物的生长常受到多于一种营养盐的限制。在当今的模型研究中处理多营养盐综合限制的数学表达式有以下两种：

第一种方法，将营养盐相互作用以乘积的方式给定。

这种理论的假设是各种营养盐的相对限制作用取决于自身浓度的饱和程度，而它们的综合限制作用满足一种非线性的组合。

第二种方法，通过竞争的方式选择最小比值的因子作为限制因子。

这种方法的基本假设是在任一时刻浮游植物的生长率主要受一个最重要的营养盐因子的限制，各因子之间的非线性作用比最重要的因子小一个量级。

②温度限制因子 $f(T)$。

浮游植物对营养盐的吸收会因温度的不同而不同，尤其在春夏之交，当温度升高 10℃ 时，浮游植物对营养盐的摄取率可成倍增加。因此在研究海洋生态时，必须考虑海水温度对浮游植物生长率的影响，温度对生物生产的影响可以表示为下列的形式：

$g(T) = Q_{10}^{(T-10)/10}$（Fransz，1985）

$g(T) = e^{kT}$（Skogen，1998）

$g(T) = ab^T$（Norberg，1997）

$g(T) = Q_{10}^{(T-10)/10 \ln Q10}$（Klepper，1995）

这些表达式中 Fransz 公式表示温度每升高 10℃，生物的生理活动活跃程度就增加一倍，也称为 Q_{10} 法则，生物学上 Q_{10} 取值为 2～3。Skogen 公式表示生物的生理活动随温度的增高而增强，海洋生物对温度都有一个耐受限度，实际上温度过高或过低都会抑制生物的生长。有的学者对公式进行了修正。

$$f(T) = e^{\alpha(T-T_0)} (\text{Epply},1972)$$

其中，T_0 为浮游植物最大生长率测定时的海水温度，α 为海温变化所产生的浮游植物对营养盐摄取率的增加速度，公式表明当 $T < T_0$ 时，生物活动随着海水温度的增高而增高，

当海水温度达到 T_0 时，生物活动达到最大，当海水温度超过 T_0 时，生物活动逐渐下降。这些公式中 Fransz 公式和修正的 Eplly 公式在生态动力学模型中应用较为广泛。

③光限制因子 $f(I)$。

在海洋生态模型中，光限制的函数表达式很多，最简单的为指数衰减形式。Steele 函数：

$$f(T) = \frac{I}{I_{OPT}} \cdot e^{(t-\frac{I}{t_{OPT}})}, I = I_0 e^{kz}$$

I_{opt} 为最大光合作用速率时的光强；I_0 为海表面光强；k 为光衰减系数，一般经验公式中影响水体中 k 的因素主要有水质点、水色、悬浮沉积物浓度等。根据文献给出公式：

$$K_d = K_{20}^M - \varepsilon^S S + \varepsilon^C C + \varepsilon^X X$$

式中，K_{20}^M——纯海水导致的光衰减系数，$K_{20}^M = 2.06$ m^{-1}；

S——黄色物质，$\varepsilon^S = 0.057\ 14$ m^{-1}PSU^{-1}；

A——悬浮颗粒物的浓度，$\varepsilon^A = 0.1$ m^2/g；

C——碎屑碳，$\varepsilon^C = 0.002$ m^2/（mmolCh1）；

X——叶绿素，$\varepsilon^X = 0.01 \sim 0.04$ m^2/（mmolChlI）；

该公式说明除了水质点的因素外，悬浮沉积物造成的光衰减是主要因素。

2）浮游动物摄食过程 $F(P, Z)$

浮游动物对浮游植物的摄食过程与两者的种群和生物量直接相关。用于描述这种关系的数学表达式很多，De Angelis 在《营养循环和食物网动力学》中归纳了生态模型中常见的数学表达式。Lotka-Volterra 公式最为简单，表达了一种无局限的摄食过程，摄食量随着浮游植物生物量的增加而增加。这种无上限的捕食与猎物的关系与现实中生物自身的生理存在局限的实际情况不符合。因此，该公式多见于海洋生态动力学的理论研究中。很少用于模拟实际海洋中的浮游动物对浮游植物的捕食过程。其他的公式与之相比不同之处在于摄食过程存在局限。当浮游植物 P 增加到一定值时，$F(P, Z)$ 将趋于一个饱和值。这和实际生物本身的生理局限较为符合。这些模型在实际生态模型研究中应用较为广泛，它们之间的最大区别在于趋近饱和值的速率不同。

（2）浮游动物子过程

浮游动物子过程包括浮游动物的摄食和浮游动物的死亡。浮游动物摄食浮游植物，一部分同化为自身的有机物，未被同化的部分进入水体碎屑。浮游动物的排粪和呼吸等活动通过增大浮游动物的死亡率来体现。

$$s\_ZPT = rF(P,Z) - \varepsilon_z \cdot ZPT$$

式中，ZPT、r、ε_z 分别为浮游动物的生物量、浮游动物有效同化摄食比例系数和浮游动物的死亡率。$F(p, Z)$ 函数形式见下式：

$$F(P,Z) = R_m(1 - e^{-\lambda p}) \cdot ZPT$$

式中，ZPT、R_m、λ 分别为浮游动物生物量、最大摄食率和 Ivlev 常数。

（3）水体碎屑子过程

碎屑子过程包括死亡的浮游植物、死亡的浮游动物、浮游动物摄食浮游植物没有被同化的部分进入碎屑，水体碎屑分解。可通过下列数学表达式表示。

$$s\_DPT = \varepsilon_P \cdot PPT + \varepsilon_Z \cdot ZPT + (1-\gamma)F(P,Z) - d_N \cdot DPT + \frac{\partial(\omega_{DPT} \cdot DPT)}{\partial z}$$

式中，DPT、d_N 分别为水体碎屑的生物量、内循环过程中水体碎屑的分解率，w_{DPT} 为水体碎屑的沉降速度。

（4）营养盐循环子过程

营养盐的循环过程包括浮游植物对营养盐的吸收、碎屑的分解释放营养盐。

氮：

$$s\_N = -C_{NC} \cdot R_{NC} \cdot GR \cdot PPT + C_{NC} \cdot R_{NC} \cdot d_N \cdot DPT + river\_N$$

磷：

$$s\_P = -C_{PC} \cdot R_{PC} \cdot GR \cdot PPT + C_{PC} \cdot R_{PC} \cdot d_N \cdot DPT + river\_P$$

硅：

$$s\_Si = -C_{SiC} \cdot R_{SiC} \cdot GR \cdot PPT + C_{SiC} \cdot R_{SiC} \cdot d_N \cdot DPT + river\_Si$$

上述方程右边第一项为浮游植物生长吸收营养盐；第二项为水体碎屑分解释放营养盐；第三项为河流输入项。

R_{NC}、R_{PC}、R_{SiC} 分别为浮游植物氮碳比、磷碳比和硅碳比；C_{NC}、C_{PC}、C_{SiC} 分别为 N、P、Si 与 C 的原子量的比。

（5）沉积-海水界面物质交换

在沉积-海水界面处，部分浮游植物和水体碎屑由于沉降作用进入沉积物，底栖碎屑在底部切应力的作用下发生再悬浮进入水体碎屑。沉积物中的营养盐通过扩散作用进入水体。模型没有考虑沉积物中的生化和矿化过程，因此，水层和沉积层在模型中并没有真正耦合起来。

1）沉积通量

浮游植物、水体碎屑的沉降通量通过下式确定浮游植物沉降通量：

$$PPT_{dep} = \begin{cases} \omega_{PPT}(1-\dfrac{\tau}{\tau_d}) \Big/ h_0 & ,\tau < \tau_d \\ 0, & \tau \geqslant \tau_d \end{cases}$$

水体碎屑的沉降通量

$$DPT_{dep} = \begin{cases} \omega_{DPT}(1-\dfrac{\tau}{\tau_d}) \Big/ h_0 & ,\tau < \tau_d \\ 0, & \tau \geqslant \tau_d \end{cases}$$

2）底栖碎屑的再悬浮通量

$$NPT_{dep} = \begin{cases} resus(\dfrac{\tau}{\tau_d} - 1) \Big/ h_0 & ,\tau < \tau_d \\ 0, & \tau \geqslant \tau_d \end{cases}$$

resus 为底栖碎屑的再悬浮比例；τ、τ_d、τ_e 分别为底部切应力、底部沉积临界切应力和悬浮临界切应力。

（6）底栖碎屑 NPT

在实际海洋中，底部发生复杂生物化学以及矿化过程，在本模型中不考虑底部生物、化学变化过程，底栖碎屑的交换通过沉积和再悬浮过程来完成。

$$s\_NPT = PPT_{dvp} + DPT_{dvp} - NPT_{erv}$$

整理上述的生态动力学控制方程组列在一起。

① $\dfrac{\partial PPT}{dt} + adv(PPT) = diff(PPT) + s\_PPT$

$s\_PPT = GR \cdot PPT - \varepsilon_P \cdot PPT - F(P,Z) + \dfrac{\partial(w_{ppt} \cdot PPT)}{\partial Z}$

$GR = \mu \cdot f(T) \cdot f(I); F(P,Z) = R_m(1 - e^{-\lambda P}) \cdot ZPT$

$\mu = \mu_{max} \min(\dfrac{DIN}{K_{DIN} + DIN}, \dfrac{N_{PO_4}}{K_{NPO_4} + N_{PO_4}}, \dfrac{N_{MO_3}}{K_{N_{MO_3}} + N_{MO_3}})$

$f(I) = \dfrac{I}{I_{OPT}} e^{(I - \frac{I}{I_{OPT}})}$

② $\dfrac{\partial ZPT}{dt} + adv(ZPT) = diff(ZPT) + s\_ZPT$

$s\_ZPT = yF(P,Z) - \varepsilon_Z ZPT$

③ $\dfrac{\partial ZPT}{dt} + adv(ZPT) = diff(ZPT) + s\_ZPT$

$s\_DPT = \varepsilon_P PPT + \varepsilon_Z ZPT + (1 - y)F(P,Z) - d_Z DPT + \dfrac{\partial(\omega_{DPT} DPT)}{\partial z}$

④ $\dfrac{\partial DIN}{dt} + adv(DIN) = diff(DIN)\_s\_N$

$\dfrac{\partial N_{PO_4}}{dt} + adv(N_{PO_4}) = diff(N_{PO_4}) = \_s\_P$

$\dfrac{\partial N_{SiO_3}}{dt} + adv(N_{SiO_3}) = diff(N_{SiO_3}) = \_s\_Si$

$s\_N = -C_{NC} \cdot R_{NC} \cdot GR \cdot PPT + C_{NC} \cdot R_{NC} \cdot d_N \cdot DPT + river\_N$

$s\_P = -C_{PC} \cdot R_{PC} \cdot GR \cdot PPT + C_{PC} \cdot R_{PC} \cdot d_N \cdot DPT + river\_P$

$s\_Si = -C_{SiC} \cdot R_{SiC} \cdot GR \cdot PPT + C_{SiC} \cdot R_{SiC} \cdot d_N \cdot DPT + river\_S$

⑤ $\dfrac{\partial(\text{NPT})}{\mathrm{d}t} = s\_\text{NPT}$

$s\_\text{NPT} = \text{PPT}_\text{dep} + \text{DPT}_\text{dep} - \text{NPT}_\text{evo}$

4．参数的取值和灵敏度分析

（1）参数的取值

模型共涉及 20 个参数，其含义及其取值见表 3-1。

表 3-1　生态动力学模型参数的含义及其取值

符号	说明	取值	单位	出处
μ_max	浮游植物最大生长率	1.50	d^{-1}	陈长胜，1999
a	生长速率的温度系数	0.032	$^\circ C^{-1}$	胶州湾实验室
W_PPT	浮游植物的沉降速率	0.173	m/d	吴增茂，1999
w_DPT	水体碎屑的沉降速度	1	m/d	海湾志，1993
I_OPT	最优阳光强度	90	$w \cdot m^2$	胶州湾实验室
R_m	浮游动物最大摄食量	0.6	d^{-1}	胶州湾实验室
λ	Lvlev	0.2	$\mu mol/L$	陈长胜，1999
K_DIN	氮半饱和常数	19.6×10^{-3}	mg/dm	刘东艳，2001
K_{N_PO4}	磷半饱和常数	3.99×10^{-3}	mg/dm	刘东艳，2001
K_{N_SO3}	硅半饱和常数	32.48×10^{-3}	mg/dm	张新玲，2002
ε_P	浮游植物死亡率	0.12	d^{-1}	刘哲，2004
ε_z	浮游动物死亡率	0.2	d^{-1}	陈长胜，1999
γ	浮游动物有效摄食比例系数	40	%	陈长胜，1999
R_NC	浮游植物氮碳比	16/106	—	—
R_PC	浮游植物磷碳比	1/106	—	—
R_SiC	浮游植物硅碳比	22/106	—	—
d_N	碎屑分解速率	0.2	d^{-1}	刘哲，2004
$resus$	底栖碎屑的再悬浮比例	1	%	管卫兵，2003
τ_d	底部沉积临界切应力	0.4	$N \cdot m^2$	管卫兵，2003
τ_0	冲刷临界切应力	0.025	$N \cdot m^2$	管卫兵，2003

（2）参数敏感度分析

参数敏感度分析是生态模型研究中不可缺少的步骤。一般来说，因为生物种群的多样性，生物模型中的参数不可能像物理模型一样可以通过动力学原理精确度量确定。由于生物过程本身的强非线性性质，其生态模型中生物变量的计算可能对模型中一些生物参数十分敏感，因此在比较模型计算值和实测值时，必须进行参数敏感性分析以确定模型结果的可信度。

令 F 为模型中某一生物变量，α 为与 F 有关的某个生物参数，那么 F 对 α 的敏感度可由下式估算。

$$s = \frac{\Delta F / F}{\Delta \alpha / \alpha}$$

ΔF 为当参数 α 变化 $\Delta \alpha$ 时 F 的相应变化。一般来说，当系数 α 变化 1%时，如果 s 小于 0.5 则认为生物变量的计算值对参数 α 不敏感，即模型的数值解可信，相反，当 s 的值大于 0.5，认为该生物量对参数敏感。

四、人工神经网络法

人工神经网络（Artificial Neural Network，ANN）是一门涉及学科面非常广泛的新兴高科技，具有大规模并行运算、分布式存储与处理、自组织、自适应与自学习的能力，并具有很强的记忆能力，特别适用于需要同时考虑许多因素和条件、非线性、不精确的、模糊的信息处理问题。它在水环境科学问题的应用研究中正显现出强大的生命力和重要的工具作用。由于水环境污染受到多种因素的影响，污染物质之间存在着复杂的、难以明确的相关关系，因而具有非确定性、非线性以及模糊性的特点，这使得传统的预测方法存在局限性。人工神经网络具有良好的非线性映射能力和自学习适应能力，特别适用于解决非线性、不精确的信息处理问题。

在人工神经网络模型中，理论较成熟、应用广泛的是前向神经网络。而在前向神经网络的应用中义首推 BP（Back-Propagation）网络和它的变化形式，它体现了人工神经网络最精华的部分。BP 网络是一种具有两层或两层以上的阶层型神经网络。各层的处理单元之间形成全互连连接，即下层的每一个单元与上层的每个单元都实现权连接，而同层内的处理单元间没有连接，其神经元的传递函数是 S 型函数。BP 网络的基本原理是利用最陡坡降法的概念，它的核心是误差逆传播算法，即将网络输出误差对连接权和阈值的一阶导数从输出层反向传播到输入层，然后由这些导数按梯度下降法逐层修改权和阈值。BP 网络属于监督式的学习网络，适合诊断、预测、评价等应用。

网络结构与算法：BP 网络结构如图 3-2 所示，包括输入层、隐含层、输出层。

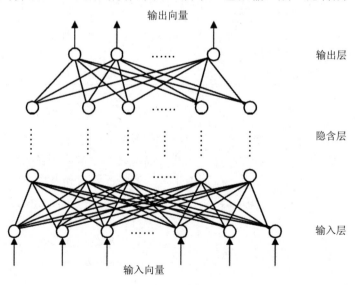

图 3-2　BP 网络结构

如图 3-2 所示，将输入模型送入到输入层，这一层节点的输入等于它的输出。则隐含层节点的净输入是：

$$\text{net}_j = \sum_I w_{ji} O_i$$

式中，W_{ji}——输入层 i 节点与隐含层 j 节点间的权向量；

O_i——输入层 i 节点的输出。

隐含层节点的输出为：

$$Q_j = f(\text{net}_j)$$

式中，f——活化函数。

在 BP 网络中，活化函数或能量函数通常使用 S 型函数，即：

$$Q_j = \frac{1}{1 + e^{-(\text{net}_j - \theta_j)/\theta_0}} = f(\text{net}_j)$$

式中的参数 θ_j 是阈值。正 θ_j 的作用是使活化函数沿横坐标向左移动。θ_0 的作用是修正曲线 S 的形状：低 θ_0 的值使 S 型趋于一个闭逻辑单元（Threshold Logic Unit，TLU），而一个高 θ 值对应于一个平缓变换的函数。

输出层节点的输入，计算过程同隐含层节点。

在网络的学习阶段，首先把模型（X_{pk}，T_{pk}）馈入网络，并且将已知的输出层节点目标输出定义为 T_{pk}。网络通过自定义的学习算法得到输出层节点的计算输出为 O_{pk}，对于每一个（输入、输出）模型对，其误差平方为：

$$E_P = \frac{1}{2} \sum_K (T_{\text{PK}} - Q_{\text{PK}})^2 \quad (P = 1, 2, \cdots)$$

网络以 $-\dfrac{\partial E}{\partial w}$ 为最陡坡降法的梯度方向进行权值修正量和阈值修正量的搜索计算，以 $\Delta w = -\eta \dfrac{\partial E}{\partial w}$ 为最小化误差函数的步幅（式中 η 为学习速率）来调整网络权值和阈值，使误差函数 E 最小化（或达到给定的最小值 ε），从而使网络收敛，实现输入输出的映射关系。

将偏微分 $\dfrac{\partial E}{\partial w}$ 写为下式：

$$\frac{\partial E}{\partial w_{kj}} = \left(\frac{\partial E}{\partial \text{net}_k}\right)\left(\frac{\partial \text{net}_k}{\partial w_{kj}}\right)$$

可得：$\dfrac{\partial \text{net}_k}{\partial w_{kj}} = \dfrac{\partial \sum_J w_{kj} O_j}{\partial w_{kj}} = O_j$

为了简化，令 $\delta_k = -\dfrac{\partial E}{\partial \mathrm{net}_k}$

则 Δw_{kj} 可写成下式形式：

$$\Delta w_{kj} = \eta \delta_k O_j$$

现在问题的关键即是计算 δ_k，δ_k 有两种情况：

情况一：当第 n 层为最终层，即网络的输出层时；

可以利用两个因子来表示这个偏微分，一是误差相对输出 O_k 的变化率，另一个是节点 k 的输出 O_k 相对于它的输入变化率，即：

$$\delta_k = -\frac{\partial E}{\partial \mathrm{net}_k} = -(\frac{\partial E}{\partial Q_K})(\frac{\partial Q_K}{\partial \mathrm{net}_k})$$

可得：$\dfrac{\partial E}{\partial Q_K} = -(T_K - O_K)$

可得：$\dfrac{\partial O_K}{\partial \mathrm{net}_k} = f_k(\mathrm{net}_k)$

因此，有 $\delta k = (T_K - Q_K)f_k(\mathrm{net}_k)$

即对每一个输出节点，都有：$\Delta w_{kj} = \eta(T_K - O_K)f_k(\mathrm{net}_k)O_j = \eta\delta_k O_j$

情况二：当第 n 层为隐含层之一时：

对隐含层节点，虽然在细节上有所不同，但仍可按上述推导过程，得：

$$\Delta w_{kj} = -\eta\frac{\partial E}{\partial w_{ji}} = -\eta(\frac{\partial E}{\partial \mathrm{net}_k})(\frac{\partial \mathrm{net}_k}{\partial w_{ji}})$$

$$= -\eta(\frac{\partial E}{\partial \mathrm{net}_k})O_i = -\eta(\frac{\partial E}{\partial O_j})(\frac{\partial O_j}{\partial \mathrm{net}_j})O_j$$

$$= -\eta[-(\frac{\partial E}{\partial O_j})]f_j(\mathrm{net}_j)O_i$$

在输出层的计算中，关系式中的 T_k、O_k 都为已知，而隐含层的目标输出 T_j 是未知的，故不能直接计算，而是以参数的形式表示，它可以改写为：

$$-\frac{\partial E}{\partial O_j} = \sum_K[(\frac{\partial E}{\partial \mathrm{net}_k})(\frac{\partial \mathrm{net}_k}{\partial O_j})]$$

可以写成：

$$-\frac{\partial E}{\partial O_j} = -\sum_K [(\frac{\partial E}{\partial \text{net}_k})(\frac{\partial \sum_j w_{kj} Q_j}{\partial O_j})]$$

$$= \sum_k [(-\frac{\partial E}{\partial \text{net}_k})w_{kj}]$$

$$= \sum_k \delta_k w_{kj}$$

可分别得到：

$$\frac{\partial Q_j}{\partial \text{net}_j} = f_j(\text{net}_j)$$

$$\delta_j = -\frac{\partial E}{\partial \text{net}_j} = -(\frac{\partial E}{\partial O_j})\left(\frac{\partial Q_j}{\partial \text{net}_j}\right)$$

$$\delta_j = f_j(\text{net}_j)\sum_k \delta_{pk} w_{kj}$$

代入得：

根据上一层的 δ_k 值能求得内部节点的 δ_k 值。故开始时，首先算出最高层的 δ_k 值，再将"误差"反向传播到较低各层，若把样本模型序号加上去，则成为：

$$\Delta_p w_{ji} = \eta \delta_{pj} O_{pi}$$

故有以下结论：

若 j 节点是输出节点，则有：

$$\delta_{pj} = (t_{pj} - O_{pj})f_j(\text{nrt}_{pj})$$

若 j 节点是隐含层节点，则有：

$$\delta_{pj} = f_j(t\text{net}_{pj})\sum_k \delta_{pk} w_{kj}$$

$$QJ = \frac{1}{1+\text{e}^{-(\sum_l w_{ll} O_l + \theta_l)}}$$

令 $\theta_0=1$，有：　　$$\frac{\partial Q_j}{\partial \text{net}_j} = (\frac{1}{1+\text{e}}) = O_j(1-O_j)$$

得输出层单元值为：　$$\delta_{pk} = (t_{pk} - O_{pk})O_{pk}(1-O_{pk})$$

同理，可得阈值的学习方法为：

$$\Delta\theta_j = -\eta \delta_j^{\ n}$$

网络的学习过程从给定一组随机的权值和阈值开始；然后选取任一样本作为输入，按前馈方式计算输出值。这时的误差一般很大，再利用反向传播过程，对此模型计算其权值和阈值的改变量，即 Δw_{ji} 和 $\Delta\theta_j$。这时得到一组新的权值和阈值。对所有的样本都依次计算一遍，作为一个循环。重复这个循环，直到误差小于指定精度为止。网络运算过程中可跟踪系统误差和个别模型的误差。如果网络学习成功，系统误差将随着迭代的次数增加而减小，最后收敛到一组稳定的权值和阈值。

第三节　海域环境容量预测模型

环境容量的概念最早出现于 1838 年，之后日本学者于 20 世纪 60 年代提出了环境容量（Environmental Capacity）的概念。1986 年联合国海洋污染专家小组（GESAMP）正式定义了这一概念：环境容量是环境的特性，在不造成环境不可承受的影响的前提下，环境所能容纳某物质的能力。这个概念包含三层含义：①污染物在海洋环境中存在，只要不超过一定的阈值，就不会对海洋环境造成影响。②在不影响生态系统特定功能的前提下，任何环境都有有限的容量容纳污染物。③环境容量可以定量化。

我国于 20 世纪 70 年代引进环境容量的概念，我国有关学者认为：环境容量是一个变量，它由两部分组成，第一部分是基本环境容量，由拟定的环境标准减去环境本底值求得；第二部分是变动环境容量，是指环境单元的自净能力。

海洋环境容量可定义为：为维持某一海域的特定生态环境功能所要求的海水质量标准，在一定时间内所允许的环境污染物最大入海量。它与海水的自净能力有关，是自净能力综合表现的定量描述。海洋环境容量的大小主要取决于以下两个因素：一是海域本身具备的条件，如海域环境空间的大小、位置、潮流、自净能力等自然条件以及生物的种群特征、污染物的理化特性等，客观条件的差异决定了不同地带的海域对污染物有不同的净化能力。二是人们对特定海域环境功能的规定，如确定某一区域的环境质量应该达到何种标准。环境目标、海域环境特性、污染物特性是影响海洋环境容量的 3 类主要因素。

目前，海洋环境容量计算方法主要有以下几种：

一、模型试算法

1. 计算方法

模型试算法计算水环境容量分 4 步：

①综合考虑海域计算范围、排污口位置、海水水域环境功能及海水保护目标等多方面因素，将所模拟区域划分为若干次区。

②在现有水质模拟的基础上，逐步加大其中一个集水区的污染量，保持其他集水区污染量不变，直至所模拟出的计算区域的水质达到规定的海水水质标准，此时的污染量即为该集水区的最大污染负荷。

③重复第二步的做法，估算出各个集水区的最大污染负荷。

④利用前两步的计算结果，计算所有集水区在同时排放最大污染量时的水质情况，并根据各次区的超标情况削减其污染量，直至整个海域水质达到水质标准。

2. 优缺点

当计算范围较小，海域功能区划单一的情况下，即对所模拟的海水水域不需要划分次区时，模型试算法可以简单方便且直观地预测出水环境容量。

该方法的不足之处有两个方面：①计算量较大。例如，栗苏文将大鹏湾集水区分为两个次区，按照上述方法估算大鹏湾水环境容量，每个步骤均采用模型试算法，共进行了 124 次模拟运算。②根据整个海域水质标准削减各个次区污染量过程中受主观影响较大。

二、均匀混合法

1. 计算方法

环境容量可定义为："环境本底值和环境标准值之间浓度范围内，环境所能允许容纳的污染物质量"。基于这种定义，环境容量的确定只依赖于本底值和标准值，可用下式表达：

$$EC = \iiint (C_s - C_0)\mathrm{d}v$$

式中，EC 为环境容量，V 为研究海域水体体积，C_0 和 C_s 分别是空间某点本底值和该点所要达到的水质标准。

2. 优缺点

该方法从定义出发，易于理解，计算简便，广泛应用于海湾河口的环境评价研究。

其局限性表现在：将计算水体看作一个浓度均匀的箱体，认为在计算区域的各个空间点本底值 C_0 均相同，且污染物质一进入水体，马上被均匀混合。这在范围不大、混合均匀的水库、湖泊或者海湾是一种比较好的近似。但对于面积较大，潮流作用较强的海洋水体，这种假设就不再成立。用此方法来计算一般会过高估计环境容量，且该方法不能体现不同污染源对浓度分布的影响。

三、分担率法

1. 计算方法

海水通过物理、化学和生物化学等作用对排入其中的污染物质进行净化，其中水动力输运的物理自净能力十分巨大。分担率法在污染源调查和水质监测基础上，采用数值模拟方法，通过建立潮流模型和入海污染物浓度模型，求得各个点源的响应系数场和分担率场，根据水质目标及现状浓度求得主要污染源和控制单元入海污染物的环境容量。

建立每个排放源与受纳水体之间的响应关系 $\alpha_i(x, y)$，则每个点源单独排放时所形成的浓度场可以看作是响应系数场的倍数，即：

$$C_i(x,y) = \alpha_i(x,y)Q_i$$

式中，Q_i——第 i 个污染源的源强；

$\alpha_i(x,y)$——响应系数，即为 $Q_i=1$ 时所形成的响应系数场，它表征了海域内水质对某个点源的响应关系，是环境容量研究的基础；

(x,y)——空间点坐标。

将水质方程视为线性，根据叠加原理，便得到多个污染源共同作用下所形成的平衡浓度场，即：$C(x,y) = \sum_{i=1}^{m} C_i(x,y)$。

分担率可定义为各污染源的影响在海域总体污染影响中所占的份额（百分率），它体现了某个污染源对海域总体污染所作贡献的大小，分担率可表示为：

$$\gamma_i(x,y) = C_i(x,y)/C(x,y)$$

设 $C_s(x,y)$ 为该海域的水质标准，假设同一污染源的分担率场不变，则满足水质标准条件下的第 i 个点源分担浓度值：$C_{si}(x,y) = \gamma_i(x,y) \cdot C_s(x,y)$

结合第 i 个点源的响应关系：$C_{si}(x,y) = \alpha_i(x,y) \cdot C_{Si}$

可求出满足水质目标条件下第 i 个点源的允许排放量 Q_{si}（环境容量），即：

$$Q_{si} = \frac{C_{si}(x,y)}{\alpha_{si}(x,y)} = \frac{\gamma_i(x,y) \cdot C_s(x,y)}{\alpha_{si}(x,y)}$$

所以第 i 个点源的削减量等于现状与允许排放量之间的差额，差额为正，则应减少排放量；差额为负，则环境容量尚有剩余。

2. 优缺点

这种方法思路容易理解、操作方便。当浓度场模拟不需太长时间就能达到平衡，且对所有排放源资料掌握比较全面时，就能够得到比较稳定的响应系数场和比较准确的分担率场。

此方法的不足之处在于：忽略了在一定的排污布局下，排污量可以在各污染源间合理分配，以实现各控制点不超标前提下排污量达到最大。

四、地统计学和 GIS 方法

一种利用地统计学理论和地理信息系统（Geographic Information System，GIS）软件，完全基于环境监测数据的计算近海水环境容量的新方法。

1. 计算方法

首先，对污染物监测数据进行地统计学分析，确定研究海域污染物的空间结构特征；其后在此基础上，利用普通克里格法对整个海域的污染物浓度进行空间差值；最后，借助 GIS 软件的地图代运算功能，依据质量守恒原理，建立近海水环境容量的计算方法，估算最不利情况下海域的水环境容量。

2. 优缺点

本方法是一种计算水环境容量的新方法，由于它基于地统计学和 GIS 而避开了复杂模型的计算，并且结果可视化程度高，在环境管理和保护中利于应用。

此方法的不足之处在于，它完全基于环境监测数据，其数据的多少和准确性将直接影响计算结果；另外由于它是一种新方法，并未被人们普遍接受，且计算结果有待进一步检验。

第四章　海域污染管理及控制研究

近岸海域污染是海岸带地区主要的生态环境问题，并已成为海岸带地区可持续发展的主要瓶颈。本章首先介绍了海岸带综合管理的概念及模型，其次提出了将近岸海域水环境与陆源社会经济作为一个系统进行海陆一体化调控来改善近岸海域水环境，最后分析了污染物总量控制的方法和技术。

第一节　海岸带综合管理

一、海岸带综合管理的概念

"海岸带"顾名思义是沿海地带和海域的一种带状区域。一般包括受陆地影响的海洋和受海洋影响的陆地。但是这种解释海岸带的说法显然就范围来说，界定得较为模糊。事实上，海岸带的界定有多种。早期的海岸带概念或海岸的概念指沿海的狭窄陆地，其代表是 Johnson D.W.于 1919 年提出的海岸概念，即指高潮线之外的陆地部分的海岸。

20 世纪 50—80 年代海岸带通常被界定为包括水下和水上两部分，如我国 1980—1985 年进行的全国海岸带海涂资源综合调查中使用的海岸带用的范围是向上陆地为沿岸 10 km，向海达到水深 20 m。

80 年代以后，地球系统科学逐渐引起学术界的重视，国际地圈-生物圈（GBP）将海岸带陆海相互作用单独列为其核心计划之一，该计划将海岸带定义为：海岸带就是这样一种区域，它从近岸平原一直延伸到大陆架边缘，反映出陆地-海洋相互作用的地带，尤其是第四纪末期以来曾出没与淹没的海岸地带。

基于上述相关分析，我们提出海岸带综合管理中的"海岸带"的界定为：它是海洋和陆地在自然过程中相互作用且受人类活动影响十分显著，包括了海域和陆域两部分，且需要视为一个整体才能较好地进行综合管理的区域。具体来说，可以把一个海湾及其腹地、河口及三角洲地区等视为海岸带综合管理中的海岸带地区。

传统意义上的海洋管理一般是指：国家海洋权益维护、海洋边界划定、海洋资源与环境的利用与保护、海洋国防安全等。相应地，海岸带管理一般包括：海岸侵蚀观测、湿地保护、近岸发展和公众利用海岸带等。但现在海洋的利用范围不断扩大，范围包括近海石油开采、海水养殖、滨海旅游、污水海洋处置、海洋矿产开采等许多方面。现代海岸带综合管理一般是指：一种连续和动态的过程，通过这种过程制订海岸带的资源开发、可持续利用和环境保护措施，使得海岸带环境、资源和人类活动协调发展。海岸带是一个特殊的地区，其主要特征包括：①它是一个水文循环、沉积循环最活跃的动态区域；②海岸带地区具有特殊的生态系统，它为多种海洋生物提供繁衍生境，生物生产力高，生物物种多；③海岸带是抵御风暴潮、海岸侵蚀等灾害的天然屏障；④海岸生态系统可以吸收、净化和减轻陆源污染的影响，包括吸收过量营养物、沉积物、人类废弃物等；⑤海岸带地区可以吸引大量人口居住；⑥海岸带地区适合于发展临海产业，包括修造船业、重化工业、海产食品工业等；⑦海岸带地区被称为第一海洋经济带，适合发展海港和航运业、海盐业、海滨娱乐和旅游业、海水养殖业等。为了海岸带资源环境能够合理、有序地开发、利用和保护，国家或地方政府应从海洋权益、海洋资源、海洋环境的整体利益出发，通过方针、政策、法规、区划、规划的制定和实施，以及组织协调、综合平衡有关产业部门和沿海地区在开发利用海洋中的关系，维护海洋权益，合理开发海洋资源，保护海洋环境，促进海洋经济持续、稳定协调发展。

　　海岸带综合管理的根本目标是达到海岸带和海区的可持续发展，具体目标包括：①形成一种与传统管理不同的综合管理方法，实现部门之间协商、协调的管理体制。②通过防止生境破坏、污染和过度开发，保护生态过程、生命支持系统和生物多样性。③促进资源的合理开发和持续利用。海岸带综合管理是一种促使海岸带地区（包括陆域和水域）资源环境与社会经济实现可持续发展的过程或途径，该过程或途径是动态和变化的。

　　这里的"综合"一般包括以下几方面：

　　①人类活动与自然过程的综合：海岸带地区之所以复杂，就是由于它是四大圈层交汇，并且各种过程相互作用，特别是频繁的人类活动改变着自然，同时自然反作用于人类。

　　②部门综合：生物保护、运输业发展等的横向综合，海岸带、海上部门、对海洋有环境影响的陆上不同部门的综合，包括了不同海岸带和海上部门（如油气生产、渔业、海滨旅游，海上部门，如农业、林业、采矿业等）的综合。不同部门的综合还涉及不同部门的政府机构之间的矛盾冲突的解决机制。

　　③不同级别政府间综合：国家、省和地方政府各有不同的作用，各自重视的角度不同，公众需求不同。这种不同通常给国家及其所属部门对政策的协调、发展和实施造成一定困难。

　　④管理上的条块综合：一个区域，环保部、国家海洋局、农业部、交通部、海军等部门都管，所在的省、市也管，可职能界定不清，又缺乏统一的组织协调。

　　⑤空间综合：海岸带陆地和水域的综合。陆上活动和海上活动，如水质、渔业生产等之间存在着很强的联系。同样，所有海洋活动以海岸带陆地为依托。海岸带地区的陆向和海向均有不同的所有权系统和政府管理机制，这通常使得目标和政策达到一致，且更加复杂。

　　⑥不同学科综合：即对海岸带和海洋管理有重要作用的不同学科（如自然科学、社会科学、工程学等）和整个管理实体的综合。科学可以为海岸带和海洋管理提供重要的信息，但目前科学家和决策者的交流少得可怜。在此，我们可把海岸带科学广泛理解为：与海岸带和海洋有关的自然科学，如海洋学、海岸带过程、渔业科学；社会科学，研究海岸带人类居住地、用户团体、海洋和海岸带活动的管理过程；海岸带和海洋工程学，主要研究海岸带和海洋的形态和结构。海岸带综合管理实用定义：根据人类活动（社会、经济等）的状况、海岸带自然条件（环境、气候等）连续不断的动态变化，以及海岸带资源开发和环

境保护等可持续发展的实际需求，应用自然科学（物理海洋、海洋化学等）、社会科学（经济学等）、工程学的原理和方法，提出并优化科学、合理的海岸带功能配置方案，为制定中、长期的海岸带资源开发及环境保护政策和措施提供科学依据和技术支撑，以合理开发海洋资源，保护海洋环境，促进海洋经济持续、稳定协调发展。

二、海岸带综合管理的概念模型

海岸带综合管理系统（ICM）总体上包括海岸带管理（CZM）、数据库及信息管理系统（Data & GIS）和多学科预测模型（Model）三部分，如图 4-1 所示。

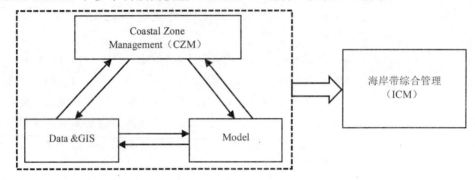

图 4-1 海岸带综合管理系统的概念模型

因此，海岸带综合管理研究的内涵要比传统的海岸带管理广泛得多，综合利用多学科的研究成果，系统开发现代信息管理技术是学科研究的重要内容。海岸带综合管理将更多地利用数据和信息，使得海岸带管理更加科学化、定量化。

第二节　海陆一体化调控

一、海陆一体化的概念

海陆一体化是 20 世纪 90 年代初编制全国海洋开发保护规划时提出的一个原则，这个原则同时也适用于海洋经济发展和沿海地区开发建设。随后，许多学者在不同的时间分别提出了综合开发海陆的观点：韩忠南提出海陆一体化开发是充分发挥海洋资源优势的有效途径；张耀光、栾维新分别提出了海陆经济一体化的战略设想；栾维新提出发展临海产业是实现海陆经济一体化的有效途径；徐质斌指出，打破界限，陆海联姻是解决海洋经济发展中资金短缺问题的一个有效途径；许启望分析了我国海洋资源的开发潜力以及海洋产业与陆域产业的基本对应性，提出了海陆一体化开发问题；任东明、张文忠等揭示了我国东海海洋产业发展过程中所面临的资源利用不合理、产业层次低等问题，提出东海海洋产业的发展方向是实现东海的海陆经济一体化；张海峰从解决经济发展中资源枯竭、生态环境破坏等矛盾的角度出发，提出树立科学的能源观，实施海陆统筹兴海强国战略。

海陆一体化由于提出的时间晚，针对这个问题的系统研究较少，现有的研究文献对其认识和理解也存在着许多差别。可以说，海陆一体化的基本概念问题还没有完全解决，在一定程度上制约了对这一问题的深入研究。关于海陆一体化的概念，目前比较有代表性的观点是：①栗维新等认为，海陆一体化是根据海洋经济与陆域经济间的生态、技术、产业联系机理，依靠临海工业的纽带作用，合理地配置海洋产业和沿岸的陆域产业；不仅避免各涉海部门在海域使用上的相互冲突，而且实现海域功能分区与沿岸陆域功能分区的协调；把海陆经济间的矛盾降到比较低的程度，提高海洋经济和陆域经济的综合效益。②任东明、张文忠认为，所谓海陆一体化，就是在开发海洋资源的同时，充分利用临海区位优势和海洋的开放性，发展临海产业，形成资金、技术、资源由陆域向海域、由海域向陆域的双向互动。一方面，陆域产业利用其资金技术优势在海岸带建立海洋开发基地，进行海洋资源开发和海洋资源加工，实现陆域产业向海洋延伸；另一方面，海洋资源优势通过临海产业的建立向陆上扩散，弥补陆地自然资源的不足。陆域资源与海域资源优势互补，共同促进沿海地区的发展。以上观点主要从合理开发海洋资源的角度对海陆一体化进行了界定，认为海陆一体化是整合海陆资源、合理布局海陆产业、加强海陆经济联系的一种有效模型。

韩立民、卢宁认为海陆一体化是指根据海、陆两大地理单元的内在联系，运用系统论和协同论的思想，通过统一规划、联动开发、产业链组接和综合管理，把人为割裂的海陆社会、经济以及文化系统重新整合为一个统一整体，从而实现海陆资源的科学配置。海陆一体化的核心在于海岸带综合管理，具体内容包括海陆资源开发一体化、海陆产业发展一体化、海陆区域布局一体化、海陆基础设施一体化以及海陆环境治理一体化等诸多层面。

从资源开发角度，海陆一体化是对海陆资源的系统集成，把海洋资源优势由海域向陆域转移和延伸；从产业发展角度，海陆一体化是海陆产业链的相互交叉、融合及扩展，具体体现在临海产业的发展上；从环境保护角度，海陆一体化是实现陆海污染联动治理；从更广阔的社会经济视角，其外延可以扩展到海陆区域的一体化整合，不仅包括海陆资源、空间和经济之间的整合，也包括海陆文化、社会和管理之间的协调与整合。

二、海陆一体化建设的空间范围

海陆一体化建设的主要空间范围是海岸带。海岸带是指海陆衔接的地带，包括海陆交界的海域和陆域，具体包括岛屿、珊瑚礁、海岸、海滩、海峡、河口等区域，集中体现了海域生态系统和陆域生态系统的联系。根据海岸带区域环境的特征可以划分为海岸潮间带（沙质海岸、淤泥滩、岩石海岸）、海湾、湿地和生物海岸（红树林、珊瑚礁）等类型。

由于不同地区的自然经济情况以及海洋开发模型各具特色，不同国家的规定也各不相同，因此，海岸带的地理边界没有一个统一的标准。海岸带范围常用的划分标准有自然地理标准、经济地理标准、行政区域标准、任一距离标准、地理单元标准等。从各国已划分的情况来看，可归结为两种：①狭义的海岸带，范围仅限于海岸线附近较窄的、狭长的沿岸陆地和近岸水域。如：斯里兰卡的海岸带，陆域宽度仅为 300 m，海域宽度仅 2 000 m；毛里求斯海岸带范围自高潮线向陆 1 km，向海到近岸珊瑚礁的末端（即大致相当等深线 50 m 之处）；以色列海岸带的范围为自平均低潮线向陆 1～2 km，向海 500 m 以内的海域；巴西海岸带的范围包括自平均高潮线向陆 2 km，向海为 12 km 以内的海域。②广义的海岸带，范围向海扩大到沿海国家海上管辖权的外界，即 200 海里①专属经济区的外界，向陆离海岸线超过 10 km，包括了部分风景优美的陆地、滩涂、沼泽、湿地、河口、海湾、岛屿及大片海域。

三、海陆一体化的基本理论

海陆一体化本质上属于区域发展问题，即沿海地区如何发挥临海优势实现地区经济的平稳增长。海洋在沿海地区经济发展中发挥着重要作用，沿海地区发展离不开海洋优势的充分发挥。随着科技进步和人类开发海洋能力的提高，这种作用将更加显现出来。因此，海陆一体化建设就是海陆互动的沿海区域发展过程。

1. 海陆一体化建设的空间结构

（1）海岸带空间结构发展的阶段及其特征

空间结构是指社会经济客体在空间中相互作用及所形成的空间集聚程度和集聚形态。从产业层面看，空间结构就是产业结构的区域化，即各产业部门在特定地域范围内按照一定的经济技术联系组合而成的空间组织形式。空间结构是区域发展状态的一个重要方面，其合理与否影响到区域发展状态是否健康、与外部的关系及内部各部分的组织是否有序、各种经济要素是否被置于有利的位置。海陆一体化建设中的空间结构问题主要体现在以下几个方面：海岸带开发的总体框架是空间均衡还是空间非均衡发展；在不同的发展阶段，空间集聚和空间分散哪一种战略能够发挥最佳的经济效益；在集聚或分散作为海岸带空间发展战略的主要政策目标下，企业和产业重点项目等经济客体应该以何种空间组织形态或模型来分布，能否最大限度地发挥道路、通讯等基础设施的区域经济组织作用。

作为沿海地区的区域经济发展战略，海陆一体化建设首先需要考虑是经济发展的路径选择问题，即是均衡增长还是非均衡增长。区域经济学中对这两种发展模式都有所论述，前者以大推动理论为代表，后者以增长极理论为主要代表。从经济增长与区域不平衡发展之间相互作用规律来看，在工业化的初期和中期，区域发展的不平衡是经济增长的必然产物。因此，对于我国这样一个处于工业化中期的国家来说，海陆一体化建设宜采取非均衡的空间战略。考虑到海岸带资源分布的非均质性和各沿海地区经济基础的差异，现阶段的海陆一体化建设也只能采取非均衡发展战略。在产业层面，非均衡发展就是要确定海洋主导产业，在海陆一体化建设过程中将有限的资源和资金向这些产业倾斜，使之成为区域经济的增长极。

集聚和分散是非均衡发展战略和均衡发展战略在空间上的具体体现，以集聚为主的产业布局方案意味着区域处于非均衡发展阶段，而分散布局的结果往往导致区域间差距的缩小，走向动态的均衡发展。在海岸带开发的不同阶段，空间集聚和空间分散交替起主导作用。

在海岸带开发初期，生产力发展水平低下，海洋经济仅限于沿海捕鱼和晒盐等传统产业，规模较小，陆域绝大多数人口从事农业劳动，城乡之间人员、物资、信息交流很少，

---

① 1 海里=1.852 km。

道路等区域性基础设施水平低，分布上形不成网。这一阶段海岸带区域经济空间组织的架构较为原始，经济活动较为分散，区域间没有形成大的经济发展不平衡。

进入工业化阶段，社会分工逐步细化，公路、铁路等基础设施建设加快，海岸带区域的经济增长逐步集中在港口和沿海城市，大区间的经济不平衡开始出现。这一阶段，集聚经济原则在社会经济区位决策中占统治地位，以港口城市和线状基础设施为核心的区域空间组织架构逐步发展，并形成不同的等级。

后工业化阶段，海洋产业结构趋于高度化，服务业比重大幅增加，沿海欠发达地区得到很好的发展，地区间不平衡问题逐步解决。这一时期，集聚经济在区位决策中的作用下降，分散化的作用效果越来越重要，其结果使得沿海各地区的空间和资源得到更充分的利用，空间结构的各组成部分融合为有机整体。

海岸带空间结构演变的几个阶段反映了社会经济空间集聚或空间分散趋势变化的一般规律。从人类社会经济发展的历程看，空间结构总是从较低级别向较高级别过渡，并由此推动社会经济的持续发展。但是，阶段之间如何演进，如何根据区域发展所处的阶段特点确定合理的空间组织模型，并由此指导海岸带地区的开发次序和开发方向，是制定海陆一体化发展战略时需要明确的。海岸带地区资源地域分布的不均衡性、空间组合的差异性、资源结构的异质性和区域经济社会发展的不平衡性，决定了在海陆一体化建设过程中，必须按照劳动地域分工和产业地域分工的要求，合理配置生产力，只有这样，才能最大限度地获得协作生产力和空间结构效益。具体来说，沿海地区的经济建设和海洋资源开发活动不能全面铺开，而要根据区域的人力、物力、财力，由点及线、由线及面渐次推进。

（2）海陆一体化的空间组织模型

根据区域经济学的理论，区域发展的空间组织模型包括点域发展模式、点轴发展模式、网络发展模式3种。点域和点轴发展是区域经济发展的初期和中期所采用的空间组织模型，以集聚为主要特征，而网络化是区域经济进入高级阶段所采用的一种模型，更多地强调产业布局的分散化和区域间均衡发展。鉴于我国现阶段海陆一体化建设中主要采取非均衡的区域发展战略，因此，空间组织模型应该以点域发展和点轴发展为主，通过塑造增长极和扩散通道，在具有优势的地区率先实现经济增长，并辐射带动周边地区。此外，由于建设空间局限于海岸带及邻近海域这一狭长地带，因此，即使海陆一体化建设进入高级阶段，沿海地区社会经济较为发达，其空间结构也不会如陆地区域那样向"网络状"发展，而是体现为点轴空间系统的功能逐步完善和海岸带地区次级增长点和发展轴的不断衍生。基于以上原因，主要探讨点域发展和点轴发展两种空间组织模型在海陆一体化建设中的具体应用。

1）点域发展模式

①基本要点：

点域发展模式起源于法国经济学家佩鲁（F.Perroux）提出的增长极理论，是一种非均衡的空间组织模型，其基本思路可以概括为：

点域发展模式中的增长点或增长极既包括产业增长极，也包括空间增长极。前者如区域内部的主导产业，后者如区域内部的战略重点区域。因此，区域发展中的增长极是一个同时包括主导产业和战略重点区域在内的复合型增长极。这种复合型增长极一般都是发展条件比较好、产业综合优势比较突出、区位条件较好、投资环境较为优越、发展潜力巨大，并有望在短期内迅速崛起的点状区域，如城市、资源富集区、工业区、经济特区等。

点域发展模式中的增长点既具有极化效应，又具有扩散效应。极化效应是指经济活动及其要素向增长极集聚的过程，表现为增长极的生长与隆起运动，其生长的驱动力来源于创新能力很强的主导产业，主导产业通过产业关联带动相关产业形成产业链，产业链拉动资金、劳动力、资源和人才、技术源源不断地流向增长极点，从而形成包括经济极化、产业极化、生产要素极化和空间极化的复合型强劲增长极。在强劲增长极里成长与发展的企业部门一般都可达到单位投资成本降低和单位纯收益增加的效果。扩散效应是指增长极的推动力通过一系列联动机制（如消费、产业联系等）不断向周围地区发散，以收入增加的形式对周围地区产生较大的乘数作用，主要表现为生产要素由增长极向周围地区的"倒流"或"外溢"过程。产生"倒流"或"外溢"的主要原因为：一是极化后的增长极的带动作用，随着增长极的发展，它将需要越来越多的原材料及配套部门发展，必须依靠对外投资、技术转让、企业裂变外迁等途径实现，一方面满足自身的进一步发展，另一方面带动周围地区的发展。二是产业结构高级化的需要，伴随增长极的进一步发展，增长中心的产业将呈现出由核心逐渐向外围地区推移的趋势，技术含量高的知识与技术密集型产业越来越集中于增长极的核心地带，传统的低技术含量的初加工产业逐渐被淘汰，形成"产业结构的倒流"现象。三是增长极过度极化的负面效应。由于过度极化，将会出现企业之间过度竞争和过度挤压，从而形成交通拥挤，住房紧张，环境污染等一系列"极化病"。这种"极化病"最终要靠政府干预与增长极自动"疏散"相结合的方法加以解决。

点域发展模式是区域发展空间组合模型的最初存在形式，而非最终存在形式。其存在的时段有两个阶段：一是区域经济发展的初期阶段；二是新一轮区域再发展的初期阶段。

随着经济发展阶段的变化，点域发展模式最终会被点轴发展模式置换。

②海陆一体化建设中增长点的类型：

海陆一体化建设的初期可以采用点域发展模式，这时期海岸带地区物质基础薄弱，交通不便，开发程度较低，缺乏具有带动力的中心城市。在建设资金十分有限的情况下，要促进海岸带区域经济开发，关键是塑造一两个规模较大、增长迅速且具有较大地区乘数作用的区域增长极，实行重点开发。

点域发展模式中增长点（极）的类型主要有城市、经济特区、资源密集区、开发区等。为发挥海洋在整个区域经济和资源平衡中的作用，海陆一体化建设中的增长点，除具有带动区域经济发展和整合相关产业的功能外，还必须是海陆经济联系的结合点。这样，增长点才能够在空间范围上向海、陆两个扇面扩张，促进资源、技术和人才等要素在海陆间的流动，使海陆经济获得双重效益。根据增长极生成的一般规律，考虑到海洋经济与陆域经济在海岸带上的重迭以及海岸带开发与邻近陆域经济活动的相互联系，海陆一体化在区域意义上主要的结合点是港口、沿海城市和海洋重点产业基地。在采取点域发展模式时，必须将这些海陆经济结合点作为海岸带地区的增长点来发展，将资金、人才、政策等要素向这些地区倾斜。

港口

港口是海陆经济的重要结合点，依托港口和港口产业链，可以衍生出许多港口服务行业和临港工业园区，成为区域经济的一个增长极。各国的海洋开发经验表明，"大型港口—临港工业密集带—沿海城市化"是海陆一体化的一个有效实现途径。

港口成为海陆经济的结合点，依靠的是庞大的货物吞吐能力，以及由此带来的物流、人流、资金流的集中。如果港口功能过于单一，则难以有效发挥港口的集聚和扩散作用，实现海洋经济与陆地经济的接轨。

在港口区域发展过程中，海洋运输无疑要作为主导产业来发展，但是，港口要发挥最大的经济效益，成为区域经济增长极，还需要辅助产业或推动产业的配合。港口运输的发展需要所在城市的各种服务行业为其提供支持，也需要利用城市的各种基础设施。随着港口规模的扩大，港口和城市的联系日益密切，"港城产业一体化"是现代港口区域经济发展的趋势，也是港口增长极形成的有效途径。所谓"港城产业一体化"是指把港口作为沿海地区和城市产业结构发展的核心加以利用，促进沿海地区和城市的工业、商业、贸易、金融业向港口靠拢，实现港口及港口区域的多功能化，将港口区域发展成为各种产业俱全的综合经济区域，达到港城协调的一体化发展。"港城产业一体化"是港城互动和海陆经济互动最初、最为直接的表现，是以港口为连接点，以港口城市为载体发挥海洋经济和陆地经济组合优势的关键。港城产业一体化发展，可以选择港口、造船、港口电站、盐化、石化、海运业、集疏运业、仓储业、物流业等临海产业和港口关联产业为目标，带动与临海产业、港口关联产业经济活动有关的金融、保险、房地产、旅游、商贸服务业等港口派生产业发展。这些产业的发展可以使港口功能和城市功能相互促进，对城市经济的发展起到联动作用。

海洋重点产业基地

海洋产业基地实现了海洋产业的空间集聚，使企业获得由专业分工所带来的利益，增强产业的竞争力。通过交通、物流、能源等基础设施的配套和技术创新，海洋产业基地可以提高陆海资源综合利用效率和经济效益，并通过产业链的延伸，辐射和带动相关陆域产业。

由于海洋产业对于海洋资源的依赖性，海洋产业基地的建设必须结合当地的海洋资源条件。例如东海及周边海域石油、天然气资源储量较大，浙江省相继建设了大型的油气综合开发产业化基地，大力推进石油化工等油气下游产品的综合开发，带动了配套项目和相关产业的发展。依靠丰富的地下卤水资源，山东潍坊建立了以海洋化工业为主的滨海开发区，现已汇集海洋化工企业上百家，海盐及纯碱产量约占全国的 1/3，带动了周围滨海项目区、旅游区和港口工业区的建设，沿海岸线分布的海洋经济带正迅速形成。

沿海城市

根据区域发展的一般规律，城市是区域内部增长极的首选。沿海城市是海岸带地区生产要素和各种经济活动最集中的地区，也是发展基础相对雄厚，最具备集聚与扩散能力的地区。从世界范围看，经济较发达的海岸带地区都是以一个或几个大城市为核心发展起来的，如美国的费城地区、五大湖地区，日本的京（京都）—阪（大阪）—神（神户）地区等。在对外开放和东部优先发展的政策下，沿海城市对区域经济的带动作用在我国体现得更为明显，成为我国沿海地区最主要的经济增长点。例如，我国长江三角洲地区以上海、宁波、杭州三大城市为增长点，珠江三角洲地区以广州、深圳两大城市为增长点。

为加强海陆间的经济联系，在沿海城市应该重点发展临海产业。一方面通过临海产业这个载体，把海洋资源的利用及海洋优势的发挥由海域向陆域转移和扩展；另一方面，促使陆域资源的开发利用及内陆的经济力量向沿海地区集中。这两种功能的结果是把海洋资源的开发与陆域资源的开发、海洋产业的发展与其他产业的发展有机地联系起来，促进陆海产业联动发展。

沿海城市增长点具有层次性，根据城市所处地域和辐射范围的大小，可以分为一级增长点、二级增长点、三级增长点甚至更多级的增长点。在经济发展实践中，增长点的级别一般与城市的级别划分一致。

2）点轴发展模式

①基本要点：

点轴发展模式是在点域发展模式的基础上发展起来的空间组织模型，是经济发展空间组合模型的高级形式。该模型的基本要点是：

点轴发展模式是由点和轴两大部分有机组合而成。在国家和区域发展过程中，大部分社会经济要素在"点"上集聚，并由线状基础设施联系在一起而形成"轴"。"点"包括城市、城镇、经济开发区等，"轴"通常有海岸轴、大河轴、铁路轴、公路轴、边界轴等类型，"轴"对附近区域有很强的经济吸引力和凝聚力。轴线上集中的社会经济设施通过产品、信息、技术、人员、金融等，对附近区域有扩散作用。扩散的物质要素和非物质要素作用于附近区域，与区域生产力要素相结合，形成新的生产力，推动社会经济的发展。

点轴发展模式中的轴线走向与交通干线、能源通道等基础设施束或海岸线等自然轴的实际走向相吻合，具有不规则的特点。这样既可以保证实现区域生产力与线状基础设施之间最佳的空间组合，避免其在运动过程中出现布局的时空错位，又可以保证点轴系统充分发挥极化与扩散功能，更早地成为拉动区域经济增长的战略重点区域。如我国长江经济带发展轴线完全与长江干流走向一致，新亚欧大陆桥发展轴线完全与连云港到阿拉山口的铁路线走向一致。

点轴发展模式具有等级层次性。点轴系统的层次性主要由中心城市的等级层次和轴线的等级层次共同决定，不同等级层次的点轴系统有着效率不同的极化功能和扩散功能，因而对区域发展起着程度不同的带动作用。随着经济实力的不断增强，区域经济开发的注意力应该越来越多地放在较低级别的发展轴和发展中心上。

②海陆一体化建设中发展轴的类型：

利用点轴模型布局海陆一体化建设的空间结构，点域部分与点域发展模式中的点的种质相同，即可以确定为港口、海洋产业基地和沿海城市，关键是发展轴的选取。点轴发展模式中的发展轴通常有海岸型、大河沿岸型、沿陆上交通干线型和混合型等，结合海岸带区域的地理特点和空间范围，海陆一体化建设中采取点轴空间模型时，发展轴宜采取两种类型：一是海岸发展轴，二是沿海地区的陆上交通线。

海岸发展轴

海岸发展轴指自潮间带深入陆上 30～50 km 的带状范围，处于海岸带的陆域范围内，是许多国家的经济重心所在。产业革命后，随着工业生产规模的急速扩大，大宗工业产品和原材料的运输需求越来越旺盛，海洋运输因其运量大、运价低廉，成为各国主要的运输方式，各种商业活动逐渐向海岸地带集中。这一时期海岸发展轴的主要工业部门是造船、修船、水产加工和殖民地的原料加工。近几十年来，海洋运输的迅速发展和运输技术的不断进步，大大提高了运量，使商品运输出现了新的势头，最明显的是石油、天然气等现代工业原料大规模采用海洋运输，因此，钢铁、石油化工和各种耗能工业普遍向海岸地区"转移"。此外，滨海旅游业也是近年来海岸地区发展较快的产业部门。

海岸发展轴形成与发展的主要原因是现代海洋运输缩短了"经济距离"，提高了沿海区域的空间可达性，由此形成了各类经济活动的趋海移动。因此，海岸发展轴开发的重点是连接海陆运输方式的枢纽——港口，港口和港口城市与海岸发展轴组成的点轴系统是整个沿海地带产业发展的主体。

从国内外沿海地区的经济发展分析，海岸地带产业结构一方面反映从国外引进技术的结构，同时反映出腹地的资源结构和产业结构特点，但产业的关联性不强。发展轴线的产业互补性不明显是海岸发展轴区别于其他类型轴的一个标志。这一点在我国表现得特别突出：我国渤海沿岸主要产业为重化工，苏、沪、浙沿海重化工及轻纺工业发达，南方沿海主要产业为轻工、电子等，沿海经济协作基本限于能源经由黄渤海港口输往中部和南部沿海。而在渤海地区内部，产业关联性也不强。渤海港口之间的货物交流量长期以来只占这些港口总吞吐量的1%～2%。

沿海地区陆上交通线

主要是指沿海地区的铁路和公路。线状交通设施的修建可以极大地改善海岸带交通运输状况，增强其开放程度，使其成为各种商品的集散地和社会经济活动相对集中的地带。在海陆一体化建设中，交通线是增长点经济优势最重要的"扩散通道"，也是海陆之间物质能量传递的主要渠道，通过交通轴可以实现海洋的资源优势向陆域传递，使陆域的经济技术优势向海延伸。例如，我国东海沿岸港口城市发达，交通便捷，城市带初具规模，海陆经济一体化建设宜采取点轴扩散模型，其中一级轴线为沪宁、沪杭甬铁路沿线及北起浙江的三门，经椒江、温州、福州、厦门直到漳州的铁路线；二级轴线主要是浙赣线和鹰厦线等区域间短程铁路线。

与海岸发展轴的渐进式形成过程不同，交通线路的建设是在地区发展到一定阶段后才实现的。交通线路一旦开辟，附近的资源和经济潜力很快获得开发和发挥，沿轴的产业可以在较短时间内达到相当规模，成为产业密集带，发挥巨大的集聚效果。因此，在海陆一体化建设的初期，加强海岸带地区铁路、公路等基础设施建设对于推进地区经济发展具有重要的战略意义。

（3）海陆一体化建设中实施点轴发展模式的几点说明

①点轴发展模式符合我国现阶段海岸带开发特点，是海陆一体化建设中应该采取的主要空间组织模型。从区域发展的阶段规律来看，在区域发展初期多采用点域发展模式，所追求的是区域发展的效率目标，通过高效发展的极点带动周围低效率地区发展；区域发展进入中期阶段后，转而采用点轴发展模式，通过区域内部不同地域单元之间的协调发展，带动整个区域得以持续稳定发展。目前，我国海岸带地区大都进入工业化中期阶段，部分经济发达地区已经进入工业化后期，形成了一批规模较大的沿海城市和设施齐全的现代化港口，增长点的集聚效应已经得到充分发挥。同时，近年来沿海地区的铁路、高速公路和

能源输送通道等基础设施建设投资力度逐渐加大,初步形成了以线状基础设施束为主的发展轴线。因此,现阶段我国的海陆一体化建设应该以点轴模型为主,在部分交通设施较为落后的沿海地区,可以考虑采用点域发展模式。

从区域经济发展实践来看,点轴模型在我国沿海地区发展中已经广为采用,创造了巨大的经济效益。根据 1990 年制定的《全国国土总体规划纲要》,全国范围内的生产力布局以鸭绿江口至北仑河口的 1.8 万多 km 的海岸线为一级轴线,并通过沿海向内陆的各类交通线把海洋的影响传递到内陆地区。近年来,许多沿海省市的海陆一体化发展战略中也采取了点轴发展的空间布局模型,如辽宁省实施的"五点一线"战略,依靠一条滨海大道作为发展轴,顺次将大连长兴岛临港工业区、营口沿海产业基地、锦州湾沿海经济区、丹东产业园区、庄河花园口工业园区这"五点"串连起来,通过以点带面、以面成带的逐步推进,促进了沿海地带产业集聚和经济发展,实现了辽宁沿海 6 座城市的区域一体化发展。

②点轴结构对区域经济的影响关键在于其扩散效应,点轴渐进式扩散可以实现从区域的不平衡到较为平衡发展。在点轴结构开始形成时,点和轴的数量较少,区域经济发展主要体现在增长点的高速增长。随着开发进程的延伸(轴线和"点"的延伸),整个海岸带地区都逐渐布满不同等级的发展轴和"点"。点和轴线的等级差异变小,相对均衡的状态开始形成,亦即由"点"到"线"到"面"的空间开发和发展状态形成。

发展轴是点轴结构集聚和扩散的通道,海陆一体化建设中要加强道路等交通设施建设,促进各级发展轴线的形成。一般来说,铁路、公路等交通线发展轴的产业结构偏重,产业联系较密切,能够有效弥补海岸发展轴产业间互补性弱、地区发展各自为政的缺陷,在沿海地区,沿海岸线走向的交通线往往和海岸线组成"海岸—铁路""海岸—公路"复合型发展轴,发挥巨大的带动作用。如我国正在建设的环渤海一级路和筹建中的环渤海铁路,建成后将在一定程度上改善环渤海地区经济联系少、产业结构趋同的局面,形成复合型的发展轴线。从海岸向内陆延伸的交通线路则拓展了沿海的经济腹地,将沿海地区的经济势能传导至内陆,实现区域间均衡发展。

③点轴发展模式的高级形态是集聚区。点轴扩散往往形成人口、经济和基础设施的复合集聚,当经济实力达到一定程度后,就形成集聚区。集聚区在沿海地带通常是几个地理位置相近的沿海城市及其卫星城镇组成的经济发达区域,基础设施完善,人口城市化水平高,例如,德国的鲁尔区。集聚区是经济空间集聚的高级形态,形成后将在很大范围内对周边地区产生巨大的辐射和带动作用。从国家范围观察,我国沿海已形成长江三角洲和珠江三角洲两大集聚区,环渤海地区由于产业结构趋同、中心城市作用不突出,尚未形成真正意义上的集聚区。

作为环渤海地区的一部分,山东省海岸带地区也存在中心城市带动作用不强、区域间经济联系较少的问题,区域性集聚区形成较为缓慢。因此,在海陆一体化建设中,要注重沿海城市产业结构的调整,提高城市间产业互补性和协作性,促进以青烟威为核心的集聚区的形成。同时,通过各种交通线路建设,将集聚区的能量向内陆辐射,避免过度集聚引起的各种负面效果。

2. 近岸海域污染的海陆一体化调控

（1）近岸海域污染调控的范围

探讨近岸海域的污染防治，首先要界定近岸海域污染防治的空间范围。鉴于污染涉及污染源、汇、场等不同的流场范围，因此，其系统边界并不仅仅限于近岸海域，而应该包括与其发生联系的陆域。近岸海域污染的具体范围具有模糊性、渐进性特点，难以准确界定，从污染的空间转移过程考察，可以简单地将其认定为污染的发生范围和海洋污染的影响范围两部分。

污染发生的根本原因在于陆域经济活动和海洋经济活动，因此，污染发生范围从空间上来说包括近岸海域和近海陆域。其中，在界定近海陆域空间范围时需要注意，有一些污染物不是近岸海域和近海陆域产生，而是被输移过来的，如大江、大河带来的污染物，虽然它在流经近海陆域时也接纳了大量的废弃物。这说明，近岸是一个高度模糊的范畴，我们将其定义为主要污染物的产生输移地域，而不是客源污染物的发生区域和进入近岸范围前的输移地域。

海洋污染的影响范围可以考虑从以下两方面进行界定：①物理边界，指污染物的输入和输出迁移运转机制的影响和自然物理系统障碍形成的时空限制；②生态边界，指污染物在海洋生态系统中的影响范围。这些边界各有自己的空间范围，并且在一定区域内具有空间迭合性，因此，准确界定海域污染的影响范围也是比较困难的。

如上所述，近岸海域污染的调控范围是一个高度迭合的、高弹性的、模糊的空间范畴，根据污染的发生和影响范围，可以将其界定为由海岸线向海向陆延伸的带状区域，包括近岸海域和近海陆域两部分。考虑到调控的空间可操作性和行政指导性，鉴于具有海岸线的县级市不能涵盖污染物的产生地域，可以将滨海地级市作为陆域研究范围，这样更有利于突出污染调控的整体性。由于海域的实际空间可划分性比较差，本书将近岸海域简单界定为滨海地级市各自的毗邻海域，即各地市海岸线向海域延伸至200海里专属经济区的外界。

（2）近岸海域污染海陆一体化调控的机理

1）海洋污染的经济机理——单向输入的陆域外部不经济

海洋污染是社会经济系统与海岸带环境系统相互作用的产物。具体过程见图4-2。

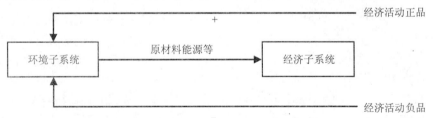

图 4-2　环境子系统与经济子系统相互关系

在"海岸带经济-环境系统"中，海岸带环境子系统是经济活动的生存支持系统，它的作用体现在：①向经济子系统提供原材料、能源，如海洋生物、海洋矿物等分别是海洋渔业、海洋采矿业的劳动对象。②是经济活动的空间载体，如海洋为海洋交通运输、海洋渔业提供了经济活动的地域空间。③海洋环境本身是影响产品质量的重要因素,如沿海空气清洁与否直接影响着旅游资源的质量,制约着滨海旅游业的发展。

从生产过程的物料平衡分析,海岸带资源,包括环境资源作为生产资料投入,由经济子系统在生产过程中将原材料转化成产品——经济活动正品,原材料和能源经过生产过程和消费过程后的最终废弃物——经济活动负品再以各种形式返回环境系统(图4-2)。

海洋污染源于社会经济系统的外部不经济性。外部效应是经济学中的一个基本概念,指一个经济主体对另一个经济主体的非市场性影响,可以分为外部正效应(外部经济性)和外部负效应(外部不经济性)。具体来讲,就是企业或个人的行为影响了其他企业或个人的福利,但是没有承担相应的成本,因此,缺乏一个激励机制使产生影响的个人或企业在决策中考虑这种影响。近岸海域污染是一个典型的外部效应的例子,是海岸带区域社会经济活动的外部不经济性在海洋环境中的体现。海岸带经济系统在运行过程中,如海洋运输业,除了产生经济正品——人员和物资的空间位移,以满足人们的生活、生产需要外,不可避免地要产生溢油等废弃物,这些废弃物返回环境系统,破坏了海洋生态系统,造成极大的损失。但是排污企业并没有将损失计入其私人生产成本中对海洋环境的损伤进行赔偿,而是将外部效应推向社会。

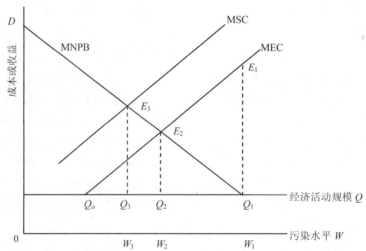

图 4-3　海岸带区域经济活动外部不经济性及外部效应内部化示意

如图 4-3 所示,MEC 为私人生产成本曲线,MNPB 为边际收益曲线,海洋运输企业在不考虑生产成本的情况下,有将运输规模扩大到 Q_1 的倾向,因为在该生产规模,边际效益 MNPB 为零,总收益 DQ_1Q_a0 最大。这时污染物排放水平为 W_1,外部不经济性为 $Q_aE_1Q_1$。在考虑生产成本的情况下,企业本着利润最大化的原则,将把生产规模确定为边际收益曲线和边际成本曲线的交点,即图中 Q_2。在该生产规模污染排放量为 W_2,企业净收益达到最大,即图中 DE_2Q_20 区域的面积。此时,企业的外部不经济造成的海洋污染为 $Q_aE_2Q_2$。

海洋污染主要是单向输入的陆域经济活动的外部不经济性。根据经济主体的相互影响程度,外部效应可以分为两种类型:一种是单向外部效应,即一个经济主体对另一个主体有非市场的外部效应;另一种是双向外部效应,即两个经济主体之间有相互的外部效应。

与双向输入相比，单向输入的外部效应由于缺乏经济主体相互间的利益制衡，更加难以通过协商解决。有研究表明，海洋污染中有80%以上的污染物来自陆域，因此，海洋污染主要是单向输入的陆域经济活动外部不经济性。

　　为了方便分析，假设陆域污染物供给者为同型企业，企业行为相同、生产函数相同、成本曲线和收益曲线相同，且均以最大利润为追求目标。这样，陆域污染物的供给就是各个生产企业供给曲线的横向叠加，对总供给的分析就相当于单个企业行为分析。假设 A 为陆域生产企业，B 为海域污染的接受企业，以 A、B 为例分析陆域经济活动对海洋环境的单向外部性。由于外部性的存在，为追求经济效益最大化，A 在生产过程中仅仅根据私人边际成本 MEC 等于边际收益 MNPB 确定其生产规模，而没有考虑其生产的外部成本 $Q_aE_2Q_2$。该外部成本经过空间转移（由陆域到海域），影响了 B 的福利，造成 B 的福利下降。但是 B 企业的活动没有对 A 的福利产生影响，因此，该污染的输入是单向输入。在外部效应社会化而没有内部化的情况下，A 没有动力为了增加 B 的福利而限制自己的生产活动。如图4-4所示，MSD_b 是 B 的边际社会损失，MP_a 为 A 的边际生产函数或边际治理成本函数，从污染的最优水平来看，A 的排污量应该控制在 C 处为佳。但如前所述，在不考虑生产的环境成本的情况下，理性的生产者 A 具有将污染排放到 E 的自然趋势。为此，必须找到一个方案来限制 A 的排放量，使 A、B 整合效应达到最优。在这里我们假设 B 为一个存在的企业，企业的福利受损时自然会主动采取措施维护自己的权益，例如通过与排污企业谈判等手段设法减少污染物的流入，但在实际经济活动中，B 是整个海洋环境，并不作为一个单独的企业存在。海洋环境作为公共物品，具有消费的不可分性和产权的不明晰性等特点，经常被免费使用，任何一个企业都不具有节约使用环境资源的动力。由此，海洋就成为一个被动的污染物接受者，无法依靠市场机制自动消除陆域外部不经济性的单向输入。

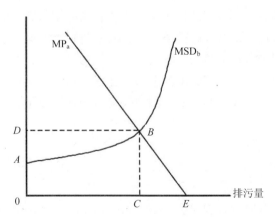

图4-4　陆域经济活动外部不经济性的单向输入

2）海陆一体化调控的机理

　　海陆一体化调控是外部不经济内部化的有效途径。要避免陆域经济活动外部不经济的单项输入，有效方法之一就是实现陆域企业 A 的外部成本内部化，海陆一体化调控可以有效地促进这个过程。可以设想，如果将 A 和 B 进行合并，那么在一个整体企业内部，将外部不经济作为内部效果来处理，进行包内交易，就会实现外部成本内部化（图 4-3）。在实施海陆一体化之前，对于 A 来讲，其经济活动的成本仅为生产成本 MEC，而没有考虑其活动对 B 的外部不经济性，即外部成本。A 按照私人边际成本（MEC）等于边际收益（MNPB）确定其最佳的生产规模为 Q_2。由于我们假定技术水平一定，则污染物的排放规模与生产规模成正比，这样，海岸带地区的污染程度取决于 A 的边际收益与边际成本的对比关系，污染水平处于 W_2 点，外部不经济性为 $Q_aE_2Q_2$。考虑海陆一体化调控的情况，并以 A 企业为分析对象。这样，A 生产过程中，必须考虑外部成本内部化问题。此时，A 的实际边际成本曲线上升为 MSC，等于私人边际成本与外部成本之和，我们称之为社会边际成本。A 企业最佳生产规模的确定，取决于社会边际成本与边际收益的对比关系。当社会边际成本等于边际收益时，生产规模为 Q_3，污染排放水平为 W_3，外部效应降为 $Q_aE_3Q_3$。比较 W_2 和 W_3 的大小，可以发现经过海陆一体化的调控之后，企业的最佳生产规模处于一个比较低的水平，从而达到了减少污染物排放的目的。

海洋污染的发生、转移可用地理空间链式发生机制来表示。近岸海域是一个动态空间，既具有海岸带环境资源的多样性和海陆相互作用的自然地理特征，更具有鲜明的社会经济特征。这一复合特征构成了海域污染空间发生系统——一个由污染源、输移流、污染场和污染效应组成的链式污染发生系统——的基础。这一系统包括 3 个组成部分，即污染物产生子系统、污染物接纳环境子系统和污染物输移子系统。3 个部分落实到具体地域上就构成了近岸海域污染空间系统。污染物的产生子系统为污染物产生区域范围内的经济系统（陆域、海域社会经济系统），落实在地域上即海岸带区域，包括近海陆域和近岸海域。污染物的输移子系统由排污河流及排污管道或其他排污方式组成，包括陆域输移和海域输移两部分，以陆域输移为主。污染物的接纳环境子系统包括陆域污染物接纳和海域污染物接纳两部分，以海域接纳为主。污染物输移至海，作用于近海海域，引起其原有的物理过程、化学过程、生物过程的阻梗、变异，环境系统的结构和功能遭到物理损伤，形成不同类型、性质的复合作用场，这些场与整个社会经济系统相互作用，进而引发一系列经济、社会、环境问题，即为海域污染效应。

链式海洋污染发生系统反映了污染的地理空间联系效应，可以解释污染的生产者与接受者空间上相互割裂导致环境外部效应空间转移、污染具体责任模糊化等问题，说明了海域污染的本质特征——经济活动外部性的空间转移。因此，近岸海域污染的防治必须覆盖污染发生的范围，以往"就海论海、割裂海陆联系"的调控策略不能真正解决污染问题。在近岸海域污染 80% 的污染物来自陆源的情况下，近岸海域污染必须坚持海陆一体化调控，鉴于此，联合国《21 世纪议程》和《中国海洋 21 世纪议程》已经提出海洋污染的治理重点是防止海洋遭受陆地行为的损害。

（3）近岸海域污染海陆一体化调控模型的构建

1）海洋污染调控的回顾

①污染防治政策的转变。如何在经济发展过程中对污染物进行防治，很早就引起了学术界和政府的关注。美国政府的环境污染防治政策经历了三次重大变革，代表了世界污染防治的主流趋势。第一次变革是 1948—1963 年《水污染控制法》《清洁空气法》的颁布，标志着美国的污染控制工作全面展开，实现了由忽视污染防治向重视污染防治的转变；第

二次转变发生在 20 世纪 70 年代末期，当污染浓度控制难以实现环境目标时，美国开始实行污染物总量控制，完成了由浓度控制向总量控制的转变。上述两次重大转变，无一例外都是实行末端控制。末端控制是被动式的应对策略，是一种治标措施。随着环境标准的日益提高，环保投资不断增加，美国于 1990 年又颁布了《污染防治法》，以法律的形式肯定了源头控制预防，实现了由末段控制转向源头控制的第三次变革。

我国近几年来颁布的环保法律法规，也体现了世界污染防治的新趋势，即在污染防治基本战略上实行末端控制与生产全过程控制相结合；在污染物排放方式上实行浓度控制和总量控制相结合。例如，《中华人民共和国环境保护法》规定，"凡是向已有地方污染物排放标准的区域排放污染物的，应当执行地方污染物排放标准"。

②我国近岸海域污染调控的措施及特点。我国新修订的《中华人民共和国海洋环境保护法》明确规定，陆域排污实行浓度控制与总量控制相结合的办法，并在降低陆源污染物排放方面取得了一定的进展。《中国环境保护 21 世纪议程》强调，近岸海域是一个多功能的综合体，需要对近岸海域进行科学的环境功能区划，并在环境功能区内对入海污染物进行总量控制，按水质进行分类管理。国家海洋局和部分省市已经相继完成了全国海洋环境功能区划和各省市海域环境功能区划的编制，提出了"以海定陆"的污染物排放原则，初步解决了陆源污染物排放入海的空间优化分配问题，为实现污染物总量排海控制提供了科学依据。从内容上看，上述法律法规实行的均是对污染物排海的地理空间意义上的终端控制，没有从优化资源配置的途径来解决陆域活动外部不经济的空间转移问题。

2）近岸海域污染海陆一体化调控的模型

①近岸海域污染海陆一体化调控的内涵。海陆一体化调控是建立在近岸海域污染空间链式发生机制之上的一个调控海陆污染的地理空间联系系统，其作用是通过减少海岸带经济系统污染物的排放，尤其是陆域污染物排放，推进海域环境与海岸带经济系统相互协调发展。海陆一体化调控是一种动态性调控，其调控方式取决于沿海区域的特点，不同区域间有着明显的差异，并与沿海区域经济发展的阶段相联系。

②近岸海域污染海陆一体化调控的目标。现阶段海陆一体化调控的直接目标是减少陆源污染物的排放量，从整体上减缓近岸海域环境污染和生态破坏的趋势，使近岸海域水质维持良好状态。最终目标是促进沿海区域资源可持续利用、环境可持续支撑和社会经济可持续发展，保持海岸带环境经济系统处于最优化运行。

③近岸海域污染海陆一体化调控的动力。海域污染本质上是经过空间转移的外部不经济性，对其调控过程中不可避免地要涉及不同权益主体切身利益的冲突，政府的积极推动是平衡各主体间利益关系，保障海陆一体化调控得以顺利进行的重要力量。目前，我国海岸带地区的环境管理较为混乱，一方面，无论是陆域环境管理部门还是海域环境管理部门，其管辖区域都没有完全覆盖海域污染的调控范围，甚至在某些地区出现了管理的盲点；另一方面，目前我国的海域管理执行的是以部门管理为主的体制，不同部门间资源开发利用和环境保护的尺度和标准并不一致。海陆分割、条块交错的海岸带环境管理现状决定了政府推动、协调、综合管理是实施海陆一体化污染调控的最有效途径，离开了政府的作用，近岸海域污染的一体化调控将寸步难行。为发挥政府的调控作用，可以考虑在行业管理的基础上建立高层次的协调机构和法律法规，规范和约束海岸带地区各行为主体的活动，从

而推动海陆一体化调控进程。

④近岸海域污染海陆一体化调控的市场机制与经济效益。从消除外部性的角度看,解决海域污染问题的关键是发挥市场经济在资源配置中的作用,促使陆域企业外部不经济的内部化。可采取的措施有:①完善和建立海洋环境资源产权制度和资源产权市场,实行海洋环境资源有偿使用和有偿转让制度;②建立综合的经济与环境资源核算体系,具体包括建立可持续的环境资源和能源价格、建立基于环境成本内部化的环境收费制度(如排污权收费)、对环保产业实行税收差异制度等;③推行基于市场机制的环保鼓励制度,体现"污染者负担""谁开发谁保护、谁破坏谁恢复"的原则。

3)近岸海域污染海陆一体化调控的方法

近岸海域污染的海陆一体化调控包括宏观调控、微观调控、状态检测调控和效益调控四种方式。宏观调控,即制定海陆一体化调控的目标、方针、原则等。其核心是制定海岸带区域发展总体规划,尤其是海洋环境规划,通过确定合理的环境控制目标,对海岸带环境经济系统进行前馈约束;微观调控,根据调控目标,通过政策引导、管理法规等手段对经济系统的微观单元——企业的经营和排污活动进行调控;状态检测调控,充分利用地理信息系统、遥感系统等现代化手段,对近岸海域环境和社会经济系统进行定期、定点和随机观测,对重点区域进行适时调控;效益调控,根据系统的输出即环境效益和经济社会效益,对调控的实际效果进行测定和评价,并对宏观调控的目标和微观调控的方法进行修正。

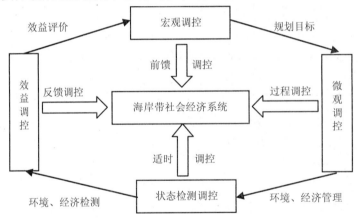

图 4-5　近岸海域污染海陆一体化调控方法

四、海陆一体化建设的国外经验借鉴

国外一些海洋经济发达国家虽然没有明确提出海陆一体化的概念,但是在它们的沿海区域发展规划中体现着海陆联系、统筹治理的一些思想和理念,对我们制定海陆一体化发展战略有着有益的参考和借鉴作用。

1.韩国西海岸开发计划提出的背景

(1)国内背景

韩国西海岸地区包括仁川、大田、光州 3 个直辖市和京畿道、忠清南道、全罗北道、全罗南道 4 个道，总面积近 3 万 km²，占韩国陆地国土面积的 29.4%。1987 年西海岸地区人口约 892.9 万人，占全国总人口的 22%。

自 1962 年实行第一个五年经济发展计划起到 20 世纪 80 年代中后期，韩国经济一直保持高速增长，人均国民生产总值从 1960 年的 70 美元增长到 1991 年的 6 316 美元，增长了 90 多倍。在经济发展初期，韩国推行了"非均衡增长"的发展战略，20 世纪 60—70 年代，首先开发汉城和东南沿海釜山地区，使这些地区率先成为工业发达地区。1964 年韩国开始实施《出口基地和开发建设法》，在全国范围内陆续建立了 30 多个外向型工业区、重化工区和出口加工区，其中绝大多数分布于东南沿海地区，如蔚山工业区、浦项钢铁工业区、昌原工业区、龟尾工业区、丽川工业区、巨济岛造船工业区等，这些工业区的建设极大地推动了东南沿海地区的经济发展。西海岸是韩国重要的农业区，在韩国工业化过程中作出了很大贡献，但是由于缺少投资，工业落后，与汉城、釜山等中心城市距离遥远，交通不便，在 80 年代已经沦为韩国落后地区。1987 年，西海岸地区人均国民生产总值仅是全国平均水平的 70%，人均收入只及东部发达地区的 59%，工业总产值占全国工业总产值的比重还不足 15%，道路铺装率只达到全国平均水平的 86.2%，港口吞吐量只占全国总吞吐量的 18.4%，供水量仅占全国供水量平均水平的 81%，各项主要经济发展指标都大大低于全国平均水平，与东部沿海地区的差距越拉越大。

根据有些韩国学者（李廷植、尹阳洙）的分析，韩国政府在经济起步阶段的政策重心在于促进制造业的产出和增加出口，这导致经济的迅速发展只集中在包括汉城、釜山大都市区在内的少数几个优势区域及重心城市。到 80 年代中期，韩国东西部经济发展失衡的状况日益明显，由此引发了一系列政治、经济和社会问题。因此，韩国各界人士纷纷要求改变地区之间经济发展的不平衡问题，尽快开发西海岸。此外，经过 20 多年的发展，汉城—釜山轴线已引起了人口、工业和经济活动在首都和釜山区的过分集中，这种不均衡的空间格局已成为有效利用国土资源和国民经济进一步发展的桎梏，土地和水资源紧张、劳动力成本高等经济活动过分集聚的负面效应开始凸显。而西海岸地区可供开发的土地资源和水资源丰富，西海岸开发战略不但能够平衡韩国区域经济的发展，而且可以为东部发达地区实施产业结构调整和产业转移提供发展空间。

（2）国际背景

进入 20 世纪 80 年代以后，世界经济格局发生了很大的变化，亚太地区各国的经济实现了不同程度的增长，中国的对外开放政策进一步促进了该区域的经贸活动，亚太地区特别是东亚在世界经济格局中的地位日益重要。为适应世界经济的发展形势，韩国日益重视同亚太地区国家的经济合作，先后在学者和官方等不同层面提出和参与了涉及中国、日本、韩国、朝鲜、俄罗斯、蒙古等国的"东北亚经济圈"和涉及中国、韩国、日本、朝鲜的"黄渤海经济圈"等区域经济合作框架。韩国西海岸与中国隔海相望、遥相呼应，通过第二欧亚大陆桥可以连接中亚、欧洲。因此，开发西海岸是 80 年代韩国经济进一步走向世界的重要举措。此外，80 年代中后期韩国经济处在由劳动密集型向技术密集型发展的转型期，面对世界经济区域集团化的趋势和发达国家贸易保护主义重新抬头的倾向，韩国国内市场规模小、资源匮乏，需要开拓亚洲市场特别是具有巨大潜力的中国市场。作为对华贸易的桥头堡，西海岸地区的开发建设理所当然地进入韩国决策者的视野，韩国各界也都意识到

"西海岸时代"的来临。

2．韩国西海岸开发计划的主要内容

"西海岸开发计划"是 1987 年卢泰愚竞选韩国总统时提出的，卢竞选期间共提出了六大经济战略，而西海岸开发是其经济发展主张的主要部分。卢泰愚出任总统后，韩国政府于 1988 年建立了西海岸发展促进委员会，该委员会直接对总统负责，由总理任主席，副主席是经济计划和建设部部长，委员还包括财政部部长、农业和渔业部部长、贸工部部长、运输部部长、科技部部长和几位民间专家。该委员会下设由有关政府机构的总局长和总主任组成的行政委员会具体负责检查和协调实际事务。西海岸发展促进委员会的主要功能是基于西海岸综合发展计划向总统推荐建设项目的时序、规模、建设周期及必需的投资基金的分配方案等。

根据 1989 年 10 月 10 日韩国西海岸开发促进委员会批准并对外公布的西海岸开发计划，西海岸开发共包括 126 个项目，其中新建项目 92 项，重点是新建基础设施和布建工业区。在基础设施建设方面主要有：①新建一条从仁川经群山、木浦到顺天的环海高速公路，全长 505 km；②建设湖南线井州至木浦段复线高速铁路并进行电气化改造，对全罗线俚里至丽水段进行技术改进；③新建清州、光州国际机场，扩建木浦机场；④新建牙山港，扩建仁川、群山、木浦、丽水、光阳港，使其成为大型海运基地；⑤对西南部沿海的通讯设施进行改造。随着基础设施的逐步建成和完善，在西南部沿海地区布建为数众多的工业区，主要有：①始华、仁川、牙山、群山、河南（光州）、大佛（木浦）、熊川（镇海）、绿山等沿海综合工业区；②群（山）长（项）和光阳湾跨区工业基地；③全州—俚里—井州"T"型工业带；④光州、青阳忠清南道尖端科学产业技术开发区等。西海岸开发项目的建设，基础设施由政府统一投资兴建，工业区由政府划定区域，提供政策优惠，鼓励企业分别出资建设。开发建设从北端的仁川和南端的木浦同时展开，计划 2020 年前全部完成。届时，在韩国的西南部沿海地区将形成一个连结仁川—群山—木浦—釜山的"L"型大型工业带，基本上实现上述地区的工业化。具体见表 4-1、表 4-2。

表 4-1　西海岸开发项目分类统计

部门	项目数	投资经费/亿美元	比例/%
合计	126	318.76	100
工业基地	6	69.85	21.9
工业园地	16	18.01	5.6
运输	29	102.22	32.1
用水供给及废水处理	29	16.54	5.2
通讯及发电站	5	10.14	12.6
水资源开发	13	47.06	14.8
教育及旅游	25	19.60	6.1
其他	3	5.31	1.7

表 4-2　西海岸开发项目简介

项目名称	项目规模	项目投资额/亿韩元	项目时间
总计	126 个项目	223 133	
工业基地	6 个项目（2 150 万 m²）	48 895	
始华工业基地	689 万 m²，防潮堤 126 km	7 911	1986—1991
牙山工业基地	140 万 m²，港湾装卸能力 2 500 万 t	14 574	1989—2011
群山工业基地	206 万 m²	1 600	1989—1992
群（山）长（项）跨区工业基地	937 万 m²，港湾装卸能力 867 万 t	14 132	1989—2021
大佛工业基地	415 万 m²，港湾装卸能力 270 万 t	3 678	1989—1996
光川尖端科技产业开发区	120 万 m²（开发区用地总面积 570 万 m²）	7 000	1989—2001
工业园区	16 个项目（1 503 万 m²）		
仁川南洞公团（1、2）	289 万 m²	2 391	1985—1991
松炭公团	33 万 m²	392	1989—1990
平泽公团	17 万 m²	228	1989—1991
大田第三公团	39 万 m²	737	1989—1992
大田第四公团	63 万 m²	1 296	1990—1992
天安第二公团	30 万 m²	266	1989—1991
仁川公团	100 万 m²	1 230	1989—1991
唐津石门公团	300 万 m²		未定
青阳尖端技术开发区	50 万 m²	200	1992—
大田尖端技术开发区	120 万 m²	1 500	1991—2001
全州第二公团	100 万 m²	790	1989—1992
俚里第二公团	59 万 m²	292	1990—1992
井邑公团	30 万 m²	189	1990—1993
光州河南第三公团	73 万 m²	818	1989—1993
栗村公团	100 万 m²	1 000	1993—
运输	29 个项目	71 555	
西海岸高速交通	长 483 km，宽 2～4 车道	21 417	1989—
第二京仁高速公路	长 14.3 km，宽 6 车道	1 060	1990—
京仁高速公路扩建	长 11.7 km，宽 10.2 m	565	1989—1992
始兴—安山高速公路	长 12.5 km	920	1990—
新葛—安山高速公路	长 23.2 km，宽 4 车道	1 560	1987—1991
天安—论山高速公路	长 90 km	1 830	1993—
长城—光阳高速公路	长 127 km，宽 4 车道	5 890	1994—
洪城—礼山公路扩建	长 20 km，宽 4 车道	367	1990—
金堤—定州公路扩建	长 22 km，宽 4 车道	406	1990—
水原—天安复线电气铁路	长 55.6 km	2 913	1991—
京仁复线电气铁路（九老—仁川）	长 29.6 km	2 960	1990—1997
群山—长项铁路（工业用铁路）	长 13 km（单线）	390	1993—
首都圈机场高速电气铁路	长 48 km	6 800	1993
全罗线改造工程（俚里—丽水）	长 199.1 km	2 563	1988—1995
湖南线复线扩建工程（松辽—木浦）	长 70.8 km	1 558	1990—

项目名称	项目规模	项目投资额/亿韩元	项目时间
湖南线铁路电气化（大田—木浦）	长 256.3 km	7 642	1992—1998
首都圈新机场建设工程跑道	3 200 m×45 m		1993—
光州国际机场建设工程	停机坪 15 200 m²	809	1989—1995
群山机场建设工程	20 万 m²		1996—2006
仁川港扩建工程	2 300 万 t 增到 3 200 万 t	2 559	1982—2001
安兴港建设（渔港）	防波堤 1 015 m	240	1978—1991
大川港开发工程	防波堤 600 m	102	1989—1993
群山外港扩建	装卸能力 150 万~232.7 万 t	523	1974—1990
木浦港扩建	装卸能力 170.7 万~340.7 万 t	323	1983—1993
丽水港扩建	装卸能力 228 万~249 万 t	228	1981—1991
栗村港扩建工程	码头 520 m，装卸能力 224 万 t	220	1991—2001
光阳港集装箱码头	装卸能力 240 万 TEU[①]	5 272	1987—2001
光阳工业基地（工业港）	装卸能力 272 万 t	2 276	1983—1992
西海岸海上交通	水路测量、海洋调查等	162	1988—1992
水资源开发	13 个项目	32 941	
锦江综合开发	修整河川 688 km	3 091	1989—1994
锦江洪水预警报设施	统治所、观测站等	54	1987—1990
蟾津江综合开发	修整河川 348 km	1 003	1990—1995
荣山江综合开发	修整河川 233 km	754	1990—1995
扶安水库建设	总蓄水量 4 600 万 t	261	1988—1993
龙潭水库和水源开发	供水 6.4 亿 t/a	4 334	1993—
鸠岩水库建设	供水 4.89 亿 t/a	3 625	1984—1990
大湖地区排水开垦	防潮堤 2 处，开发面积 7 700 hm²	1 620	1980—1992
锦江第二阶段农业开发	抽水站 9 处，整理耕地 22 991 hm²	1 620	1980—1992
新满锦地区排水开垦	防潮堤 34 km，开发面积 42 000 hm²	7 500	1987—1998
荣山江第二阶段农业开发	河口坝 1 处，开发面积 20 700 hm²	2 470	1978—1991
荣山江（3-1）排水开垦	防潮堤 1 处，开发面积 12 200 hm²	2 430	1985—1994
荣山江（3-2）排水开垦	防潮堤 2 处，开发面积 6 800 hm²	1 640	1989—1999
用水供给及废水处理	29 个项目，503.7 万 t/d		
首都圈跨区上水道（4）	抽水设施 150 万 t/d	1 760	1989—1993
插桥湖上水道	抽水设施 7 万 t/d	300	1990—1993
琴湖系统上水道（2）	抽水设施 25 万 t/d	820	1993—
宝领水库系统上水道	抽水设施 23 万 t/d	780	1992—
蟾津江系统上水道	抽水设施 21 万 t/d	1 250	1993—
南原市上水道扩建	抽水设施 4.5 万 t/d	48	1991—1996
鸠岩水库跨区上水道	抽水设施 40 万 t/d	657	1988—1992
仁川其佐污水处理厂	抽水设施 19 万 t/d	567	1985—1990
仁川胜其污水处理厂	抽水设施 27 万 t/d	625	1991—1993
大田市污水处理厂	抽水设施 15 万 t/d	529	1991—1994
天安污水处理厂	抽水设施 7 万 t/d	179	1988—1992

项目名称	项目规模	项目投资额/亿韩元	项目时间
公州污水处理厂	抽水设施 3 万 t/d	67	1991—1994
大川污水处理厂	抽水设施 2.4 万 t/d	70	1995—1998
温阳污水处理厂	抽水设施 1.7 万 t/d	54	1992—1995
瑞山污水处理厂	抽水设施 1.6 万 t/d	51	1996—1999
全州污水处理厂	抽水设施 10 万 t/d	300	1992—1994
群山污水处理厂	抽水设施 30 万 t/d	647	1990—
俚里污水处理厂	抽水设施 5 万 t/d	168	1988—1992
南原污水处理厂	抽水设施 5 万 t/d	157	1990—1993
定州污水处理厂	抽水设施 3.9 万 t/d	101	1995—1998
光州污水处理厂（1）	抽水设施 30 万 t/d	718	1985—1998
光州污水处理厂（2）	抽水设施 25.4 万 t/d	310	1992—1996
罗州污水处理厂	抽水设施 2.3 万 t/d	143	1991—1994
木浦污水处理厂	抽水设施 9 万 t/d	274	1990—1993
丽水污水处理厂	抽水设施 10 万 t/d	279	1991—1994
顺川污水处理厂	抽水设施 5 万 t/d	167	1991—1994
骊州污水处理厂	抽水设施 12.4 万 t/d	243	1995—1998
东光阳污水处理厂	抽水设施 1 万 t/d	17	1991—
通讯及发电站	5 个项目	28 096	
西岸地区局（锦山）	太平洋地区船舶、通讯用电	44	1989—1991
仁川日岛发电厂	LNG 800MW 2 套	6 710	1989—1998
泰安元北发电厂	烟煤火力发电 500 MW 2 套	7 158	1987—1994
沃沟沃岛发电厂	烟煤火力发电 500 MW 2 套	7 100	1999—2007
海南花源发电厂	烟煤火力发电 500 MW 2 套	7 084	1992—1999
旅游及教育	25 个项目	13 720	
瑞山海岸国立公园	出入道路、停车场等	375	1984—1994
边山半岛国立公园	停车场、野营设施等	28	1989—1996
多到海海上国立公园	停车场、野营设施等	465	1984—1996
月出山国立公园	出入道路、野营设施等	28	1989—1996
公州圈旅游区开发	开发面积 80 万 m²	1 291	1989—1998
大川、安眠岛旅游区	国际旅游区	4 887	1989—2001
南原公园	宾馆、瞭望台 7.5 万 m²	442	1984—1993
无等山圈旅游开发	和顺温泉、罗州湖等 100 万 m²	1 679	1983—2000
光州旅游区开发	宾馆、高尔夫球场等 50 万 m²	800	1990—1995
知里山圈旅游开发	光阳高尔夫球场，温泉	843	1988—2000
多岛海圈旅游开发	大光、内发、胜嘉寺等	142	1990—1994
荣山湖圈旅游开发	野营设施、基地等	608	1989—2000
国立扶余博物馆	用地 2.9 万 m²，建筑面积 2 420 m²	129	1989—1992
国立全州博物馆	用地 2 万 m²，建筑面积 2 300 m²	90	1987—1990
忠南百济文化区开发	公山城等 38 项	235	1988—1992
全北百济文化区开发	益山弥勒寺整修等 11 项	130	1988—1992
新安海底遗迹展示馆	展示馆、停车场等	56	1987—1992

项目名称	项目规模	项目投资额/亿韩元	项目时间
全州东轩文化复原	全州客舍庭院、京畿战复原	113	1988—1992
南原国立国乐院	升格为国立国乐院	50	1990—1992
整理保存光州文化圈工程	修复古城等 26 个项目	67	1988—1992
光州文艺会馆建设	用地 2.6 万 m^2，建筑面积 6 000 m^2	380	1986—1992
群山大学	升格为综合大学	116	1987—1991
扶植全南工程	校舍设施、器材等	410	1987—1992
顺川大学	升格为综合大学	156	1987—1991
光州第二农产品批发市场	用地 3 万 m^2，建筑面积 2 万 m^2	200	1990—1992
其他	3 个项目	3 715	
全州圈第二阶段开发	道路、旅游和农业开发	2 029	1988—1993
多岛海开发	改建公路 32 km，沿路桥梁 3 处	292	1986—1991
沿路桥梁	4 处，全南地区	1 394	1993—

注：①TEU 为集装箱单位，1TEU=24～26 m^3。

从以上的建设项目可以看出，韩国西海岸开发计划是一个庞大的系统工程。西海岸开发计划预算投资约 320 亿美元，其中中央政府承担 62.2%，地方政府承担 3.5%，国有企业承担 25.7%，私有企业承担 8.6%。在发展资金来源方面，政府倾向于广开财路，采取了发行债券、建立投资基金、吸收外资和私人资本等措施。此外，政府还积极鼓励公共和私人部门合作建设港口、空港、工业基地等重大项目，引导民间资本投资于旅游业。从投资资金的地区分布来看，政府注重区域平衡的原则，大约 26.5% 的投资用于光州和全罗南道，21.2% 的投资用于大田和忠清南道，21% 的投资用于仁川和京畿道，18.2% 的投资用于全罗北道，此外还有 13.1% 的投资用于上述区域间的城际道路建设。

3. 韩国西海岸开发计划的实施情况

韩国西海岸开发计划的绝大多数项目在 2001 年竣工，西海岸的人口、基础设施和产业结构有了很大的变化。到 2001 年，西海岸的人口由 1987 年的 892.9 万人增加到 917.4 万人，占全国人口的比重为 19.2%，人口外流趋势有了很大程度的减少。随着区域性供水系统的投产，人均供水量达到 430 L，接近全国平均水平，人均日废水处理能力达到 385 L，为全国平均水平的 96.2%。2001 年韩国西海岸的区域总产值由 1987 年的 216 亿美元增加到 601 亿美元，增长 2.8 倍，高于同期韩国国民生产总值 2.4 倍的增长速度。1987 年韩国西海岸地区一、二、三产业的比例为 31.5∶24.1∶44.4，到 2001 年二、三产业的比重分别增加到 38% 和 50%，而农业的比重下降到 12%，逐步实现了工业化。

随着一些大型工业项目的建设和城市基础设施功能的完善，西海岸地区一批区域经济中心城市开始形成，并发挥了经济集聚和带动作用。群山—长项工业基地的建设使得群山、里里、全州形成城市群；光阳港已成为韩国第二大港口，2006 年总吞吐量达到 1.7 亿 t；西海岸第二大城市光州与重工业基地和集装箱码头联结在一起，逐步在光州湾畔形成一个城市群。西海岸开发计划实施效果见表 4-3。

表 4-3　西海岸开发计划实施效果

内容	单位	1987（*A*）	2001（*B*）	*B*/*A*/%
地区总产值	10 亿美元	21.6	60.4	280
人均产值	美元	2 414	6 710	278
人口	千人	8 929	9 174	103
供水	L/（人·d）	252	430	171
废水处理	L/（人·d）	168	385	329
工业区	km²	36.4	135	371
港口吞吐能力	kt	51 986	108 255	208
高速公路	km	425	1 042	245
集装箱	kTEU		2 400	

4. 韩国西海岸开发计划的经验总结及借鉴

韩国西海岸开发计划是韩国 20 世纪 80 年代实施的一项区域经济发展计划，该计划以生产和生活基础相对薄弱的忠清南道、全罗北道、全罗南道地区为主要对象，特别是包括作为与中国交易之桥头堡的群山工业团地、长项产业基地等大规模产业基地的建设和西海岸高速公路的建设。西海岸开发计划实施 20 多年来，有力地促进了韩国西部地区的经济发展和基础设施建设，推动了韩国国内产业布局的调整和产业结构的升级改造，取得了巨大的成就。

韩国西海岸开发计划虽然没有明确强调发展海洋经济和海洋产业，但是西海岸地区的港口和临港工业在这一过程中得到了极大的发展，并成为促进产业集聚和新城区形成的重要力量，该地区经济发展最快和工业基地最集中的也是海岸带区域。作为政府主导的一项区域发展战略，韩国西海岸开发计划对于我国制定山东省海陆一体化发展战略具有很强的借鉴意义，总结其成功的经验和做法有利于山东省海陆一体化战略的实施。韩国西海岸开发计划的成功经验主要有以下几点：

（1）投入资金有保障

韩国西海岸开发计划投资总额约 223 133 亿韩元，约合 320 亿美元。相对于西海岸地区的面积来说，该投资金额非常高，平均达到 11.03 亿美元/km² 左右。投资资金来源既有韩国中央财政的投入，又有地方财政的投入以及来自企业的投资，在韩国西海岸开发促进委员会的统一调配下，资金投入得到保障，能够支持西海岸开发计划的持续实施。

区域开发是一项巨大的系统工程，涉及道路、港口等基础设施建设、工业基地建设以及一些公用事业的建设，对资金的需求非常巨大。韩国西海岸开发计划中还融入了国家产业结构调整的要素，力图在西海岸建设高新技术产业基地，这无疑需要大量的资金。20 年间建设资金的持续投入，是保障西海岸开发计划能够顺利实施并取得预期成就的一个关键因素。

（2）政府高度重视

韩国西海岸开发计划提出的政治背景是为了缓和韩国东西部经济发展的差距以及由此造成的东西部人民之间的"感情对立"和矛盾，因此，西海岸开发计划不单是一个区域发展规划，也是缓和地区冲突和对立情绪的一个重要政治举措，受到韩国政府的高度重视。

为了推动西海岸开发计划的进行，韩国成立了"西海岸开发促进委员会"，由总理亲自挂帅，成员包括 11 个相关部门的部长和 6 位专家，全面负责西海岸开发。该委员会的规格较高，能够协调西海岸开发计划实施过程中的各种问题和矛盾，并能够从国家产业结构调整总体规划的高度来制定西海岸开发计划的具体内容，从而保障了西海岸开发计划的顺利推进。

（3）重视工业基地建设

韩国西海岸开发计划的建设重点是发展工业基地并建立贸易桥头堡，着重在西海岸建设几个大型工业团地，如群山—长项国家产业团地建设、光阳港扩建项目等。特别是群山—长项工业基地的建设，其直接效果是形成了连接群山、里里和全州的集合城市，不但有助于减轻人口从该区向首都区外移，而且加强了光州作为区域经济增长极的地位。韩国《国土综合开发计划法》中强调成长据点城市培育战略，所谓的成长据点战略是把主导产业或投资，集中于具有集聚条件的城市，以促进经济成长，其后再把成长效果扩散到周边地区的一种区域开发战略。工业基地建设是成长据点城市培育战略的一个重要内容，依靠工业基地的建设和基础设施的完备，提高经济核心城市的经济实力，并辐射和带动区域经济的增长。

（4）以具体项目促开发

韩国西海岸开发计划主要由 126 个项目组成，其中工业基地 6 项、工业园地 16 项、运输 29 项、用水供给及废水处理 29 项、水资源开发 3 项、通讯及发电站 5 项、旅游及教育 25 项、其他 3 项。正是由于韩国政府将整个西海岸计划的建设内容明确到了具体的项目，而且每个项目的建设期限、投资金额及主体等都有详细的计划。因此，在执行过程中目标非常明确，重点也非常突出，保障了西海岸开发计划取得良好效果。

第三节　污染物总量控制

一、总量控制的概念

环境污染总量控制（简称总量控制）是指为了使某一时空环境领域达到一定环境质量目标，控制污染源的排放总量，把污染物负荷总量控制在自然环境承受力范围之内。其中，最主要的影响因素为环境质量目标、污染物负荷总量和自然环境的承载能力。

近岸海域污染物总量控制是指通过限制污染源的污染物排放总量，将排入某一特定海域的污染物质的总量控制或削减到某一要求的水平之下，从而使该海域环境质量达到功能区的水质要求。因此，污染物总量控制不仅是制定沿海地区污水入海计划的基本依据，同时也是海域水质管理的强有力工具。只有在总量研究的基础上，才能制定出既达到环境标准，又经济有效的管理规划方案。其中，陆源污染排放总量控制是近岸海域污染控制的关键问题之一。陆源污染物入海总量是指通过多种渠道（如大气携带、河流径流、工业直排口、生活排污口等）排入海洋的各类污染物的总和。我国的总量控制可分为微观、中观和宏观 3 个层次。微观层次是针对具体污染源，从生产全过程入手来控制污染的产生、治理以及排放，以满足允许排放量的要求或达标排放要求的控制方式；中观层次是指针对需要重点治理的污染的流域或区域，以环境质量为目标，通过分析污染物排放与环境容量的关系，来确定允许的排污总量，并将污染负荷分配到污染源的控制方式；宏观层次是指国家、地区或城市，为了在宏观上控制污染的发展趋势，对污染物排放总量规定具体指标要求的控制方式。

本书就是从中观层次，以大连近岸海域的污染为背景来具体分析，以达到海域海洋功能区划的水质标准为目标来确定污染物的允许排放总量；通过一定的分配原则将污染负荷分配到污染源的方式来控制。进行污染物总量控制的目的是寻求功能区水质目标与技术经济条件之间的最佳排污方案。

二、总量控制的类型

按"总量"的确定方法不同，总量控制一般可分为 3 种类型，即容量总量控制、目标总量控制和行业总量控制。

1. 容量总量控制

容量总量控制是指在某一环境单元内，以达到其环境质量标准的要求为目标，对所有污染源所造成的排污总量或者对环境单元所容纳的污染物总量进行控制。对于海洋容量总量控制来说，其环境质量标准是指海洋功能区的水质标准。容量总量控制的"总量"指受纳水体中的污染物不超过水质标准所允许的排放限额。

此方法特点是把污染控制管理目标与水质目标紧密联系在一起，从环境质量要求出发，运用环境质量模型计算方法，直接推算受纳水体的纳污总量，通过优化分配方法将其分配到陆上污染控制区及污染源，确定出切实可行的总量控制方案。它适用于确定总量控制的最终目标，也可作为总量控制阶段性目标可达性分析的依据。

2. 目标总量控制

目标总量控制是指在某一环境单元内，以在某时段内的环境目标作为控制污染物排放总量的限值，对所有相应污染源对环境单元所容纳的污染物总量进行控制，即把允许排放污染物总量控制在管理目标所规定的污染负荷削减率范围内，根据环境目标或污染物削减目标限定污染源排放污染物的总量。可通过控制—削减—再控制—再削减的程序，将污染物的排放总量逐步削减到预期目标。目标总量控制的"总量"是基于源排放的污染不超过人为规定的管理上能达到的允许限额。周世良运用环境规划的方法进行了目标总量控制研究。

该方法的特点是目标明确，用行政干预的方法，通过对控制区域内污染源治理水平所投入的代价及所产生的效益进行技术经济分析，可以确定污染负荷的适宜削减率，并将其分配到污染源。此法是对污染物的排放加以定量化控制，对于排污负荷较大，水质较差，而限于技术经济条件的制约，近期内又达不到远期水质功能目标的水污染控制区域，可以用较简单而易行的目标总量控制法确定阶段总量控制量。对于已达到水功能目标的控制区，也可以用目标总量控制法，继续改善水环境质量。

3．行业总量控制

行业总量控制指从行业生产工艺着手，通过控制生产过程中的能源和资源的投入以及污染物的产生，使污染物的排放总量限制在管理目标所规定的限额之内。其"总量"是基于资源、能源的利用水平以及"少废""无废"工艺的发展水平。该方法的特点是把污染控制与生产工艺的改革及能源、资源的利用紧密联系起来，通过行业总量控制将污染物限制或封闭在生产过程之中，并将允许排放的污染物总量分配到污染源，加以定量化控制。

此方法是以能源、资源合理利用为控制基点，从最佳生产工艺和实用处理技术两个方面进行总量控制负荷分配。现阶段，我国生产工艺比较落后、资源和能源利用率偏低、浪费现象较突出的现实，使得所有实施水污染物总量控制的区域或部门，都应首先从改革生产工艺入手，减少投入和污染物的产出，推广"少废""无废"生产工艺，努力提高行业总量控制水平。

由于容量总量控制具有与水质目标相联系，能确定最终目标等优点，本研究采用容量总量控制方法，反映污染源与功能区水质目标之间的输入响应关系，其出发点是确定并合理分配允许污染物排放总量。

三、海域污染物总量控制的方法

对于海洋环境污染的管理主要与海洋的环境容量有关。影响环境容量的因素主要包括以下方面：受纳水域的水体特征；水环境质量要求；水体对不同污染物的自净能力。对于近海环境容量的计算中有两种普遍接受的观点：

一是近海环境容量是在水质不超过所要求的国家海水质量标准条件下，一定时间范围内水体所容纳的最大污染物数量，即污染物自净容量与相应海水浓度本底值所确定的污染物蓄存量之和。王修林等基于此概念计算了渤海及胶州湾的环境容量、基准海洋环境容量、极小海洋环境容量、极大海洋环境容量。

二是从总量控制和环境管理的角度出发，认为环境容量是在水质不超过环境功能区所要求的环境标准的前提下，污染物的最大允许排放量。

第一种观点主要用来估计总体的环境容量，可以给出海域纳污能力的宏观背景信息，但无法反映现状污染源的排污布局对环境容量的影响，而且没有较好地反映不同水域的水质要求。可以根据环境功能区分区的要求，以水质目标为约束条件，以最有效地利用环境容量为目标，将主要污染物总量分配到污染源。可为制定区域性排海标准、实施水污染物排放许可证制度提供科学依据。

近海海域水污染物总量控制的一般方法为根据海域水文条件建立水动力模型，再根据环境问题选择水质模型，利用实测资料检验和验证模型，然后利用水质模型和限制条件计算海域的环境容量。

四、海域污染物总量控制的特点

我国对于污染源的排放量是从控制排放浓度入手的，在当时是符合我国经济条件的，但随着经济发展及人类排放污染量的迅速增加，浓度控制方法虽然能使污染源达标排放，但并不能使污染物浓度达到水体环境质量的要求。这就要求同时要对污染物排放的绝对量进行控制。与传统的浓度控制相比，污染物总量控制有很大的进步和优点，它将污染治理与环境目标紧密地结合起来，有效地克服了浓度控制存在的过分保护或保护不足的问题。以下为近岸海域水污染物总量控制的特点：

一是总量控制把所研究的陆域海域作为一个整体，将陆域污染源的排放与水体的环境标准相结合，既保证实现水体的环境目标，又充分利用了宝贵的水环境容量，也利于环保部门对所辖区域的有效管理。

二是总量控制考虑污染物载体的量，通过限制水环境中污染物的总量，不论污染源是否增加，只要排放的污染物负荷总量不超过海域水环境容量，则可保证水质目标的实现，避免了实行浓度控制时，少数企业为达标排放、少交排污费，不惜用清水兑污水进行稀释的陋习。

三是总量控制着眼于生产的全过程，把生产工艺、污染源治理同排污结合起来，将污染物流失的责任落实到生产活动的各工序、工段、岗位和个人，把环境效益与企业及个人的经济效益联系起来，更能体现以防为主、防治结合的环保管理原则。

四是总量控制的管理方式具有针对性和灵活性的特点，可为今后的排污许可证的实施和排污权交易的顺利进行奠定基础。

五、海域污染物总量分配技术

1. 总量分配的重要性

总量控制方法是控制污染源发展趋势、改善环境质量，实现经济社会可持续发展的重要途径之一，但实行总量控制后，各个污染排放源之间如何科学、合理地分配污染物负荷量是总量控制的核心问题。污染物总量分配是总量控制的关键技术之一，污染物允许排放量或削减量的分配不仅对环境容量有效利用有重要影响，而且与排污者的切身利益直接相关，是落实总量控制措施、实现管理规划目标的重要环节。

合理的污染物总量分配主要包括可持续性、公平性、技术可行性和方案可操作性 4 个方面。社会经济的发展、人口增长以及新的开发活动的增加，对环境资源产生了新的需求。因此，可持续性要求污染负荷总量分配考虑未来增长，为未来发展预留一定的空间，同时还应考虑到不确定性因素的存在；由于确定各排污者利用环境资源的权利或者各排污者削减污染物的义务是分配允许排放量的本质，因此在市场经济条件下，污染物负荷总量分配中应遵循的首要原则是公平原则。负荷分配应基于费用效益分析、各污染源的贡献、小企业的经济能力等因素综合协调，以达到适度公平。同时，负荷总量分配也要考虑到技术的可行性和方案的可操作性。在污染负荷分配计算中，特别是在有多个污染源的情况下，其核心问题是：①应遵循的污染负荷分配计算的原则；②采用的分配方法；③分配计算模型。

2. 总量分配总体原则

污染负荷总量分配中实际可使用的部分是可分配环境容量，可实际分配使用的环境容量才是总量控制、负荷分配的直接依据，其值随分配原则的变化而变化。可分配使用的环境容量不是抽象的、不变的量，而是和允许污染负荷分配原则相联系的可变量。允许污染负荷分配涉及经济、技术、资源、管理等各方面的因素，有各种各样的分配原则。总量分配有等比例分配、费用最小分配、按贡献率分配 3 种基本原则。

（1）等比例分配原则

所谓等比例分配原则，即在承认各污染源排污现状的基础上，将总量控制系统内的允许排污总量等比例地分配到所有参与污染物总量分配的污染源或按相同的百分比削减，各污染源等比例分担排放责任。这种方法是在承认排污现状的基础上较简单易行的分配方法，但各污染源无论浓度贡献多少均以同比例削减，忽略了排污者所处地域自然条件的差异。排污者所处地理位置不同，排放等量的污染物对环境造成的影响程度是不相等的，必然产生不公平性。因而，此法仅限于小区域范围内使用，在条件限制的情况下可供参考。

此原则下主要有以下三种方法：①一般等比例分配；②排放标准加权分配；③分区加权分配。

（2）费用最小分配原则

所谓费用最小分配原则，即要求允许污染负荷分配满足社会治理总费用或污染损害费用与治理费用之和最小的目标，或者总效益最大的目标。

以治理费用作为目标函数，以环境目标值作为约束条件，使系统的污染治理投资费用总和最小，求得各污染源的允许排放负荷。其特点是结果能反映出系统整体的经济合理性，即有很好的整体经济效益、社会效益和环境效益，但并不能反映出每个污染源的负荷分担都是合理的。有些污染源为了总体方案最佳化，可能要强迫承担多于自己承担的削减量，而另外一些污染源则准予承担少于自己应该承担的削减量。

（3）按贡献率分配原则

按各个污染源对总量控制区域内水质影响程度的大小，即污染物贡献率大小来削减污染负荷，对水质影响大的污染源要多削减，它体现了每个排污者平等享用水环境容量资源，同时也平等承担超过其允许负荷量的责任。但这一原则并不涉及污染治理费用，也不具备治理费用总和最小的经济优化规划的特点，在总体上不一定合理。

费用最小分配优化原则形成的方案是追求的方向，按贡献率分配形成的方案是实施的参考，两者往往不一致，需要加以协调引导，即通过政策规定排污收费有偿转让、行政协商等办法。所以要兼顾两者的优点，形成一个综合的公平合理的实施方案是很有用的。但无论哪种原则所形成的方案，都必须满足技术可行性和方案可操作性，否则是没有实用意义的。

3．海域污染物总量分配原则

（1）海域容量分配原则

由于海区分配的重点在河流流域河口入海的污染源，可以不考虑具体污染源治理投资的优化。对于海区容量总量分配可以考虑以下原则：

①等比例削减原则。默认现状排污的不公平性，各污染源按等比例削减污染量。

②入海径流贡献原则。入海淡水对近岸海域生态影响重大，以入海水量分配比较合理。大量耗水的流域将削减其排污权。大流量的流域也可以使污染物通量增加，但入海浓度不

一定高。另外，大河洪水量大，入海非点源量大，按径流考虑负荷与不可控非点源入海现状的情况相吻合。

③生存需求原则——个人排污权。氮、磷是入海通量的主要限制因子，生活污水为主要来源之一。由于人的生存权利平等，也应有平等的排污权。因此，从生活污水排放的负荷来看，各河流入海通量按人口考虑也是合理的。

④生存需求原则——生活资料生产排污权。由于农田排水、畜牧养殖也是入海通量主要限制因子氮、磷的主要来源之一。农田排污按耕地面积考虑，较为合理。

⑤城市发展原则。城市的发展可以用 GDP 来衡量，按单位 GDP 来分配排污量指标，可限制高污染企业的发展。所以 GDP 也是较合理的指标。

⑥河流功能区控制原则。三级河流与四级河流的排放原则不同，三级可给较大的混合区（如果浓度高于海洋要求）河流达标排放。

⑦河口功能区控制原则。河口海洋功能区的标准越高，允许的混合区面积越小。

⑧综合控制原则。对各种因素进行综合分析，确定分配方法。

（2）海域容量分配原则的选择

总量分配是进行总量控制的关键，只有确定合理的总量分配比才能有效地进行总量控制。一般总量分配方法要兼顾公平、效率、科学、可行。基于等比例分配原则、费用最小分配原则和按贡献率分配原则，结合海区容量总量分配原则综合考虑，本书的分配原则是：如果排放量满足要求，则维持达标排放的分配比例；如果超标，可按达标排放后等比例削减或按径流贡献率、人口、耕地面积、GDP 或以上原则组合确定削减比例。

六、污染物总量分配常用方法

总量分配的重点和难点在于经济性和公平性。两者涉及多种因素，且标准难以固定。关于污染负荷总量分配研究，国外已有不少成果。如 Fujiwara 等基于概率约束模型，将允许排放的污染物总量分配在各个排污口。Burn 等依据概率约束条件，运用优化模型研究了这一问题。Li 和 Morioka 等运用线性规划方法，Joshi 等采用直接推断法，对排污口间污染物分配进行了研究。由于管理体制的差别，这些成果很难直接运用于我国。我国许多学者对总量分配方法也进行了很多研究，主要归纳为以下几类。

1. 等比例分配方法

等比例分配方法包括 3 种形式：

（1）一般等比例分配

所有参与污染物排放总量分配的污染源，在各污染源排污现状的基础上，按相同的削减比例分配允许排污量，即各污染源分担等比例排放责任。

（2）排污标准加权分配

考虑各行业排污情况的差异，以"污水综合排放标准"所列各行业污水排放标准为依据，按不同权重分配各行业允许排放量，同行业按等比例分配。

（3）分区加权分配

将所有参与排污总量分配的污染源看成一个整体，将整个区域划分为若干个网格，每个网格作为一个控制单元，网格大小可根据情况自行设定。然后，根据与区域相应的水环境目标要求，将区域削减总量按加权法分配到各控制单元，确定各控制单元的削减量和允许排放量，区域内仍按等比例分配方法将总量负荷指标分配到污染源。该法是把大区域进行总量控制，具体污染源只对本身所在控制单元负责，与其他网格无关，便于分区控制与管理。

2. 费用最小分配方法

已知目标削减总量，凡能做出各区域、各资源的各种削减方案的投资效益分析，或能给出削减的费用函数的，可按区域治理费用最小、污染物削减量最大的原则进行数学优化规划和分配。

3. 按贡献率分配方法

按各个污染源对总量控制区域内水质影响程度的大小即污染物贡献率大小来削减污染负荷，对水质影响大的污染源要多削减，反之则少削减，它体现每个排污者平等共享水环境容量资源，同时也平等承担超过其允许负荷量的责任。张存智等在大连湾污染排放总量控制研究中，提出了响应系数和分担率的概念，在现有排污口和排污量调查的基础上，分析各污染源的分担率，以海域环境功能区划为控制标准，计算了主要污染物容许入海总量。但按贡献率分配不涉及污染治理费用，不涉及环境容量有效利用，因此不具备优化规划的特点，在总体上不一定是合理的。

4. 基于公平原则分配方法

在市场经济条件下，总量分配中应遵循的首要原则是公平原则。依据经济优化原则，采用数学规划方法建立的优化分配模型，考虑到了整体经济上的"最优"，但忽视了污染负荷分配问题的社会性质，以及区域间在经济、技术、环境、资源等方面的差异，所得结果往往并不能直接用于污染负荷总量分配的实际工作中。近些年来，基于公平原则进行的排污总量分配研究也相当多。目前已有不少总量分配公平性方面的研究。

李嘉等以协同控制理论、方法及其数学模型为基础，推导并建立了河流各污染源排污量限制和排污浓度限制的协同控制模型，以探求公平合理的总量分配。林巍等指出已有的污染物排放总量"公平分配"规则中隐含的不公平性，利用环境冲突分析理论，建立了关于公平的公理体系，并设计出满足公理体系的排污总量"公平分配"规则。林高松等以平均分配和等贡献量分配作为基本的公平准则，考虑排污者的自然条件差异和合理利用自然降解能力的权利，同时结合排污者的类型和规模差异以及多个水质控制断面的共同作用，采用等满意度法求公平解。李如忠等运用层次分析法，进行排污总量分配。此方法是设计了一种定性与定量相结合描述判断矩阵的多指标决策的排污总量分配层次结构模型。在综合考虑各项评价指标后，将所求得的各分区相对于区域允许排污总量这一总目标的权重之比作为各分区允许排污量之比，然后按此比例在各分区间进行排污总量分配。

总量分配方法的研究为实现有效的总量控制、进行环境决策提供了可能的工具。总量控制是一个复杂的系统工程，不仅需要满足环境质量要求，还需要满足某种社会政治、经济和技术要求，总量控制的实施与管理需要通过法规、行政、经济、技术等手段来实现，需要不断探索与实践。

5. 海域污染物总量分配方法

水污染负荷分配指的是在满足受纳水体水质标准的前提下，按一定的分配原则对各可控制的污染源的允许负荷进行计算。有关污染负荷分配研究，发达国家已有不少应用成果；但由于管理体制的差别，这些成果很难直接运用于我国的废水污染负荷分配计算。

水污染物排放总量分配涉及经济、社会、技术和环境等多种因素，要使总量分配达到公平、合理，应看到区域间在经济、环境、资源和管理等方面存在的差异性以及排污总量控制系统所具有的不确定性。忽视了这些方面的信息，设计的污染物总量分配方案也就很难收到预期效果。

对于海区规划的污染负荷分配计算，在多源的情况下，满足水质约束的允许排放量组合是多解的，确定一个分配原则，就可以得到一个优化分配方案。在污染负荷总量分配方面，可以运用层次分析法来确定评价指标的权重，再运用定量评估指标法计算，最终确定各污染源的总量分配比例。总量分配可以采用如图4-6所示的技术路线。

七、污染物总量分配常用计算模型

负荷的总量分配模型主要是指数学规划模型，即从系统观点出发，根据污染源的空间格局和排放强度，以及污染治理的技术经济水平，求出整体优化的具有环境经济效益的排污负荷分配方案。总量分配的优化规划模型主要有线性规划、非线性规划、整数规划、动态规划和多目标规划等数学规划模型。

线性规划：当目标函数和约束方程为线性或可化为线性时，优化分配可采用线性规划方法求解。线性规划的方法在水质管理和水污染控制研究中已有较多的应用。裴相斌等以海域环境功能区划规定的水质目标为约束条件，以海域容许排放的污染物量最大为目标函数，建立大连湾陆源污染负荷的空间优化分配模型。淮斌等以环境目标为约束条件，以污染治理投资最小为目标函数，采用线性规划方法对天津滨海新区入海污染物总量控制方案进行了优化分析。

非线性规划：当目标函数与约束方程为非线性时，或其中之一为非线性时，可采用非线性规划方法。

整数规划：当各点源的允许排放量均取整数时，可采用整数规划方法，应用于水环境规划中治理措施及费用表现为不连续变量时。

动态规划：一个规划问题，只要能恰当地划出各个阶段并满足建模条件，都可以用动态规划求解。Cardwell 和 Ellis 开发了随机动态规划费用最小模型。

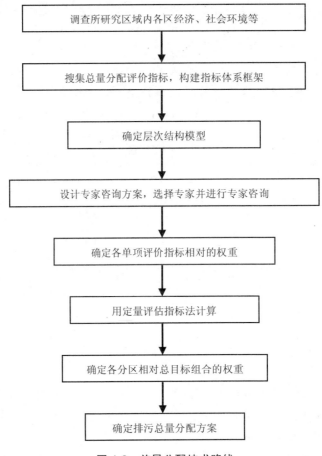

图 4-6　总量分配技术路线

多目标规划：在实际环境规划问题中，目标函数可能有多个，此时需采用多目标规划方法。多目标规划要利用多个目标函数，构造出新的目标函数，使得该目标函数能够比较充分地反映出原来几个目标函数的相对关系和重要程度，最终还是要靠单目标的规划方法求解。如天津市大气污染综合防治组以需求约束、平衡约束、资源约束组成约束条件，将环境目标、投资目标、能源消耗目标综合起来，建立了多目标线性规划模型。

1. 海域污染物总量分配计算模型

排污负荷分配到源是污染物排放总量控制的一个基本原则。合理地确定各个污染源的允许排放量是陆源污染物排放总量控制的关键之一。目前，确定各个污染源的允许排放量有多种方法，但各有优缺点。总量控制规划一般采用优化法或方案比较法，规划的目的是寻找规划或削减排污量的可行方案，一般满足水质约束条件的排污方案可找到无穷解，规划就是要从大量的可行解中寻找较佳方案；规定一个原则或一个目标函数，即可找到一个该原则下的最佳方案；从多个原则下的最佳方案筛选较佳方案（可用公平、效率、科学性的指标进行筛选）。海域总量分配的目的是为流域总量分配提供下边界约束条件，使流域污染物排放量不影响海域功能区的达标。

2．污染物总量分配的一般表达式

数学规划方法是进行污染物总量控制计算常用的技术方法。数学规划方法是从系统观点出发，根据污染源的空间格局和排放强度，以及污染治理的技术经济水平，求出整个优化的具有环境经济效益的排污负荷分配方案。数学规划方法中的线性规划模型就是一个系统优化方法。此方法在水质管理和水污染控制研究中应用较为成熟，可结合环境目标等约束条件进行计算，实质是寻求环境目标与技术经济条件之间的最佳结合点。由于海区总量分配一般可以不考虑治理费用，因此，进行优化计算的目标函数可以采用线性的目标函数。单指标控制的传统线性规划表达式如下：

目标函数：$\max z = \sum_{i-1}^{n} Q_i, i = 1, 2, \cdots, n$

约束方程：$\max z = \sum_{i-1}^{n} P_{ij}Q_i \leqslant C_{0i}, j = 1, 2, \cdots, m$

$$Q_i \geqslant 0$$

式中，$\max z$——某一污染物的最大允许排放总量，g/L；

$\quad Q_i$——第 i 个污染源的排放量，g/L；

$\quad P_{ij}$——第 j 污染源对第 i 控制点的响应系数，可由水质模拟计算得到；

$\quad C_{0i}$——控制点 i 的水质控制标准浓度，mg/L。

此种方法可以以陆源污染物排放量最大为目标函数，最大限度地利用海洋的净化能力，在保证海域环境质量达标的前提下，求出各陆源污染物整体优化的允许排放量。由于排放量非负约束条件允许 $Q_i=0$，计算结果可能会出现某些污染源入海量有可能被优化掉的情况，尽管在数学上得到各个污染源所允许的入海量之和的最大值，但并不符合实际情况。主要是由于自然、社会、经济等原因，难以甚至不可能轻易改变当前污染源的布局现状，特别是河流入海口，从而实际上不可能大幅度封闭现有的污染源。这种情况下需修正或增加入海量的约束条件，使任何污染源的量 $Q_i>0$。

3．污染物总量分配的实用表达式

由于上述的简单线性优化方法可能不实用，优化结果会出现一些污染源的允许排放量为零而被"优化掉"的情况，从而结果是不可行的，无法被各方面接受。要使得到的解具有实用性，可以增加约束条件。如可以增加污染源的排放比例这个约束。不同污染源的排放比例可以根据不同的分配原则来建立，强调公平及效率。根据具体情况，增加不同的有倾向性的约束条件，建立分配原则，确定总量控制的核心问题——合理地分配比例。总量控制线性优化实用表达式如下：

目标函数：$\max z = \sum_{i-1}^{n} Q_i, i = 1, 2, \cdots, n$

约束方程：$\max z = \sum_{i-1}^{n} P_{ij}Q_i \leqslant C_{0i}, j = 1, 2, \cdots, m$

决策变量的上下限约束：$Q_{i\min} \leqslant Q_i \leqslant Q_{i\max}$

其他约束：$W(Q)_{i\min} \leqslant W(Q)_j \leqslant W(Q)$

当目标函数与约束方程为非线性时，或其中之一为非线性时，可采用非线性优化的方法。如当污染物排放量变化与污水量的变化有关，不再存在线性的响应关系，这时各控制点的浓度约束方程的系数矩阵将会随污水量的变化而变化，由于不能建立线性（或显式）的约束方程，可通过其他技术来寻找最优解。

非线性方程表达式如下：

目标函数：$\max z = \sum_{i-1}^{n} Q_i, i = 1, 2, \cdots, n$

约束方程：$\max z = \sum_{i-1}^{n} f(Q_i) \leqslant C_{0i}, j = 1, 2, \cdots, m$

决策变量的上下限约束：$Q_{i\min} \leqslant Q_i \leqslant Q_{i\max}$

其他约束：$W(Q)_{i\min} \leqslant W(Q)_j \leqslant W(Q)_{i\max}$

非线性规划用于海区容量测算会遇到计算复杂性问题，全局寻优的计算次数可达上万次，而海区一次稳定计算可能要 1 天，因此，非线性规划用于海区较困难。

4. 污染物总量分配的一种反向表达形式

由于线性规划问题中存在多维问题，可提出一种降维（多维变单维）的反向处理，可在分配比例（根据分配原则）确定的情况下，找到该原则下的最优解，使总量分配的线性规划问题简化。即对决策变量引入比例系数，对方程进行变换：

定比例的简化处理表达式：

$$\sum_{i=1}^{m} \frac{Q_i}{M} = \sum_{i-1}^{n} \beta_i = 1, i-1, 2, \cdots n;$$

$$\frac{Q_i}{M} = \beta_i \geqslant 0$$

目标函数：

$$\beta_i = \frac{Q_i}{M}$$

决策变量为：各源的排放量比例

$$Q_{si} = \frac{C_{si}(x, y)}{a_{si}(x, y)} = \frac{\gamma_i(x, y) \cdot c_s(x, y)}{a_{si}(x, y)}$$

$$C_{si}(x, y) = \gamma_i(x, y) \cdot c_s(x, y)$$

$$\gamma_i(x, y) = c_s(x, y) \Big/ c(x, y)$$

$$c(x, y) = \sum_{i=1}^{m} c_i(x, y)$$

$$c_i(x, y) = a_i(x, y) \cdot Q_i$$

$$EC = \iiint (C_s - C_0) d_v$$

$$\Delta\theta_j = -\eta\delta_j^n$$

$$\delta_{pj} = Q_{pj}(1 - Q_{pj})\sum_k \delta_{pk}\omega_{kl}$$

$$\delta_{pj} = (t_{pk} - Q_{pk})Q_{pk}(1 - Q_{pk})$$

$$\frac{\partial Q_j}{\partial \text{net}_j} = (\frac{1}{1 + e^{-(\text{net}_j + \theta_j)}})^I = O_j(1 - O_j)$$

$$O_j = \frac{1}{1 + e^{-(\sum_i W_{ji}O_i + \theta_j)}}$$

约束方程：$M\sum_{i=1}^{n}\frac{p_{ij}}{c_j}\beta_i \leq 1, j - 1, 2, \cdots m;$

或 $M \leq \dfrac{1}{\sum_{i=1}^{n}\dfrac{p_{ij}}{c_j}\beta_i}$

若按等比例削减，则相当于利用现状的分配比例，可直接推算。非等比例削减，可人为设计比例方案得到各方案的最大允许排放总量。线性规划的总量分配实用技术计算步骤：

①由分配原则决定目标函数中所有源的分配比例；

②由约束方程找到 $\sum_{j=1}^{m}\dfrac{p_{ij}}{c_i}\beta_j$ 最大的控制点，用其倒数计算容量；

$$M = \dfrac{1}{(\max\sum_{j=1}^{m}\dfrac{a_{ij}}{b_{jx}}\beta_j)}$$

③最后由分配原则确定的分配比例计算各源的允许排放量，得到该分配原则下的分配方案。一个分配原则下，可以有一个最佳允许排放量方案。多个分配原则下，可以有多个最佳允许排放量方案。因此，对于分配原则的结果，可以建立公平、效率、经济、科学的评估指标，确定最后的决策分配方案，通过规划模型计算允许排放量。

第五章 大连市海域污染系统分析与控制规划

本章以大连市及其重点海域为研究对象，在海域污染控制目标和近岸海域环境功能区划及海洋功能区划的基础上，分析、预测大连市重点海域主要污染物的排放趋势和环境容量，并有针对性地提出大连海域污染控制对策。

第一节 海域污染控制目标

近期（2007—2010 年）目标：建立起跨部门、跨地区、统筹城乡、陆海一体的长效协调工作机制，充分调动、发挥相关部门、地区、企业的积极性和创造性，形成统筹规划、分步实施、明确责任、齐抓共管、集中力量办大事、强化渤（黄）海环境保护的氛围。严格控制污染物排放量，工业废水全面稳定达标排放；城市垃圾集中处理率达 98%，城市污水集中处理率达 90%；农业面源综合控制率达 60%；切实增加湿地、林地面积；使地面水水质和近岸海域环境质量达到相应的功能区标准；大连海域环境质量得到根本改善。

中长期（2011—2020 年）目标：完善渤（黄）海环境协调工作机制，建立健全生态补偿机制，形成海洋经济开发与生态环境保护相协调、人与海洋、自然相和谐的发展模式，健全从陆地、河流到海洋一体化的生态环境保护体系，陆源污染和海洋环境、风险灾害等得到全面监控和有效防治，使大连海域成为经济与生态和谐共存的结合体，真正走上和谐、科学、可持续发展之路。指标体系见表 5-1。

表 5-1 大连海域污染控制指标体系

指标类型		指标名称	现状	规划水平年	
				2010 年	2020 年
海洋环境质量指标		清洁海域面积/km²	20 780	20 930	21 720
		重点类型海洋功能区达标率/%	100	100	100
林业生态指标		湿地保护与恢复面积/hm²	400 000	100 000	110 000
		防护林/km²	5 220	5 719.3	6 033.3
陆源控制指标	生态流量	入海生态流量/亿 m³	12.53	12.10	11.72
	入海河流水功能区达标	陆源污染物排放量/万 t	5.3	4.8	3.0
		污染物入河量/万 t	3.6	3.36	2.1
		污染物入海量/万 t	2.9	2.69	1.68
		污染物削减量（比上一规划水平年）/万 t	—	0.21	1.01
		功能区水质达标率/%	43	87.5	100

指标类型		指标名称	现状	规划水平年	
				2010 年	2020 年
陆源控制指标	工业污染源稳定达标	工业废水排放量/（万 t/a）	42 769	42 000	16 770
		COD 排放量/（万 t/a）	1.80	1.60	1.20
		氨氮排放量/（万 t/a）	0.40	0.35	0.20
		拟削减 COD 总量/万 t	—	0.20	0.60
		拟削减氨氮总量/万 t	—	0.05	0.20
		工业废水稳定达标率/%	97	100	100
	项目区域农业面源综合控制	农药化肥使用量减少率/%	2	10	15
		农作物秸秆利用率/%	50	100	100
		养殖废水无害化处理率/%	30	65	100
		畜禽粪便安全利用率/%	50	60	100
		农村生活垃圾分类收集率/%	0	30	100
		生活污水无害化处理率/%	2	30	85
		农业面源综合控制率/%	30	60	85
	城市污水集中处理	新建污水处理厂个数	—	21	10（新增，下同）
		污水处理厂规模/（万 m³/d）	58	227	100
		改造污水处理厂个数	—	5	
		COD 产生量/（万 t/a）	7.8	22.7	10
		氨氮产生量/（万 t/a）	0.5	1.5	0.7
		COD 削减量/（万 t/a）	3.6	14.3	7
		氨氮削减量/（万 t/a）	0.3	1.1	0.5
		城市污水集中处理率/%	73	90	100
	城市垃圾集中处理	新建垃圾处理场个数	6	23	30
		城市垃圾集中处理率/%	90.5	98	100
海洋灾害应急指标	应急反应能力	反应时间		6 h	6 h
		海清时间		1 周	1 周
		岸清时间		2 周	2 周
	预警水平减灾能力			1 000 t 溢油事故	1 000 t 溢油事故
监测系统能力指标	海洋		0	4	4
	入海河流		0	6	6
	重要水源地		0	2	2
	农业面源（重点区域）			100	100

第二节　环境功能区划

为保护海洋环境，大连市根据海域的自然资源条件、环境状况、地理区位、开发利用现状，并考虑地区经济与社会持续发展的需要，按照环境功能区的标准，将海域划分为不同使用类型和不同环境质量要求的功能区，用以控制和引导海域的使用方向，保护和改善海洋生态环境，促进海洋资源的可持续利用。

一、近岸海域环境功能区划

大连市的近岸海域共划分为 69 个环境功能区：一类功能区 9 个、二类功能区 8 个、三类功能区 12 个、四类功能区 40 个。大连市近岸海域环境功能区划见图 5-1。

图 5-1　大连市近岸海域功能区划（辽环函 [2006] 157 号）

四类环境功能区包括：海之韵公园西端至海中一点（和尚岛煤码头东端至大三山岛西南角连线和海之韵公园西端至大孤山半岛山西头连线的交汇点）至开发区日清码头东端连线以西所包围的海域（不包含碧海山庄附近海域和开发区红土堆子湾底至日清码头东端连线以西海域）；开发区大窑湾海域（大孤山半岛沙坨子至大窑湾大地村连线以西海域）、大孤山半岛北良码头北端至沙坨子向海延伸 1 000 m 所占海域；旅顺口区双岛湾、董砣子近岸向海延伸 2 000 m 范围内，旅顺口区三涧堡镇石付村红庙所在岸线向海延伸 1 000 m，旅顺口区大羊头北端至杨家村向海延伸 2 000 m；金州区三十里堡镇港口及临港产业区码头岸线向海延伸 2 000 m；辽宁红沿河核电厂码头岸线向海延伸 2 000 m；瓦房店市长兴岛马家咀子至高脑子角码头岸线向海延伸 1 000 m，长兴岛葫芦山咀至五沟西咀码头岸线向海延伸 1 000 m，西中岛拉脖山至长兴岛葫芦山咀码头岸线向海延伸 1 000 m，西中岛的景房身至大月口码头岸线向海延伸 1 000 m，凤鸣岛的毛礁山至郝家窝棚码头岸线向海延伸 1 000 m。上述码头岸线以审查通过的《长兴岛港区总体规划》为准，葫芦山湾和董家口湾除以上划定海域和航道、锚地必需的海域外，其余部分为功能待定区；庄河市黑岛黄家圈海域近岸 10 km²；小平岛军港、旅顺口区龙王塘渔港、旅顺军港；开发区曹家屯港、金石滩港；金州区荞麦山渔港、七顶山渔港、七顶山货港、杏树屯中心渔港；瓦房店市松木岛港（向海延伸 500 m）、将军石湾渔港、华铜港、永宁渔港；普兰店市皮口港（约 0.4 km²）、平岛港；庄河市庄河港（约 0.3 km²）、庄河新港（约 0.4 km²）、打拉腰港（约 2 km²）、南尖渔港（约 0.2 km²）、青堆子山龙头渔港（约 0.2 km²）、黑岛流网圈渔港（约 0.2 km²）、石山蛤蜊岛渔港(约 0.2 km²)、尖山高丽城渔港(约 0.2 km²)、王家镇客货码头(约 0.06 km²)、石城乡北嘴码头客货滚装泊位（约 0.43 km²）（注：以上没有注明海域面积的港口均从其占有的码头岸线向海域延伸 2 000 m）。

三类环境功能区包括：毛茔子西侧向海域延伸 2 000 m；碧海山庄所在海岸线向海延伸 2 000 m；开发区红土堆子湾底至日清码头东端连线以西海域；金州湾（从前石海湾至苏家屯连线以东约 8 km²）、金州区登沙河镇临港工业区岸线向海延伸 2 000 m、三十里堡镇港口及临港产业区岸线向海延伸 2 000 m、大魏家河口岸线向海延伸 500 m；辽宁红沿河核电厂温坨子厂址和江石底厂址所在地海岸线向海延伸 2 000 m；普兰店市海湾大桥以东海域；庄河市花园口临港工业园区所在地海岸线向海延伸 2 000 m、庄河口（约 0.4 km²）；长海县的各港口港区所占海域。

一类环境功能区包括：三山岛、小平岛南部玉皇顶、大坨子、二坨子、三坨子、四坨子、老偏岛周围 500 m 范围海域；开发区金石滩海滨地质遗迹、常江澳周围 500 m 范围海域；开发区黄咀子湾外东三辆车礁周围 500 m 范围海域；开发区城山头周围 500 m 范围海域；旅顺口区老铁山自然保护区沿岸海域（从柏岚子至董家村约 50 km 岸线向海延伸 1 000 m，不包含大羊头北端至杨家村海域和董坨子渔港）、蛇岛周围 1 000 m 范围海域；庄河市王家岛、形人坨周围海域；长海县核大坨子、乌蟒岛、獐子岛、南坨、后套周围 500 m 范围海域。

二类环境功能区：除上述各类环境功能区外的其余近岸海域。

二、海洋功能区划

大连市海洋功能区划见图 5-2。

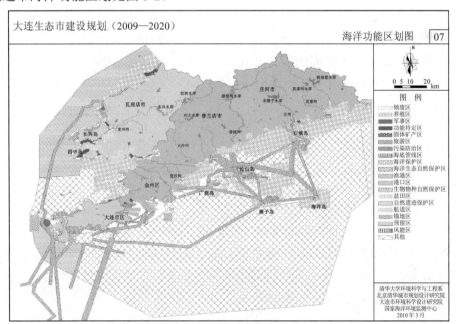

图 5-2　大连市海洋功能区划

大连市海洋功能区划将大连管辖海域划分为 10 个一级类、24 个二级类，共计 562 个功能区。包括：港口航运区、渔业资源利用和养护区、矿产资源利用区、旅游区、海水资源利用区、海洋能利用区、工程用海区、保留区、特殊利用区、海洋保护区。其中，浮渡河口—三台子海域：从浮渡河口至仙浴湾镇好坨子。包括李官镇、土城乡、永宁镇、西杨乡、驼山乡、东岗镇、仙浴湾镇、三台子乡海域。本区主要功能为养殖、港口及临港工业、旅游、海洋保护。其中，浮渡河口—长咀子为养殖、港口、旅游区；长咀子—大咀子为养殖、渔港和渔业设施基地建设区、旅游区；大咀子—好坨子为港口、旅游、养殖、海洋保护区。将军石近岸海域为渔港区，温坨子近岸海域为港口及临港工业区（重点保证核电站建设用海需要）。

长兴岛附近海域：包括长兴岛、西中岛、凤鸣岛海域。本区以港口及临港工业为主，协调发展旅游、养殖及海洋保护。其中，以长兴岛与西中岛之间的葫芦山湾为中心，向北延伸至长兴岛北侧岸线（复州湾南侧岸线），向南延伸至西中岛南侧岸线，远期发展至凤鸣岛北侧岸线，为港口及临港工业区。大于 20 m 等深线的水域为除航道区和锚地之外，其余海域为功能待定区。

复州湾镇—金州七顶山葫芦套屯海域：包括三台乡、谢屯镇、复州湾镇、炮台镇、铁西办事处、南山办事处、石河、三十里堡及七顶山海域。本区主要功能为港口及临港产业、工程用海、盐田、养殖、旅游。其中，陈西屯—里坨子为工程用海、盐田区；里坨子—亮子山为港口、养殖区；亮子山—七顶山乡葫芦套屯为港口及临港产业、工程用海、养殖、旅游区，其中，三十里堡西北渤海沿岸为港口及临港产业区，普兰店湾东部海域为工程用海区。除上述功能外，普兰店湾中部海域为功能待定区。

七顶山乡—旅顺西湖咀村海域：包括金州区、甘井子区、旅顺口区部分海域。本区主要功能为养殖、旅游。其中，金州七顶山葫芦套屯—甘井子大黑石为养殖、旅游、盐田、工程用海预留区（毛茔子垃圾场及附近海域）。其中，葫芦套屯至毛茔子河近岸海域为金州西海岸旅游区；大黑石—旅顺西湖咀为旅游、养殖区。除上述功能外，荞麦山屯—鹿岛—东蚂蚁岛—西蚂蚁岛为海底管线区，鹿岛、东西蚂蚁岛礁坨及其周围水域为保护预留区；其他海域为功能待定区。

旅顺西湖咀村—铁山镇盐场海域：包括旅顺口区南部部分海域。本区主要功能为港口及临港工业、旅游、海洋保护。其中，双岛湾为港口及临港工业区；董家村—大羊头为养殖、旅游区；二羊头—四羊头为港口及临港工业区、旅游区；蛇岛及其周围 200 m 海域范围、铁山镇部分海域为自然保护区。除上述划定的功能外，小杨树村—老铁山东角海岸线向海 4 000 m 范围内为潮汐能预留区；其余为功能待定区。

旅顺铁山镇盐场—大连半岛南部黄白咀海域：包括旅顺口区东部和大连市城区南部海域。本区在保证旅游用海的前提下，严格控制海上养殖，逐步取消浮筏养殖，发展海底底播增殖。其中，旅顺口湾—黄金山为旅游、港口区；龙塘镇庙西—黄白咀为旅游、海洋保护区。除上述功能区外，其余海域为功能待定区和海底管线区。

大连湾—大窑湾海域：大连半岛南部黄白咀至大地半岛南端。本区主要功能为港口，兼顾临港工业及旅游，港界线以内水域及以外的航道、锚地，禁止浮筏养殖和设置网具。

小窑湾—登沙河口海域：里坨子至登沙河口。本区主要功能为旅游、养殖、海洋保护、港口及临港产业。其中，里坨子—清云河口为旅游、养殖区；清云河口—曹家屯为养殖、旅游区；曹家屯—登沙河口为港口及临港产业、养殖、海洋保护区，其中，开发区大李家城山头近岸海域为海滨地貌国家级自然保护区，登沙河口及附近海域为港口及临港产业区。

登沙河口—普兰店赵家海域：包括金州区、普兰店市部分海域。本区主要功能为养殖、旅游。其中，登沙河口—普兰店赵家为养殖、旅游区；黑岛海域为旅游、养殖区。除上述功能外，猴儿石村—黑岛端头为海底管线区。

普兰店赵家—碧流河口海域：包括皮口镇海域。本区主要功能为港口及临港产业、养殖。其中，杨树房镇唐家咀子—夹心子为港口及临港产业（重点保证皮口港建设用海需要）、旅游、养殖；夹心子—碧流河口为养殖、盐田区。除上述功能外，皮口港—长海县、皮口港—平岛连线设有航道区；皮口镇沙家村—平岛西北角、皮口港—平岛东北角连线、碧流河乡后王村—长海县大长山岛连线为海底管线区。

碧流河口—庄河打拉腰子海域：本区主要功能为工程用海、养殖、旅游。其中，碧流河口—后限子为工程用海、养殖区，其中，花园口、小郭店盐场近岸海域为工程用海区；盖子头—打拉腰为旅游、养殖、潮汐能区。除上述功能外，高丽城沿海为渔港及渔业设施基地建设区。

庄河打拉腰子—英那河口海域：本区主要功能为港口及临港工业、养殖、旅游。其中，打拉腰子—庄河河口为港口、旅游、养殖区；庄河河口—苗家沟为港口及临港工业、养殖、潮汐能区，其中黑岛近岸海域为港口及临港工业区（重点保证庄河电厂工程用海需要）；苗家沟—北吴屯为旅游、海洋保护区。除上述功能外，沙包子—石城岛端头连线为海底管线区；蛤蜊岛、白坨子、二坨子、三坨子、四坨子及附近海域为旅游、功能待定区。

青堆子湾海域：英那河口至庄河市与东港市交界处。本区主要功能为养殖、渔港、港口。其中，英那河口—南尖岳家隈子为养殖、渔港、港口区；南尖岳家隈子—庄河市与东港市交界处为养殖区。除上述功能外，10 m 等深线以外海域为功能待定区。

长山群岛海域：本区主要功能为养殖、旅游、港口。其中，外长山列岛为养殖、捕捞区；里长山列岛为港口、养殖、旅游；石城列岛以港口及临港工业为主，协调发展旅游、养殖等；王家岛为港口、养殖、捕捞、海洋保护区；大坨子及其附近海域为海洋保护区。

2005 年对大连市 55 个入海排污口进行监测，并对大连海洋功能区进行达标评价，结果显示，大连市近岸海域站位达标率、功能区达标率均为 95%。各监测点位一次值符合相应功能区水质标准。"十五"期间，对 53 个一般陆源入海排污口和 2 个重点陆源排污口实施了监测。监测结果显示，58% 的排污口存在不同程度的超标排放现象。年污水入海总量（含部分入海排污河径流）约 4.34 亿 t，主要入海污染物量约 6.432 万 t，其中 COD 2.72 万 t，占所监测的入海污染物总量的 42.3%。近岸海域水质监测和其他随机性监测结果表明，大连近岸海域环境污染加剧、生态系统退化。污染物主要来源于陆源排污，主要污染物是 COD 和氨氮。

第三节 主要污染物排放趋势分析

一、生活源排放预测

按照预测的大连市规划年城镇人口规模，计算得出大连市规划年城镇生活污染排放量，如表 5-2 所示。2015 年大连市生活 COD、氨氮产生量分别为 105 495.95 t、10 549.60 t，2020 年大连市生活 COD、氨氮产生量将分别达到 126 830.2 t、12 683.02t。

表 5-2　规划年大连市生活污染物产生量　　　　　　　　单位：t

区县	2015 年产生量		2020 年产生量	
	COD	氨氮	COD	氨氮
中山区	9 453.50	945.35	9 709	970.90
西岗区	8 176.00	817.60	8 431.5	843.15
沙河口区	17 374.00	1 737.40	17 885	1 788.50
甘井子区	17 016.30	1 701.63	19 673.5	1 967.35
旅顺口区	3 372.60	337.26	4 701.2	470.12
金州区	11 497.50	1 149.75	15 943.2	1 594.32
长海县	1 022.00	102.20	1 226.4	122.64
瓦房店市	16 556.40	1 655.64	22 688.4	2 268.84
普兰店市	11 114.25	1 111.43	13 797	1 379.70
庄河市	9 913.40	991.34	12 775	1 277.50
总计	105 495.95	10 549.60	126 830.2	12 683.02

按照现有规划，2015 年大连市建设的污水处理设施日处理规模为 200 万 m^3，2020 年，规划建设的污水处理设施日处理规模为 230 万 m^3，计算得出大连市规划年生活污染物排放量，如表 5-3 所示。

表 5-3　大连市规划年生活污染物排放量　　　　　　　　单位：t

区县	2015 年排放量		2020 年排放量	
	COD	氨氮	COD	氨氮
中心城区	9 944.80	994.48	8 674.00	867.40
旅顺口区	897.60	89.76	246.20	24.62
金州区	607.50	60.75	1 093.20	109.32
长海县	1 022.00	102.20	236.40	23.64
瓦房店市	716.40	71.64	413.40	41.34
普兰店市	1 214.25	121.43	1 422.00	142.20
庄河市	1 003.40	100.34	400.00	40.00
总计	15 405.95	1 540.60	12 485.2	1 248.52

注：中心城区包括中山区、西岗区、沙河口区、甘井子区。

二、工业源排放预测

基于工业污染源普查数据计算得出现状排污量，预测污染物产值排放强度每年降低
5%，得出大连市规划年工业分行业污染物排放量，参见表 5-4，按照现状工业布局，得出
分区县规划年工业污染物排放量，参见表 5-5。2015 年工业水污染物排放量是现有排放量
的 1.8 倍，2020 年排放量是现有的 2 倍。

表 5-4　大连市规划年工业分行业污染物排放量　　　单位：t

行业分类	2015 年排放量		2020 年排放量	
	COD	氨氮	COD	氨氮
石油化工	7 060.75	456.73	9 259.70	569.02
电子信息	617.52	62.93	809.78	78.39
机械制造	2 456.98	176.39	2 940.67	200.56
交通设备	1 440.81	28.43	1 891.10	35.45
精细化工	6 812.24	705.38	7 092.21	697.65
精细钢材	1 939.00	69.36	2 545.37	86.50
食品加工制造	10 630.91	881.01	11 579.27	911.62
纺织服装	75.44	0.00	78.40	0.00
建材	235.33	9.13	243.69	8.98
轻工业	2 900.75	44.52	3 161.61	46.10
电力、燃气及水的生产和供应业	1 616.73	9.04	1 852.83	9.84
合计	35 786.46	2 442.92	41 454.64	2 644.12

表 5-5　大连市分区县规划年工业污染物排放量　　　单位：t

区县	2015 年排放量		2020 年排放量	
	COD	氨氮	COD	氨氮
长海县	78.85	4.93	91.34	5.34
甘井子区	15 027.14	1 441.73	17 407.27	1 560.47
金州区	7 861.97	563.65	9 107.22	610.07
旅顺口区	1 569.26	59.56	1 817.81	64.47
普兰店区	3 795.17	79.09	4 396.28	85.61
沙河口市	508.46	38.69	589.00	41.88
瓦房店市	2 165.53	63.35	2 508.52	68.57
西岗区	771.20	9.41	893.35	10.18
中山区	37.86	1.14	43.86	1.23
庄河市	3 971.02	181.36	4 599.99	196.29

三、农业面源排放预测

农业产生的非点源污染主要是指在农业生产过程中使用或产生的化肥、农药、农膜及其他有机物，畜禽养殖产生的污染物对土壤、淡水水域和近海海域等的污染。根据清华大学对国内非点源污染排放规律的研究，基于农业产值和规模、种植结构、养殖结构等，预测大连市规划年农业非点源污染物排放如表 5-6 所示。

表 5-6   2010 年和 2020 年大连市农业非点源污染物排放量   单位：t

分区	2010 年			2020 年		
	COD_{Cr}	NH_3-N	TP	COD_{Cr}	NH_3-N	TP
主城区	670	470	120	660	470	120
金州区	1 530	1 050	290	1 620	1 100	290
庄河市	3 790	2 490	660	4 200	2 720	730
瓦房店市	3 400	2 510	640	3 680	2 670	680
普兰店市	3 940	2 690	690	4 180	2 840	740
长海县	80	40	10	80	40	10
总计	13 400	9 260	2 410	14 420	9 850	2 570

结果表明，大连市规划年种植业产业结构调整和畜禽养殖业发展的综合环境效应表现为全市农业非点源污染负荷增加。2010 年和 2020 年排放 COD_{Cr}：13 400 t、14 420 t；NH_3-N：9 260 t、9 850 t；TP：2 410 t、2 570 t。北三市是农业非点源污染排放的主要区域，占全市非点源 COD_{Cr} 和 NH_3-N 排放总量的 80% 以上。

四、总排放量

根据以上的预测结果，计算得出大连市 2015 年 COD 排放量为 6.46 万 t，氨氮排放量为 1.32 万 t，2020 年 COD 排放量为 6.84 万 t，氨氮排放量为 1.37 万 t。

表 5-7   大连市规划年污染物排放量   单位：t

分类	2015 年排放量		2020 年排放量	
	COD	氨氮	COD	氨氮
工业	35 786.46	2 442.92	41 454.64	2 644.12
生活	15 405.95	1 540.60	12 485.20	1 248.52
农业	13 400	9 260	14 420	9 850
总量	64 592.41	13 243.52	68 359.84	13 742.64

第四节　环境容量分析

海洋与人类活动息息相关，不仅可为人类提供生活和生产资料，而且以舒适和娱乐等形式及其他多种功能为人类提供服务，接纳和再循环由人类活动产生的废弃物也是海洋的一大功能。海洋由于其本身特有的净化能力，对人类活动的排放物有一定的承受量或负荷量，即通常所说的海域环境容量。从环境科学的角度看，海域环境容量是人类最为宝贵的环境资源。对大连海域实施有效的总量控制，首先必须查明污染物在海区内环境动力作用下的输移规律及其影响浓度的分布特征，从而建立受纳水体与排放源之间的响应关系，在此基础上，计算大连海域的环境容量，进而达到实施污染控制的目的。

一、模型选择

1. 污染扩散模型

污染物输移扩散规律的研究是环境容量研究和总量控制计算的技术基础。

在完成海区潮流场数值模拟的基础上，建立海域污染扩散数值模型，研究入海污染物在海区内的输移扩散过程和污染物影响浓度的空间分布规律，适用于垂向混合充分的浅海的二维深度平均的平流扩散方程为：

$$\frac{\partial (HP)}{\partial t} + \frac{\partial}{\partial x}(HUP) + \frac{\partial}{\partial y}(HVP) = \frac{\partial}{\partial x}\left(HK_x \frac{\partial P}{\partial x}\right) + \frac{\partial}{\partial y}\left(HK_y \frac{\partial P}{\partial y}\right) + S_m$$

此处 P 是某污染物的深度平均浓度，由下式计算：

$$P = \frac{1}{H}\int_{-h}^{s} P\mathrm{d}z$$

式中，U、V 是深度平均速度在 x、y 方向上的分量，S_m 是污染物的入海负荷量。方程的左端第二、三项是物质平流项。右端前两项是弥散项，代表剪流和湍流的影响，扩散系数 K_x、K_y 根据 Elder 公式确定：

$$K_x = 5.93\sqrt{gh}c^{-1}|U|$$

$$K_y = 5.93\sqrt{gh}c^{-1}|V|$$

式中 c 是糙度系数。

污染物扩散方程的边界条件为：在海岸边界上，物质不能穿越边界，即 $\frac{\partial P}{\partial n} = 0$；在开边界上，流出时满足 $\frac{\partial P}{\partial t} + V_n\frac{\partial P}{\partial n} = 0$；流入时，各边界点上的浓度已知，$P = P_0(x, y)$。初始浓度为已知值，在计算影响浓度时，可令其为零。

采用有限差分方法对污染物扩散方程进行数值离散化处理。差分网格仍采用交错式网格。

2．海洋环境容量计算模型

（1）污染源输入——纳污水域的响应特性

特定海区的水质状况是多种环境影响因子相互作用的结果。这些因素主要包括：排污口的位置和排放强度、海域的自净能力（主要为物理自净能力）等。这些影响因素构成一个复杂的相互作用系统，即海域水质污染源的响应系统。一般来说，在海区环境动力条件不变的情况下，海域水质对污染源强的响应是相对固定的，处于一种动态平衡状态。根据质量守恒原理，可以确定控制这一系统的数学表达式：

$$\frac{\partial(HC)}{\partial t} + \nabla(H\bar{V}C) = \nabla(HD \cdot \nabla C) + HS$$

式中，C——污染物的浓度；

V——深度平均流速；

H——水深；

D——扩散系数；

S——源函数。

（2）响应系数

由输运方程的性质可知，在环境动力条件不变的情况下，海域的水质取决于排放源的性质（源点的位置、强度及化学组成等）。平衡浓度场是海洋水体对于源的响应。前述分析表明，这种响应关系是线性的，因而可以用简单的函数关系来描述源强与平衡浓度场之间的联系，即有：

$$C_i = P_i S_i$$

式中，S_i——第 i 个点源的排放强度；

C_i——在第 i 个点源单独作用下所形成的平衡浓度值；

P_i——与第 i 个点源有关的系数。

上式可以改写为：

$$P_i = C_i / S_i$$

（3）分担率

在多个污染源共同作用的情况下，水体中某特定控制点的浓度为各个污染源单独作用所形成的浓度之和，即：

$$C = \sum_{i=1}^{n} C_i$$

N 为源点个数，令

$$R_i = C_i / C$$

则 R_i 代表了第 i 个点源对总浓度的贡献百分比，称为污染责任分担率。

（4）混合区计算

污染物自排污口排出进入水体，其浓度在排污口处最大，随着污染物与水体的不断混合，污染物浓度沿流动方向下降。当污染物浓度下降（或稀释度上升）到某种规定的水平时，其相应的位置与排污口之间形成的空间称为混合区。所谓规定的水平，从环境管理要求来说，即根据水体功能所需满足的国家地面水质标准（或规定的稀释度）。按此标准所规定的混合区，实际上就是排污口与达标区之间的一块允许超标区。

（5）总量控制计算流程

允许排放量的计算是总量控制的基础。允许排放量定义为在满足一定的水质目标要求的条件下，各个排污口允许排海的某种污染物的最大限值。某污染物的排放总量为各个排污口允许排放量之和。水质标准是计算允许排放量的约束条件，海区动力条件和沿岸排污口的布局是计算允许排放量的客观条件。在这些条件确定的前提下，允许排放量的数值也是确定的，可通过一系列的计算工作得到。然后根据现状排污量便可以推算出各个排污口排污的超量，进而确定削减量和削减率，将排污削减计划落实到各个排污口。

综上所述，总量控制计算的全部过程可以归纳为图 5-3 所示的流程图。

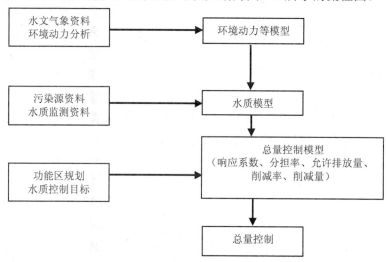

图 5-3　海域环境污染物总量控制计算流程

二、计算结果

通过上述模型计算得出 COD 排放增量和 COD 海洋环境容量。具体见表 5-8。

表 5-8　海域 COD 环境容量　　　　　　　　　　　　单位：t/a

海域	2007 年环境容量	2020 年排放增量	2020 年环境容量
长兴岛周边海域	8 277	7 057	1 220
大连湾	1 305	-12 574	13 879
金州湾	310	-5 590	5 900
营城子湾	368	137	231
小窑湾	767	125	642
瓦房店西北海域	1 246	67	1 179
庄河市东南海域	9 997	6 963	3 034
旅顺周边海域	666	207	459
普兰店湾	6 686	4 093	2 593

海域	2007 年环境容量	2020 年排放增量	2020 年环境容量
南部沿海	1 345	-7 038	8 383
金州及普兰店东南海域	1 129	1 018	111
大窑湾	1 783	279	1 504
合计	33 879	-5 256	39 135

　　从现状看，长兴岛工业园区、花园口工业园区、松木岛化工区等主要工业园区均位于环境容量较大的区域。环境容量的空间分布特征与产业布局基本一致。2020 年长兴岛周边海域、庄河东南海域环境容量仍有较大剩余。

三、重点海域环境容量分析

　　在现有排污方式（排污口位置）基础上，依据海洋功能区划确立的海洋环境管理目标，大连湾、普兰店湾、长兴岛海域作为未来污染控制的重点海域环境容量如下。

1. 大连湾海域环境容量

　　水质控制目标：COD 小于等于 5 mg/L；无机氮小于等于 0.50 mg/L；活性磷酸盐小于等于 0.045 mg/L。

　　混合区范围：混合区的半径统一确定为 300 m。

　　排污口现状：在剔除非污染性质的排放口的前提下，目前大连湾共有 42 个排污口。

　　为了便于进行数模计算，对位置较贴近的排污口进行适当的合并，合并后得到 18 个排污口（图 5-4、图 5-5）。分担率计算结果显示，在排污口混合区附近，分担率为 80%～90%，每个排污口对周围海区的污染责任可占 80%～90%。也就是说，在混合区边缘上，由本地排污口所施加的影响占同作用结果的 80%～90%，其余 10%～20% 的影响为其他排污口的共同允许浓度增量；各水质控制指标允许浓度增量列于表 5-9。

图 5-4　大连湾沿岸排污口位置　　　　　图 5-5　大连湾沿岸排污口合并位置

排污口的允许排放量：各项控制指标允许排放量见表 5-10 至表 5-13。

表 5-9　各排污口 COD 的本底值和允许浓度增量　　　　单位：mg/L

排污口序号	参考监测点	本底值	允许浓度增量
1	HZ1ZQ018	2.3	2.7
2	HZ1ZQ018	2.3	2.7
3	HZ1ZQ018	2.3	2.7
4	HZ1ZQ018	2.3	2.7
5	1 号站	1.12	3.88
6	1 号站	1.12	3.88
7	1 号站	1.12	3.88
8	15 号站	1.4	3.6
9	15 号站	1.4	3.6
10	15 号站	1.4	3.6
11	2 号站	1.2	3.8
12	2 号站	1.2	3.8
13	17 号站	1.2	3.8
14	17 号站	1.2	3.8
15	17 号站	1.2	3.8
16	17 号站	1.2	3.8
17	17 号站	1.2	3.8
18	25 号站	0.72	4.28

表 5-10　各排污口磷酸盐的本底值和允许浓度增量　　　　单位：mg/L

排污口序号	参考监测点	本底值	允许浓度增量
1	HZ1ZQ018	0.003	0.042
2	HZ1ZQ018	0.003	0.042
3	HZ1ZQ018	0.003	0.042
4	HZ1ZQ018	0.003	0.042
5	1 号站	0.017	0.028
6	1 号站	0.017	0.028
7	1 号站	0.017	0.028
8	15 号站	0.019	0.026
9	15 号站	0.019	0.026
10	15 号站	0.019	0.026
11	2 号站	0.004	0.041
12	2 号站	0.004	0.041
13	17 号站	0.003	0.042
14	17 号站	0.003	0.042
15	17 号站	0.003	0.042
16	17 号站	0.003	0.042
17	17 号站	0.003	0.042
18	25 号站	0.010	0.035

表 5-11　各排污口 COD 允许排放量和削减量　　　　　　　　单位：t/a

排污口序号	允许排放量	削减量	现有排污量
1	445.797	239.893	685.69
2	541.953	2 798.122	3 340.075
3	164.871	3 019.702	3 184.573
4	174.240	5 957.002	6 131.242
5	1 002.951	—	301.586
6	369.171	—	34.649
7	483.426	—	265.512
8	450.909	—	252.899
9	866.637	15 855.363	16 722.69
10	731.925	10 319.067	11 050.992
11	2 201.085	—	1 832.987
12	620.919	—	312.365
13	917.901	—	360.0
14	710.028	—	544.438
15	1 687.842	1 490.398	3 178.24
16	306.054	—	57.8
17	849.906	—	310.342
18	690.993	—	19.848

表 5-12　各排污口磷酸盐允许排放量和削减量　　　　　　　　单位：t/a

排污口序号	允许排放量	削减量	现有排污量
1	6.935	—	0
2	10.49	17.596	28.086
3	2.565	33.960 4	36.575
4	2.711	36.271	38.982
5	7.238	—	0
6	2.664	—	0
7	3.458	—	0
8	3.257	—	0.128
9	6.259	47.028	53.287
10	5.286	3.132 1	8.418 1
11	23.749	—	0
12	6.699	—	0
13	10.145	—	0
14	7.848	0.642	8.49
15	18.655	—	0
16	3.383	—	0
17	9.394	—	0
18	5.651	—	0

表 5-13　各排污口无机氮排放容量的计算结果　　　　单位：t/a

排污口序号	排放容量	现有排放量
1	82.555	0.151
2	100.362	379.01
3	30.532	392.522
4	32.267	561.224
5	129.246	0
6	45.574	0
7	62.297	3.656
8	62.267	0.341
9	120.366	1 888.872
10	101.656	1 566.436
11	289.616	204.669
12	81.699	0.205
13	120.776	0
14	93.425	66.579
15	222.085	0.022
16	40.270	0.2
17	111.830	0.206
18	80.724	0.344

2．长兴岛海域环境容量

水质控制目标：COD 小于等于 2.0 mg/L，无机氮小于等于 0.20 mg/L，无机磷小于等于 0.015 mg/L。

混合区范围：混合区的半径统一确定为 200 m。

排污口现状：长兴岛目前没有排污口。考虑未来社会经济发展的需求，我们选取有代表性的地点布设假想排污点和排放源强来进行预测工作。根据本海区的海洋动力分布特征，我们在长兴岛的西侧和北侧距岸 1 000 m 处设置排放源分别为 1#和 2#排污点，在葫芦山湾的湾口距北岸 1 000 m 处设置 3#排污点，1#为居民区、2#为规划的临港工业带、3#为目前的港区（图 5-6）。

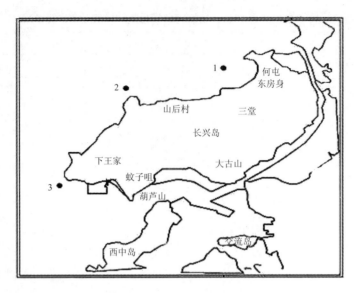

图 5-6 拟选排污口位置示意

允许浓度增量及排放量：各排污口水质控制指标的允许浓度增量及排放量见表 5-14、表 5-15、表 5-16。

表 5-14 COD 允许排放量计算结果

排污口	水质目标/ （mg/L）	本底浓度值/ （mg/L）	允许浓度增量/ （mg/L）	允许排放量/ （t/a）
1	2.0	1.0	1.0	8 277.2
2	2.0	1.0	1.0	29 200.0
3	2.0	1.0	1.0	27 422.6

表 5-15 无机氮允许排放量计算结果

排污口	水质目标/ （mg/L）	本底浓度值/ （mg/L）	允许浓度增量/ （mg/L）	允许排放量/ （t/a）
1	0.20	0.01	0.19	1 572.7
2	0.20	0.01	0.19	5 548.0
3	0.20	0.01	0.19	5 210.3

表 5-16 无机磷允许排放量计算结果

排污口	水质目标/ （mg/L）	本底浓度值/ （mg/L）	允许浓度增量/ （mg/L）	允许排放量/ （t/a）
1	0.015	0.005	0.010	82.8
2	0.015	0.005	0.010	292.0
3	0.015	0.005	0.010	274.2

3．普兰店湾海域环境容量

水质控制目标：COD 小于等于 3.0 mg/L，无机氮小于等于 0.30 mg/L，无机磷小于等于 0.030 mg/L。

混合区范围：混合区的半径统一确定为 200 m。

排污口现状：普兰湾目前没有排污口。为了适应未来发展的需求，根据水动力条件、港口、池塘养殖污水排放及规划的化工区等综合分析，选择适当的地点预留污水排污口。两个排污口的坐标分别为（图 5-7）：

1 号排污口	121°42′45″E	39°22′24″N
2 号排污口	121°41′00″E	39°21′24″N

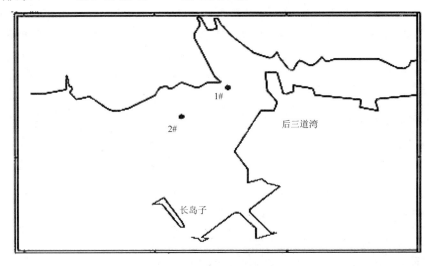

图 5-7　规划排污口位置示意

允许浓度增量及排放量：各排污口水质控制指标的允许浓度增量及排放量见表 5-17、表 5-18、表 5-19。

表 5-17　COD 允许排放量计算结果

排污口	水质目标/ （mg/L）	本底浓度值/ （mg/L）	允许浓度增量/ （mg/L）	允许排放量/ （t/a）
1	3.0	0.7	2.3	6 685.6
2	3.0	0.7	2.3	5 229.5

表 5-18　无机氮允许排放量计算结果

排污口	水质目标/ （mg/L）	本底浓度值/ （mg/L）	允许浓度增量/ （mg/L）	允许排放量/ （t/a）
1	0.30	0.176	0.124	360.7
2	0.30	0.176	0.124	281.9

表 5-19　无机磷允许排放量计算结果

排污口	水质目标/ （mg/L）	本底浓度值/ （mg/L）	允许浓度增量/ （mg/L）	允许排放量/ （t/a）
1	0.030	0.025	0.005	14.5
2	0.030	0.025	0.005	11.4

第五节　大连海域污染控制对策研究

一、陆域污染控制

大连海域污染主要是陆域污染物排放对近岸海域造成的污染，对海域污染控制的重点之一就是控制陆源污染，不仅要将入海河流的污染防治与河口处的环境保护作为一个整体，而且应该加强河流入海河口区区域环境管理，实现海域污染的海陆一体化调控。

1. 建立海域环境保护机制

（1）成立大连市海洋环境保护统筹协调委员会

1）统筹协调任务

最关键的任务是成立由市发改委牵头，政府相关部门参加的大连市海洋环境保护统筹协调委员会，将海洋环境保护总体规划落到实处。

市发改委作为建立海洋环境保护综合管理机制的牵头单位，将组织协调落实两项工作：

一是协助政府成立海洋环境保护统筹协调委员会，开展统筹协调机制试运行，下设专家委员会和办公室并具备工作条件。

二是组织海洋局、环保局、水利局、农委、林业局、交通部门制定海陆统筹的监测系统方案。

2）统筹协调委员会

参与单位：发改委、海洋局、环保局、水利局、农委、林业局、交通部门、市建委、各区市县的先导区以及相关部门有关下属单位。由发改委牵头。

专家委员会和办公室在统筹协调委员会下设两个工作实体。

一是专家委员会，以规划编制组为基础，为上述统筹协调任务编制专项实施方案，报委员会审核后项目进入基建程序。

二是办公室。为各部门提供服务，组织委员会会议，并向有关部门传送会议决定，并向上级单位汇报，定期组织专家对规划实施情况进行评估，并在此基础上对规划进行必要的修编。

（2）建立配套制度，确保规划各项任务落到实处

1）入海污染物排放总量控制制度

必须改变入海污染物排放总量底数不清的现状。需要单独安排入海排污口、入海河流的水质、水量监测，确定入海污染物总量，并分水期进行污染物总量控制分配。这一分配应区分直排口和入海河流。直排口分配至汇流区域内的重要污染源和污水处理厂排污口。

入海河流则分配至各入河排污口，并上溯到各入河排污口的汇流区域，对汇流区域内的主要污染源和污水处理厂排污口分配总量控制指标。

目前，仅提出区域性削减10%排污总量的做法，不是真正意义上的入海污染物排放总量控制制度，需要环保、水利、海洋等部门联手做好基线调查，制定总量控制分配方案，使这一制度起步并实施。

2）入海河流功能区达标考核制度

在入海污染物排放总量控制制度未建立之前，可以以入海河流功能区达标考核制度考核陆域污染物总量控制。水资源综合规划中主要入海河流的纳污能力及限制排污总量建议，已作为对陆域污染物实行总量控制的依据，需要水利、环保部门就这一限制总量指标的分期实施方案进行论证，并提出分期实施方案，作为入海污染物总量控制的组成部分。

3）有偿使用海洋资源和水生生物资源制度

为保证海洋资源和水生生物资源的可持续利用，建立并完善海洋金制度和有偿使用水生生物资源制度，授权主管部门，在统筹协调和必要听证之后，建立这些制度，使用经济手段促进资源节约和有序开发，为资源保护提供必要的经济支持。

4）高风险污染源强制保险制度

海上石油平台、通航船舶、排入重要类别功能区的敏感污染源，都属于高风险污染源，一旦发生事故，社会反响大，环境后果严重，事故后续处理费用高昂。由国内保险公司实施强制保险制度，亦可再由国外保险公司或银行实行再保险制度。企业在准予保险之前，对其预防事故的各项措施有全面的考核要求，可以促进企业的环境预防、环境管理上的准备。在保险生效之后，一旦发生突然事故，又有强大的财力支持。通过此项制度，逐步把高风险的污染源监督管理引入市场机制。

（3）提供导向资金，促进海洋环境保护建设项目健康发展

应改变依靠政府作为投资主体的做法，采用导向政策，给予相当比例补贴，运用市场手段，依靠经济激励政策，实现海洋环境保护计划。

1）工业污染源清洁生产循环经济项目补贴

自淮河治污以来，对工业污染源一直实行"谁污染，谁治理"的方针，对工业污染源治理未给予补贴，只靠政府监督，难以激发企业治理污染的积极性。工业污染源排放总量较大，其削减排污量的潜力仍大于污水处理厂。在这种情况下，工业企业通过清洁生产、循环经济项目，在节水、节能、节约资源的同时，有效削减排污总量，对转变经济增长方式、提高企业社会责任都有作用。对此类建设项目，建议市政府按照循环经济和清洁生产的水平给予补贴，补贴标准为5%～10%。

2）控制农业面源项目补贴

借鉴国外成功经验，利用"WTO 绿箱政策"对农业面源污染防治给予必要的财政补贴，引导农民采用清洁种植和清洁养殖生产技术，增施有机肥，结合农业面源污染治理工程建设，采取财政补贴方式，对采用清洁生产技术的农民给予一定补贴。以村为单位，定期进行检测与评估，根据评估结果核定补贴标准。同时，发挥农民的主体作用，完善监督机制，保障平稳运行。补贴标准为10%～20%。

3）城市污水处理厂 L 级改造补贴

"十五"建设的经验表明，为污水处理工程建设投资不一定能收到很好的环境治理效益，很多项目因缺乏必要的管网配套资金，在污水处理厂建成后很长时间都成为"晒太阳工程"。在今后的建设中，政府应转变投资方向，由原来的污水处理厂建设投资转向管网、污泥处理处置，旧厂改造和再生水工程建设上来。

建议市政府在审批新增污水处理能力项目时以管网是否能够配套为前提，要在可行性研究报告中提出切实可行的建设方案（包括拆迁和移民安置等）和资金配套方案，否则不予批复。城市污水处理厂补贴，可以从 L 级改造、污泥处理处置项目开始，补贴标准为10%～30%。

4）农业节水项目补贴

农业节水工程是节水的主战场，应对粮食主产区、现代农业区的灌溉示范项目给予补贴。对开辟新水源的非常规水源利用工程，包括海水直接利用和海水淡化示范工程项目、城市污水集中处理回用示范工程项目、矿井水利用示范工程项目也应给予补贴。

5）设立节能降耗减排奖励基金

节能降耗减排是推进结构优化和增长方式转变的有力抓手。要加快发展现代服务业、现代制造业、高新技术业，坚决调整不符合大连发展定位的产业。对节能降耗减排的项目进行奖励，引导企业开展清洁生产，实现节能、降耗、减污、增效，从源头削减污染，提高资源利用效率，进一步保护和改善环境，促进经济与社会可持续发展。

（4）推进城市水务产业市场化

国家海洋环境保护总体规划中提出了设立水务产业发展基金，大连市应争取这部分资金的使用权，或争取成为试点城市。在水务产业发展基金注入之前，应先进行市场化准备，即原有的管理人员、管理资产、设备与基础设施、均折价作为资本进入城市水务产业发展公司。这一公司连同国家基金投资管理公司注入的资本，共同成为执股方，经营者必须确保投资方的利益，并最终成为上市公司。

（5）制订资金筹措计划及优惠政策

环境保护是政府向社会提供公共服务的重要内容。在积极争取国家资金支持的同时，地方应在年度财力中安排环境保护专项资金，主要用于水环境监测管理、应急监测、农村污水和垃圾处理等生态环境保护工程、环境保护监管能力建设。另外，当前国家正在筹建城市水务产业发展基金，大连市应积极申请该基金作为大连地区改善渤（黄）海环境质量项目的补贴资金。

按照"谁投资谁受益，谁污染谁治理"的原则，建立相应的环境政策体系，鼓励和促进循环经济、环保产业的发展，有效引导社会资金参与城市污水处理、垃圾处理等设施建设和运营。

加强生态补偿机制的基础研究工作，逐步建立起生态补偿机制。在健全公共财政体制、调整优化财政支出结构中，加大财政转移支付中生态补偿的力度；积极探索生态补偿收费的实践，进一步完善水、土地、矿产、森林、环境等各种资源费的征收管理办法，规范排污费的征收，征收的费用除了确保重点污染源防治资金需要外，还应加大用于生态恢复和补偿支持的力度。根据环境污染和生态破坏的实际情况，科学确定补偿标准、补偿方式和补偿对象，重点解决重要流域、黄渤海海域面临的生态环境保护问题，恢复、改善、维护生态系统的生态服务功能。目标是调整这些领域相关利益主体间的环境与经济利益的分配关系，协调生态环境保护与发展的矛盾，促进和谐发展。

制定污水、垃圾处理产业发展的经济政策，吸引社会资金的投入，减轻公共财政的负担。

制定相应产业政策，调整产业结构，提倡节能型企业发展，降低高耗能、高污染产业结构的比例。对重点产业进行引导和扶持，提高高水耗、高污染产业的准入门槛。兼顾三大产业发展的公平性和合理性，通过控制产业规模、调整产业结构来满足环境承载力的要求。加强农村和农业生态环境保护，对化肥农药排放、畜禽养殖业排放等非点源污染来源提出控制措施和目标。

制定并完善生态保护的公共参与政策，鼓励公众参与生态环境管理、监督与建设。建立重大生态环境法规政策、规划公告制度，保障公众的知情权。针对重大环境问题，举行公众听证会，广泛听取社会各界的意见，鼓励公众参与生态环境监督。

（6）建立陆海一体的环境监测、监视、预警、应急系统

建立陆海一体的环境监测系统，海、河、陆3个子系统涉及多个部门。渤海海域环境质量趋势性监测、环境质量监测、生态监控区监测、赤潮监控区监测、生态环境监测、环境监管监测等，在监测站位布设、监测频率、监测指标等方面需要海洋、环保、渔业部门实现信息互补。为优先建立海洋监测主系统，大连市海洋主管部门应牵头做好监测系统方案。

渤海海上开发活动的倾废作业船监控、污染事件发现并响应、监视区域覆盖，也列入海洋部门牵头编制的渤海监测系统的内容。

陆域污染源控制要跨越环保、城建、农业等部门，在区域性工业废水、生活污水、农村面源监督、监测等方面，要形成合力；海域污染源控制跨越海洋、交通、农业、环保等部门，对渤海全方位常规监测、监视以及灾害预警、应急，应形成共享、互动体系；连接陆域与海域的入海河流污染控制要跨越水利、环保、农业、海洋等部门，应做到陆上有输入、海上有响应，海上有问题、陆上能溯源。

湿地调查监测涉及林业、渔业、海洋、环保部门，需要在湿地功能定位上先取得一致意见，再设计监测系统，由林业局牵头组织。

污染物入河排污口监测、重要污染源排污口监测、农业面源综合控制区监测涉及环保、水利、农业部门，作为监管陆源排放的负责部门，环保局牵头负责设计。

从海到陆，相关省市都有监测需求和任务，都需要在这一系统中占有地位并贡献力量。因此，需要在统筹协调的实践中，逐步形成合力，形成数据共享层，配套衔接的系统。

（7）加强执法能力建设与地方法规制定

适应新一轮经济建设的要求，进一步完善大连市地方环境法规体系。"十一五"期间，应在湿地生态环境保护、海洋环境保护、应急污染事故防范与处理等方面加强环境立法。

完善排污申报制度，对污染源排污情况实行动态管理，制订排污许可指标分配体系，所有污染企业均持证排污，建立、健全环境保护准入机制，建立基于环境审计和排放绩效的企业环境报告制度。

开展打击环境违法专项行动，重点检查电镀、印染等重点水污染行业，查处未批先建、违法排污、治理不力、行政干预等典型案件，确保各项环保法规得到贯彻落实，减少重大环保违法行为，维护人民群众的环境权益。

在国家法律允许范围内，积极尝试通过地方立法推动环保强制保险制度，建立稳定的污染损害补偿保障机制，首先在工业行业推行强制责任保险试点，帮助企业发现问题，提出改进建议。

（8）加大科学技术支持

提高技术研发能力和集成应用，推进环境友好的产业链闭合循环。在保持石油化工、电子信息和机械制造等三大支柱产业中一批实力雄厚、优势明显、技术领先的大型企业基础上，通过科学决策加强产业间联系，将优势企业转化为产业链中的"关键环"，发挥带动上下游产业链的延伸作用，以及技术、资源等方面的优势。在企业层次，提高工业企业的专业化程度，发挥优势企业的核心业务能力。在区域层次，转变现有的综合型模型，改变其产业聚集度差，物流、信息、技术等资源的使用效率低的缺陷，拉近与现代专业化水平的距离。在产业层次，建立现有八大产业集群之间的物流关联，互相带动、支持，形成一个整体。

加强技术能力建设，提倡自主创新，建立创新技术的保障机制。对新技术建立健全知识产权保护体系，加大保护知识产权的执法力度，营造尊重和保护知识产权的法治环境。在可能的情况下加强引进国外先进技术以及对技术的消化吸收再创新能力。对国内尚不能提供且多家企业需要引进的重大技术，鼓励政府统一招标，引导外商联合国内企业投标；对企业消化吸收再创新给予政策支持。

发展静脉产业关键技术，即资源的回收利用，实现社会资源"大循环"。尽快建立垃圾回收制度，建立几个大型的垃圾回收利用企业，在政策、税收、技术上给予足够的支持。广泛吸收工业化国家的先进技术和经验，不断提高资源回收利用的科技水平。通过对废弃物进行回收处理再利用，实现资源使用强度的降低，促进资源的源头减量化和回收再利用。

加强环境保护重点领域的基础研究和科技攻关，加强对科研院所的科研能力建设支持，优先安排重大环境问题与关键技术科研课题。加强对外交流与合作，共同开展生态环境保护领域重大战略与重要理论研究。重点开展城市水体生态修复技术、土壤污染防治与农村环境综合整治技术、重要生态功能区保护和建设的方法与技术模型等生态环境保护关键技术的研究。对经实践验证具有较好效果的成熟技术模型，进行大范围推广与应用，为全面改善生态环境质量提供技术支撑。

（9）加强全民教育，提高海域环境保护意识

建立顺畅的信息公开和公众参与渠道，动员公众参与海域环境保护，依靠公众及各种机构和社会团体的支持和参与，通过新的机制、政策和行动方案促使各种社会团体、媒体、研究机构、社区和居民参与到决策、管理和监督工作之中。建立有效的信息公开平台，制订相关法规政策，确立信息公开制度，如实行环境质量公告和企业环保信息公开制度，鼓励公众参与并监督，通过宣传教育，提高全社会环境意识。利用宣传教育，传递信息、引导舆论，监督、规范公众行为，普及环保知识，促使政府、企业和公众真正自觉地规范自身的行为，并将有关措施切实地落实到日常的管理、生产和消费之中。

2．加强水环境综合管理

（1）加强入海排污口监管

严格审批入海排污口，尤其是环境敏感区域，要控制陆源污染物排放，实施严格的入海污染物总量控制。加大督察力度，鼓励各类企业走新型工业化道路，实现清洁生产，减少污染物排放总量，全市重点废水排放企业实现所有污染物全部达标排放。

（2）加快城市污水处理项目建设

"十一五"期间建成城市污水处理工程 26 项，其中，新建城市污水处理厂 21 座，扩建城市污水处理厂 5 座，新增污水处理能力 169 万 m^3/d。到 2010 年，城市污水处理能力达到 227 万 m^3/d，污水集中处理率达到 90%以上。城市再生水利用规模达到 40 万 m^3/d（不包含建筑用水），市区再生水利用率达到 35%。

（3）加强垃圾无害化处理

加快大连城区和各区市县生活垃圾处理设施建设。大连城区，集中建设 1 座城市生活垃圾焚烧发电厂、1 座餐饮垃圾处理厂；除旅顺口区，在其他区市县建设 8 座生活垃圾无害化处理场。"十一五"期间，全市共建设 33 个区域性生活垃圾中转站，到 2010 年全市生活垃圾日集中处理量达到 5 000 t，城市生活垃圾无害化处理率达 98%以上，农村生活垃圾分类收集率达 30%以上。

（4）强化重点区域环境整治

根据资源环境承载能力、现有开发密度和发展潜力，统筹考虑未来大连人口分布、经济布局、国土利用、城镇化格局和环境保护的要求，按照主体功能区规划确定的优化开发区、重点开发区、限制开发区和禁止开发区的不同要求，围绕各区的主体功能定位，实施分类指导，突出环保防治重点，强化重点区域环境整治，有效保证经济效益与社会效益、环境效益相协调，切实贯彻落实科学发展观，确保大连经济和社会快速、协调、健康、可持续发展。

（5）全面实施甘井子工业区环境综合整治工程

重点推进对大化、东北特钢、鞍钢石灰石矿、大水泥等企业的整体搬迁整治，加快对大化棉花岛渣场、甘井子区内矿山矿坑、毛茔子城市生活垃圾卫生填埋处理场等区域的环境综合整治和生态修复。

3．加大湿地滩涂保护恢复工程和沿海防护林建设

（1）湿地滩涂保护工程建设

1）切实把保护湿地、恢复功能作为加强生态建设的重要任务

牢固树立科学发展观，坚持经济发展与生态保护相协调，正确处理好湿地保护与开发利用、近期利益与长远利益的关系，绝不能以破坏湿地资源、牺牲生态为代价换取短期经济利益。要把保护湿地、恢复湿地功能作为改善生态状况和全面建设小康社会的一件大事，予以高度重视并切实抓紧抓好。

2）坚决制止随意侵占和破坏湿地的行为

从维护可持续发展的长远利益出发，坚持保护优先的原则，对全市现有自然湿地资源

实行普遍保护，加大动态监测和执法查处力度，坚决制止随意侵占和破坏湿地的行为，严格控制开发占用自然湿地。

3）规划先行，促进湿地保护健康发展

湿地保护是一项长期而艰巨的任务。要尽快完成《2007—2010年大连市湿地保护工程实施规划》编制工作，明确规划目标、建设布局、重点项目和政策措施等，做好与《大连市国民经济和社会发展第十一个五年规划纲要》，与土地利用、城镇规划、海洋、水资源、环保、农业等相关规划的衔接，强化湿地保护和监督检查、考核问责、通报奖惩等制度，切实把规划任务落到实处，确保湿地资源得以有效保护和恢复。

4）严格控制滩涂养殖和围垦

严格控制养殖无序开发以及浅海滩涂的随意圈占，减少景观环境的破坏，减少陆源污染物得不到及时稀释扩散的情况。严格控制滩涂围垦，对围垦滩涂要科学论证，依法审批。

5）建立资源普查监测预警制度

要建立健全资源普查、动态监测、预警预报制度，加强对物种、种群、营养循环、分解者和净初级生产力的监测，随时掌握湿地、滩涂功能的变化，及时提出应对政策和措施，加大保护湿地、滩涂的力度。

（2）海防林建设

按照大连市委、市政府提出的建设"绿色大连"的发展目标，力争用10年时间，在全国率先实现林业现代化，到2015年全市有林地由现在的715万亩增加到905万亩，森林覆盖率增加到48%，达到世界发达国家绿化水平。防护林体系建设要实现从相对单一的基干林带向以海岸基干林带为主导的、多层次的综合防护林体系的方向扩展；从一般防风固沙等防护功能向包括具有较强的阻隔污染、增强整个区域环境容量、对付重大突发性生态灾难在内的、相对巩固完善的多功能的防灾减灾能力的方向扩展；从单纯的防护林体系建设向包括乡村绿化一体化在内的良好人居环境的、林业现代化的方向扩展。在造林树种选择上，利用本区有200余乔木树种可供建设选择的有利条件和在良种繁育和引种研究试验方面积累的丰富经验，根据地类选择适生树种。在造林技术上，采用工程造林技术措施和管理办法。在实施科技措施上，针对大连地区造林立地条件差、土壤瘠薄、降雨量少、蒸发量大的劣势，开展科学试验和科技推广，为海防林工程实施提供强有力的技术支撑。

4．加强小流域综合整治

大连地区环渤（黄）海的污染主要是城市生活污水、厂矿企业废水、沿河居民的生活污水没有得到有效处理，通过瓦房店市的复州河、浮渡河及普兰店市的鞍子河等河流排放到海洋，直接造成海洋的水质恶化。解决的有效途径是对以上河道通过工程和生物措施进行综合生态治理，发挥河道的生态功能净化水质，降低水中各类污染物含量，减少河流水体对海水的污染。

（1）河流清淤疏浚措施

控制和治理对海域污染影响较大的河流是海洋环境保护的重要措施，加大河流（库）清淤疏浚力度，特别是对河流入海口进行整治，充分发挥河流的自净功能，减少入海污染物。实施复州河、鞍子河、浮渡河等11条河流入海口整治工程，通过清除河底淤泥、筑堤、修建拦水堰、调整排污口设置、增加河床植被等工程措施，改善河道生态环境，提高河水自净能力，杜绝沉积于底泥中的污染物对河（库）水体的二次污染。

（2）水源地生态保护措施

重点抓好城市供水水库上游的生态环境建设。对集中饮用水水源地实施保护，围绕碧流河水库、英那河水库、朱隈子水库、刘大水库、洼子店水库、松树水库、东风水库开展水土保持生态环境建设，划分饮用水水源保护区，保护区内逐步退耕还林，发展生态农业。在二级保护区内实施防护林带工程，发挥森林生态功能，涵养水源，有效控制水土流失，保护水源水质。重点整治水库的周边环境和水土流失。将库区集水面积内的农田及果树用地实施退耕还林，尽量减少使用农药及化肥，为库区营造一道绿色生态屏障。制定新政策，杜绝有污染隐患的企业在库区上游落户，对现有的企业采取有效的加大污水处理力度的办法予以控制，对污染严重的企业，建议转产或搬迁。对库区周边的居民，采取生态移民或改厕等办法，避免污染物直接排入库区。同时，加强行政执法力度，严格水土保持方案的编报制度，抓好监测、检查工作。

（3）地下水资源保护

为了改善地下水开采过量，导致海水入侵、地下水污染等一系列生态环境问题，保护地下水资源，结合大连市地下水开发利用实际情况，在《大连市地下水保护行动计划》的基础上，分层次、有重点地采取强化管理、完善机制、节约用水、修建替代工程、实施人工回灌、修建地下截潜防渗墙等工程措施，实施海水入侵防治及治理工程，解决海水入侵与海水倒灌等灾害。严格控制开采量，有效遏制地下水超采区及海水入侵区面积的扩展，并最终使其达到采补平衡，实现良性循环。

5. 控制农业面源污染

以有效控制和根本减少农业面源污染对海洋水质影响为目标，遵循"整体、协调、循环、再生"的理念，促进环海洋地区农村生产和生活条件的根本改善。有效转变区域农业生产方式，全面推行化肥、农药、农膜、秸秆、畜禽粪便、养殖废水等农业资源高效、循环、安全利用技术，促进农业清洁生产；实施乡村清洁工程，促进农村生活废弃物的资源循环利用和有效处理，实现农村生活环境的明显改善；建立和完善环海洋地区农业面源污染监测网络，形成农业面源污染长效机制，健全农业面源污染防治支撑体系，全面推升农业面源污染防治能力。

（1）清洁种植示范工程

积极发展循环经济，减轻农业生产过程中农药化肥、农膜、作物秸秆、农资包装废弃物对流域的水污染程度。以"两减一禁一提高"（即减少农药和化肥用量、禁止高毒高残留农药的使用、提高秸秆资源化利用水平）为手段，以提高农田综合生产能力为目标，配套组装、集成农业标准化栽培、测土配方施肥、病虫害综合防治、农作物秸秆资源化利用、田间有毒有害物质集中收集等综合技术措施，实现农业清洁生产，提高农产品质量和安全水平，促进生产发展和农民增收。

实施易于被农民接受且比较成熟的测土配方施肥技术，到 2010 年，全市耕地和果园普及测土配方施肥技术；采用赤眼蜂生物防治技术，对全市 270 万亩玉米和 200 万亩果园全部实施赤眼蜂生物防治技术，减少农药施用量 500 t；推广杀虫灯物理防治技术，安装 15 万盏，年可减少杀虫剂施用量达 2 000 t，农药污染减少 70%。积极推广应用生物农药。

（2）农村能源建设工程

开展以推广农村户用沼气为主要内容的清洁养殖工作，扭转因畜牧养殖业排放的牲畜粪污造成海水氨氮总量剧增引发海水富营养化的趋势。在养殖业发达地区，通过建设沼气池处理畜禽粪便为农民生活提供清洁能源，实现畜禽粪便等污染物的高效净化，减少粪便污染。在集约化养殖区，重点建设大中型沼气工程，在散养地区，重点建设户用沼气工程。每年新建户用沼气池 4 000 户，在畜牧养殖小区、大型养殖场安排大中型农业环境工程 35 处。到 2010 年，预计将修建户用沼气池 1.6 万个，大中型沼气示范工程 80 个，年可处理粪污 16.8 万 m^3，年产沼气 313.6 m^3（折合 0.8 万 t 标准煤），年产优质沼气肥 16.8 万 m^3。

（3）乡村清洁示范工程

以村为单位，解决农村生活污水、人畜粪便、生活垃圾、秸秆造成的污染问题，把"三废"变"三料"形成"三益"；以"三节"促"三净"实现"三生"。即推进人畜粪便、农作物秸秆、生活垃圾和污水（"三废"）向肥料、原料、饲料（"三料"）的资源转化，实现经济、生态和社会三大效益（"三益"）；通过集成配套推广节水、节肥、节能（"三节"）等实用技术和工程措施，洁净水源、清洁农田和清洁庭院（"三净"），实现生产发展、生活富裕和生态良好（"三生"）的目标。

（4）农业产地环境质量评价工作

大连市现有耕地和果园面积 406 万亩，多年来烈性农药和化肥的大量使用，对土壤质量造成很大影响，但目前影响程度尚不清楚，农区污染源的分布、类型、污染物也不清楚，灌溉水的来源十分复杂，全市农业面源污染的污染贡献率及各类农药、化肥、重金属、污染灌溉水的贡献率及影响率不清楚，无法开展具有针对性的面源污染治理工作。

通过评价，摸清全市土地环境质量状况，对已不适宜农产品生产的土地进行治理或限制此类土地继续生产农产品，以保障农产品生产安全，保证人民身体健康。同时，查找农业面源污染的成因和各种污染因素的贡献率，采取相应措施，减少农业面源污染。

（5）畜牧业清洁生产工程

对瓦房店市、旅顺口区、金州区、普兰店市、庄河市实施以减少养殖排污、保障畜禽产品安全为目标的畜牧业清洁生产工程。针对规模化养殖场清粪方式不合理所造成的污染风险加大和处理负担加重问题，采用干清粪工艺技术，实现固液分离，减少养殖废水产生，降低粪便流失风险；对禽畜养殖废水和粪便进行资源化利用，减少养殖恶臭的产生；推广环境安全型饲料添加剂和兽药，综合降低畜产品有害物质残留和粪尿中污染物排放，解决饲料添加剂、抗生素等不合理使用所带来的畜产品质量安全和畜禽粪尿中有害物质超量残留等问题。

6. 启动工业废水、城市污水、垃圾处理升级改造工程

落实《大连市国民经济和社会发展第十一个五年规划纲要》《大连市生态环境保护"十一五"规划》《大连市城市生活垃圾无害化处理设施建设"十一五"规划》的要求，实施城市污水集中处理工程。新建夏家河污水处理厂、寺儿沟污水处理厂、小平岛污水处理厂、

甘井子污水处理厂、大连湾污水处理厂、董家沟污水处理厂、小孤山污水处理厂、金州区污水处理厂、庄河污水处理厂、瓦房店污水处理厂、普兰店污水处理厂、长兴岛污水处理厂、春柳河污水处理厂二期、马栏河污水处理厂二期等城市污水处理厂；改造马栏河污水处理厂一期、重建春柳河污水处理厂一期。"十一五"期末城市污水集中处理率由"十五"期末的73%提高到90%，最终实现中水回用。实施垃圾集中处理工程。新建中心城区生活垃圾焚烧处理厂、中心城区生活垃圾填埋处理应急工程、中心城区生活垃圾转运站3处、中心城区餐饮垃圾处理厂、旅顺口区生活垃圾转运站、金州区垃圾处理场搬迁改造项目、金州区生活垃圾转运站、普兰店市生活垃圾焚烧处理厂、庄河市生活垃圾卫生填埋场、长海县生活垃圾卫生填埋场、长兴岛城市生活垃圾处理场、大长山岛镇垃圾无害化处理工程等，到"十一五"期末，城市生活垃圾集中处理率达98%。在努力实现城市生活垃圾处理无害化处理目标的同时，建立危险废物和电子垃圾处理体系，使生态环境得到根本改善。

7．推行清洁生产、发展循环经济

坚持"开发与节约并重、节约优先"的方针和"减量化、再利用、资源化"的原则，鼓励开展促进循环经济发展和清洁生产的技术创新及先进适用技术的推广应用，大力发展节约和资源综合利用型产业，全面推进清洁生产、安全生产和创建"零排放"企业，建设资源循环型企业和生态工业园区，从源头严格控制、削减污染物排放总量，减少污染物入河入海量，抓好重点行业、领域、产业园区和地区的循环经济试点工作，取得经验，大力推广。重点推进电力、冶金、石化、化工、建材、食品等高耗水、高耗能、高污染、高物耗行业的技术进步，淘汰落后的生产工艺、技术和企业。以重点大企业为试点，引入关键链接技术，形成废物和副产品循环利用的工业生态链网。新建和在建的工业园区，要按照循环经济的模型进行布局和生产。加快淘汰高耗能、排污重的老旧汽车、机车、船舶等交通运输机具，发展应用高效节能的运输机具和替代燃料，减少其对陆域、海域、大气的负面影响。城镇、新建筑物和住宅新区建设，应严格实行节水、节能、节材、节地、污染防治的设计标准，开展低耗建筑和可再生能源建筑的推广应用，强化污染集中无害化处理，努力提高资源利用率。建设风力、太阳能、垃圾发电设施，推广建筑节能和海水热泵的冷、热技术及农村沼气项目等，变废为宝、减少污染、扩大清洁可再生能源利用效率和规模。继续加大城镇污水处理项目建设，大幅度提高中水回用规模和回用范围。切实实施"谁污染、谁付费"，鼓励和促进循环经济、环保产业发展壮大，逐步实现低投入、低消耗、低排放、高效益的节约型、安全型经济增长方式。

综上所述，大连海域污染控制的关键点在于，加强工业污染控制，重点调控陆源污染的入海途径；提高海上溢油风险防范能力；加强水环境综合管理；切实保护湿地；完善多功能海防林建设；改善农业面源污染防治薄弱的局面。大连市未来海域污染控制应按照上述基本思路开展。

二、海域污染控制

1. 提高海上溢油风险防范能力

由于本辖区部分重点水道、港口发生上千吨溢油事故的风险极大，溢油应急能力建设应与此风险相对应。

（1）油品贮运的发展趋势

长兴岛石油化工基地、松木岛化工基地和双岛湾大型石化项目的建设，以及中国石油天然气股份有限公司大连石化分公司和大连西太平洋石油化工有限公司的扩能升级改造等国家重点产业项目的建成投产，都将大大增加大连地区海上原油、成品油、散装液体化学品的运输量；国家石油储备基地的运营，也使原油进出口的海上运输量大大增加（进口的大部分原油要转运到渤海湾其他港口）。除此之外，随着国际航运物流业的迅速发展，连接东北腹地与华东、华南地区跨海通道的开通运营，以及客货滚装运输量的不断增长，客观上也要求航道船舶通航密度加大，又因旅顺老铁山水道是海上运输必经之路、海况复杂、事故频发区，船舶发生事故的概率相应增加，对辖区海洋环境保护工作构成压力和潜在风险。

（2）重大溢油事故处置对策

要求辖区溢油应急能力救援建设要依据已制定的《大连市海上污染应急处置预案》确定的程序，相关部门协同行动。一是要立足快速反应。溢油应急力量要在 6 h 内抵达事故现场，有效开展围控、清除行动；二是要确保专业高效。溢油应急方法要专业、设备要先进、能力规模要充足，发生 1 000 t 溢油事故后，能够确保 1 周内将海上溢油基本清除，2 周内将敏感海岸线溢油基本清理完毕。

应进一步加大国家、地方政府溢油应急资金的投入，加快完成大连溢油应急设备库和应急反应中心的建设。完善溢油监视监测体系，建立和完善渤海海域溢油预测模型、环境敏感数据库、溢油应急清除技术库、渤海海域船用油指纹数据库、溢油应急专家库等多项技术支持手段，为溢油应急工作提供支持；增加重点海域和港口的应急力量的储备，应急反应行动能够覆盖老铁山水道、长兴岛、松木岛、大孤山半岛等重点海域，使其满足 1 000 t 级溢油应急能力的需要。购置清污专用船舶、设备，储备足够量的吸油毡、消油剂等清污材料。

所有港口都要配备油污水回收车船等装备，从事船舶污染物、废弃物、船舶垃圾接收、船舶清舱、洗舱作业活动的，必须具备相应的接收处理能力。港口、码头、装卸站和船舶修造厂必须按照有关规定备有足够的用于处理船舶污染物、废弃物的接收设施，并使该设施处于良好状态。专业港区要建设相应的污水处理设施。

（3）渔港、渔船污染治理工程

从维护可持续发展的长远利益出发，造福子孙后代，打造海洋环境，使之更清洁。以突出海洋环境防治为重点，强化重点区域环境整治，有效保证渔区经济效益与社会效益、海洋环境效益相协调。落实以人为本的科学发展观，加大对全市渔港、渔船防污染设施的投入，加大对主管渔港、渔船的监督部门的执法手段投入，对全市 211 座渔港、近 3 万艘机动渔船实施有效的监督管理和治理。

2. 实施生态养殖和海域生态环境治理工程

进一步加强斑海豹自然保护区管理建设，改善现有管理装备，提高保护区管理能力建设，促进保护区内生物数量增加；加大大连沿海湿地保护恢复力度；分类指导、有效发展生态养殖，禁止沿海进行围坝养殖，现有围坝养殖限期拆除。实施环金州区长岛海域生态环境治理工程，疏通海岛周围水道，改善邻近海域环境；实施庄河滩涂贝类养殖海域生态环境治理工程，建设贝类育苗、净化厂，发展浅海滩涂贝类增养殖和无公害生产，实现生态环境的良性循环；实施瓦房店市太平湾海域综合生态养殖示范工程，通过改造虾池养殖海参等综合养殖示范工程，在不投饵的条件下，充分利用水生生物食物链有效保护海域环境，提高经济效益；实施普兰店湾滩涂生态修复工程，通过人工造礁改善海底环境，开发潮间带刺参生态增殖，并增加虾、蟹、贝等价值量高的海珍品养殖数量，实现恢复资源和保护环境的双重作用；实施甘井子区海洋水域环境治理工程，强化海洋生态环境修复建设。

三、海域污染控制具体项目建议

1. 总体构想

大连市海域污染控制通过具体项目的规划与实施，可以减轻区域内的环境压力，最终改善大连海域环境质量状况。

针对大连海域环境将面临的潜在风险和现存突出问题，遵循陆海一体化和城乡统筹的原则，"十一五"期间，将从控制陆源污染排放、加强海域污染防治、保护海洋生态系统、完善海洋环境监测等几方面，贯彻落实国家《海洋环境保护总体规划》要求，实施大连海域环境保护"十一五"优先行动计划。

2. 建设临海新型产业带和谐发展示范工程

大连临海新型产业带重点发展港航物流业、石化工业、精细化工、海洋化工、盐化工、先进装备制造等产业项目。其中，工业区规划面积 260 km²，已累计完成基础设施投资 91 亿元，有 49 km² 土地实现了"六通一平"，一批工业项目陆续开工建设。长兴岛临港工业区和花园口工业区已被辽宁省列入为"十一五"期间重点开发建设的"五点一线"，是国家东北振兴规划中的重点开发区域。

大连临海新型产业带是未来大连经济的新增长极。其经济规模和用地规模均较大，对资源、能源和水的消耗量也相应增加，这将使得大量工业副产品、大气和水环境污染物、固体废物在空间上相对集中地产生和排放，加大了对局部地区的环境压力。据匡算，大连临海新型产业带的工业废水产生量约为 60 万 t/a，到 2010 年约占大连市工业废水产生总量的 40%。要实现"十一五"期间大连临海新型产业带工业废水必须经处理方可排放的规划目标，需要新建污水处理设施 10 余项，可保证 COD 控制总量为 6 109 t/a，约占 2010 年大连市工业废水 COD 排放总量的 50%，对周边海域环境保护形成的压力仍然较大。为此，大力推动工业区和谐发展势在必行。

根据大连市现有产业格局及产业结构调整的需要，重点针对石油化工、电子及通讯设备制造、材料、装备制造和修造船 5 个行业，大力发展循环经济。依托现有生态产业链接的雏形，通过产品代谢和废物代谢两条主线，以项目为骨干，构建企业内部连接和企业之间连接。同时，加大临海新型产业带环境保护设施建设力度，提高废水和固体废物的处理水平。临海新型产业带要按照循环经济的理念、生态工业区的标准规划建设。着力于区内生态链和生态网建设，最大限度地提高资源利用效率、降低"三废"排放、实现废旧物资循环利用。通过物流或能流传递等方式把两个或两个以上生产体系或环节连接起来，形成资源共享、产品链延伸和副产品互换的产业共生网络，实现物质闭环循环、能量梯级利用和废物产生最小化。建立完善的企业准入制度，调整产业结构，形成初步的产业循环经济链。制定合理的工业区准入条件和激励政策；开展资源综合利用，实现工业"三废"综合治理和资源化利用，严格集约化用地管理。

临海新型产业带的规划建设，要通过关键技术创新、过程耦合、工艺联产、产品共生和减量化、再循环、再利用等一系列措施，实现物质充分循环、能量多级集成使用和信息交换共享，实现与自然环境的友好协调，取得经济效益、社会效益和生态效益的协调发展。一是构筑绿色建筑。积极推广和采用绿色建筑理念，建设节能环保建筑。二是发展新型工业。优先发展节水、节能及资源综合利用效率高的新型产业。在水资源管理上，建立总量控制与定额管理相结合的管理体制，初步形成政府调控、市场调节和公众参与的节水运行机制；在产业发展上，建立清洁生产型、循环经济型工业，采取有效措施积极鼓励企业降低水耗和能耗，提高水的综合利用率和能源使用效率。三是促进产业共生与聚集，加强循环经济建设，从源头减少污染物的排放。发展产业集聚和有利于副产品交换的产业共生体系，引进具有"绿色"技术的连接企业入园，发展"静脉产业"示范项目，建设固体废物处理中心与资源化加工中心。四是强化治理设施建设和信息交换系统建设。

新城区废物代谢连接已经具有较好的基础，重点是进行代谢连接的补充和延伸，结合新经济增长点的开拓和产业结构的调整，充分利用区域内核心企业生产的产品和部分副产品，进行产品的深加工和再生产，构建并完善各个行业内、行业间生态产业链接关系，最终形成稳定的生态产业网络，引导各行业向资源利用效率高、"三废"减排管理有效、废物综合利用好的生态环保型产业发展，提高区域生态效率。

3. 实施工业污染治理达标工程

对长期存在、污染影响较显著的工业污染源进行全面综合治理，稳定达标排放。包括 7 项工业废水处理项目、2 项土地污染治理项目和 2 项工业危险废物处理项目。完成后将达到日处理工业废水 15 846 t、工业危险废物 20 t 的处理能力，日治理工业污染土地 9.7 km^2，年 COD 削减量可达 1 395 t。

4. 实施农村清洁生产、生态养殖工程

此工程分为农业面源污染治理、农村垃圾及污水处理和海水生态养殖 3 个方面、14 个项目。农业面源污染治理以复州河流域面源污染治理项目为示范，实施清洁种植 61 万亩，开展以沼气建设为主要内容的清洁养殖能源利用工程，123 个行政村建设清洁庭院，实施

屠宰加工基地污水处理系统建设、农业面源污染防治能力体系建设和畜牧业清洁生产工程等，投资约20.3亿元。项目实施后，示范区内基本达到农产品无害化生产，极大地提高无公害、绿色食品和有机食品的比率，增强农产品市场竞争力，提高农产品价格，实现农业增产、增收。通过实施清洁生产，减少化肥、农药施用量。到2010年，示范区内12个乡镇、街道办事处每年可减少化肥施用量（实物量）1.2万t、农药施用量400 t，节省资金3 000万元。对治理复州河、恢复流域生态环境，完成环海洋环境治理工作和保障瓦房店市城市用水和8个乡镇的农业灌溉用水将起到重大作用。

农村垃圾污水处理包括新农村生活污水及垃圾处理体系建设和渔业污水处理项目建设，投资约21.3亿元。结合新农村建设，建立大连市村镇生活污水和生活垃圾管理体系，实施农村小康环保行动计划，每年推进5个乡镇开展农村污水与垃圾处理示范工程，推进村屯整治和生态环境保护建设，初步建立大连市村镇生活污水和生活垃圾管理体系。渔业生产产生的污染治理方面，新建污水排放、收集和处理系统将满足对400万 m^2 工厂化养殖场、500个水产品加工厂、36座渔港和2.7万条渔船产生的污水进行处理，减少污水直接排海量。重点水产原良种场建设工程、近海资源增殖放流等海水生态养殖项目5项，投资约为40亿元。实施对虾、海蜇、梭子蟹、鱼及贝类等近海渔业资源放流，恢复增殖渔业资源，开展海参、魁蚶、虾夷扇贝、鲍等优势品种的生态养殖，改善和恢复养殖海域环境，减少养殖带来的污染，营造良好的海洋生态环境，改善海洋生物栖繁条件，提高海洋生物资源量。

5. 建设城市污水处理工程

"十一五"期间，大连市将新建、扩建污水处理厂、中水回用设施36项，总投资约36.7亿元。其中，升级改造城市污水处理厂项目5项，投资约5亿元，可增加城市污水处理能力31.5万 t/d；新建污水处理厂项目21项，投资约26.6亿元，新增城市污水处理能力约138万 t/d；中水回用项目10项，投资约5亿元，可增加中水生产能力36.7万 t/d。到2010年全市污水处理能力可达到224万 t/d，运行负荷率如按75%考虑，城市污水集中处理率将达到90%以上，中水回用率提高。

鉴于污水处理是一种具有公益性，同时具有一定垄断性的行业，因此必须充分发挥规划对资源配置的指导作用，进一步拓宽建设资金筹措渠道，加强监管，确保污水处理厂正常运转，引导城市污水处理运营主体真正企业化和社会化，使资金和资源投入发挥最大的社会效益和环境效益。

6. 建设城市垃圾处理项目

根据大连市城市垃圾处理现状，"十一五"期间提升城市生活垃圾无害化处理水平和能力双管齐下，全市将建设垃圾处理厂11座，投资17亿元，可达到年城市垃圾无害化处理能力146万 t，其中焚烧处理能力每年113.2万 t；旧填埋场环境治理一处，投资4 000万元；生活垃圾压缩转运站5处，年转运能力可达到95万 t，投资约21 000万元。到2010年，年城市垃圾无害化处理能力将略高于城市生活垃圾清运量。

7. 实施小流域治理工程

控制和治理对海域污染影响较大的河流是海洋环境保护的重要措施，全市将加大对入海河流和水源地的治理保护力度，特别是对河流入海口进行整治，充分发挥河流的自净功能，减少入海污染物。计划实施复州河、鞍子河、浮渡河等 11 条河流入海口整治工程，通过清除河底淤泥、筑堤、修建拦水堰、调整排污口设置、增加河床植被等工程措施，改善河道生态环境，提高河水自净能力，投资约 4.3 亿元，年可有效净化废水 2 556 万 t，保护耕地 88 万亩；实施碧流河水库、英那河水库等 7 处饮用水水源地保护工程，重点整治水库的周边环境和治理水土流失，对库区集水面积内实施退耕还林、污染企业搬迁、生态移民，治理水土流失面积 62 224 hm²，投资约 1.7 亿元，年可保土拦沙量 380 万 t，阻止、延缓地表径流的产生，削减洪峰流量，从而减少山洪和泥石流等自然灾害的发生，每年增加蓄水量 6 200 万 t；旅顺龙河、凤河等 5 条河流河道治理项目，投资约 1.8 亿元。

8. 启动生态恢复与研究项目

保护与修复相结合，使全市局部区域生态功能明显改善。实施斑海豹保护区建设、鲸类栖息海域保护、国际重要湿地保护等保护性项目 3 项，提高保护区管理能力，保护濒危物种和野生动植物资源，投资 7.5 亿元；马栏河河道生态复苏工程，拆除被水泥砼渠道化的河道，恢复河道，提高截污容量，以中水回补河道提升循环系统，投资 7 亿元；渔场、陆岛海域、滩涂等生态恢复工程 5 项，通过修复和整治传统渔场底栖生态环境，贝壳粉碎人工造礁、提高滩涂生态功能等，提高和恢复生态环境和初级生产力，投资 11 亿元；利用土壤生态修复技术，治理大钢、大化、大染、大有机等搬迁企业污染土地面积 701 万 m²，治理大化棉花岛滩涂碱渣场 2.68 km²，投资 6.7 亿元；农业产地环境评价和海域生态承载力评估等研究项目 2 项，分别对全市农产品产地环境质量和海域生态承载力进行调查评估。摸清全市土地环境质量状况，查找农业面源污染的成因和各种污染因素的贡献率，采取相应措施，对已不适宜农产品生产的土地进行治理或限制此类土地继续生产农产品，减少农业面源污染；建立海洋环境管理信息库，加强对海域生态承载力研究以及生态系统风险分析与对策，投资 3 亿元。

9. 实施海防林建设与湿地保护恢复工程

"十一五"期间防护林建设、湿地保护与恢复项目共 11 项，总投资约 47 亿元，通过项目实施，水土流失量减少率可达 50%。

（1）防护林项目

全市沿海防护林体系工程建设人工造林 81 333.3 hm²，其中基干林带人工造林 44 933.2 hm²，农田林网人工造林 3 238.9 hm²，防护林人工造林 33 161.2 hm²。在基干林带人工造林面积中，岩质海岸人工造林 38 165.2 hm²，沙质海岸人工造林 2 910.0 hm²，泥质海岸人工造林 3 858.0 hm²。建设 8 个三类示范区，"十一五"期间工程量占规划总工程量的 80%。大连市沿海防护林体系建设工程总投资 36 亿元，"十一五"期间投资 25 亿元。

（2）湿地保护项目

大连市湿地总面积 40 万余 hm^2，"十一五"期间建设渤（黄）海沿岸湿地保护总面积为 21.1 万 hm^2；总规划投资 7.2 亿元，其中在"十一五"期间投资 5.9 亿元。"十一五"期间大连市拟建立大连"三湾"省级湿地自然保护区、大连黄海岸省级湿地自然保护区、世界濒危鸟黑脸琵鹭自然保护区、成园山庄野山参珍稀植物自然保护区和瓦房店市三台乡大天鹅自然保护区、普兰店市城子坦野鸭自然保护区。

10. 建设环境监测、预警、应急系统

（1）环境监测项目

监测项目 17 项，包括海洋环境、河流入海口水文、水库水质、排污口水质、海上溢油、渔业水域环境、海洋灾害、水生动物监测等监视预警系统建设，投资 4.7 亿元。

（2）能力建设项目

能力建设 2 项，包括市县两级环境监测站能力建设和大连海洋环境执法能力建设，投资 6.2 亿元。

（3）应急项目

大连市的石油化工业主要分布在长兴岛、松木岛、双岛湾和大孤山半岛等地。陆域潜在风险的类型主要为危险品储罐、管线泄漏和可能引发的火灾爆炸等。为此，事故处理过程的伴生/次生污染，主要涉及消防水、事故初期雨水以及事故后的漏出危险品的回收处置等，若处置不当或对处置不及时，将会对环境造成二次污染。化工工业区环境风险应急项目 4 个，包括应急通讯、有毒物质监测、医疗救护、固废物截流处理等系统的建设。

辽宁红沿河核电站，地处辽东湾东侧大连市辖瓦房店市东岗乡沿岸，是我国在环海洋地区利用核能布局建设的第一个重点能源工程。由于其生产的特殊性和所处区位的重要性，有效防范核电潜在风险、把其可能对周边环境产生的负面影响降到最低，成为与发展核电安全生产、扩大能源供应能力同等重要的责任和任务。为此，规划建设 5 个特种污染物监测及生物监测站位和应急反应系统，加大动态监测预警，防患于未然，提高潜在环境风险的防范能力和水平。项目投资 8 000 万元。

海域及码头潜在风险事故，主要为海上溢油、后方油罐和码头作业区火灾爆炸、管道溢油等。为应对治理船舶突发性污染事故，加快完成大连溢油应急设备库和应急反应中心建设。项目将进一步完善溢油监视监测体系，建立和完善海域溢油预测模型、环境敏感数据库、溢油应急清除技术库、海洋海域船用油指纹数据库、溢油应急专家库等多项技术支持手段，为溢油应急工作提供支持。在应急救援方面将增加重点海域和港口的应急力量储备，应急反应行动能够覆盖老铁山水道、长兴岛、松木岛等重点海域，使其满足 1 000 t 级或 500 t 级溢油应急能力的需要。购置清污专用船舶、设备，储备足够量的吸油毡、消油剂等清污材料。总投资 7 200 万元。

11. 加强提高环境监察执法能力的基础建设

近年及未来一个时期，随着国家、省、市一批能源、交通产业项目的建成运营和城镇化的快速推进，大连工业废水和城镇污水、生活垃圾的排放量，特别是石化行业的废水排

放量将呈逐年上升的趋势，环境监管的对象和安全隐患在增多，客观上要求环境监管的区域应从陆地河流到海洋、从城镇到农村全面拓宽，工作重点应有相应的调整，同时也给大连环境监察能力建设和执法水平提出了新任务和新课题。"十一五"期间，大连市的部分地区，如大孤山半岛港口石化综合产业基地、海洋老铁山水域、临海新兴石化区等均被国家相关部门确定为重点监管区域。为了解决监管全覆盖、装备不足、处置能力弱等"瓶颈"问题，应规划投资建设监测站点，购置必备的设备，加强提高环境执法监察能力的基础建设。

第六章 结 论

本书研究了大连海洋及部分陆域环境质量现状及其污染程度,分析了主要陆源污染物排放及空间分布状况,对主要污染物的趋势进行了预估,利用环境污染系统分析指出了大连市海域面临的主要环境问题,并以大连市海域污染海陆一体化调控模型为指导,提出了大连市海域环境保护工作的主要思路、海域污染控制具体项目建议和构建大连海域环境保护机制的设想。本书重在探索建立大连海域污染控制实施机制,力求破解跨部门的统筹、协调和资金筹措问题,提出了一系列有益建议,实现了海陆统筹、城乡统筹规划的要求。对促进大连海域环境保护形成合力,实现经济、环境和谐发展具有重要作用。

第一节 大连海域环境质量良好

大连市海域范围包括北起瓦房店市浮渡河口、东至庄河市南尖镇(即东经120°58′—123°31′、北纬 38°43′—40°12′)的大连市行政区划所辖的大连海域(即黄海和渤海,下同)及全部陆域。其中,海岸线长达 1 906 km(渤海 827.9 km,黄海 1 078.1 km),海域面积 2.9 万 km^2,陆域面积 12 574 km^2。

大连市近岸海域环境质量良好,"十五"期末与"九五"期末相比,大连市区近岸各海域除大窑湾无机氮略有上升、南部沿海无机氮基本持平外,各主要污染物均呈下降趋势。2005 年,大连市近岸海域主要污染物为无机氮,其次为活性磷酸盐和石油类,主要污染海域为大连湾。2005 年,除大连湾无机氮年均值为 0.603 mg/L,超过国家二类海水水质标准 1 倍以上,其他海域水质各项监测指标年均值符合国家二类海水水质标准。各海域水质状况由好到差依次为:长海海域、旅顺海域、小窑湾、金州湾、大窑湾、市区南部沿海、营城子湾、庄河海域、瓦房店海域、普兰店海域、大连湾。

大连市的近岸海域共划分为 69 个环境功能区,其中一类功能区 9 个,二类功能区 8 个、三类功能区 12 个、四类功能区 40 个。2005 年对大连市 55 个入海排污口进行监测,并对大连海洋功能区进行达标评价,结果显示,大连市近岸海域站位达标率、功能区达标率均为 95%。各监测点位一次值符合相应功能区水质标准。"十五"期间,对 53 个一般陆源入海排污口和 2 个重点陆源排污口实施了监测。监测结果显示,58%的排污口存在不同程度的超标排放现象。年污水入海总量(含部分入海排污河径流)约 4.34 亿 t,主要入海污染物约 6.432 万 t,其中,COD 2.72 万 t,占所监测的入海污染物总量的 42.3%。近岸海域水质监测和其他随机性监测结果表明,大连近岸海域环境污染加剧、生态系统退化。

第二节 主要陆源污染物以 COD 和氨氮为主

大连市尽管海洋功能区已全部达标，但由于工业排放废水中直排入海量占 92.2%，陆源污染物排放导致入海排污口超标率约为 60%。近岸海域污染的主要原因是陆源污染物的过量排放，因此，对海域污染实施控制的关键问题之一是对陆源污染排放总量进行控制。本书对陆域污染源的调查主要以企业污染源为主，根据大连市环境保护局提供的 2007 年排污申报资料，对典型污染源进行校核，以乡镇为单元对数据进行分析、汇总，最终得到本次调查的结果。大连市主要排污口共有 55 个，其中海洋排污口 15 个。污染物排放源主要分布在大连市区、开发区。2007 年全市废水排放量 56 562 万 t（不包括循环海水排放量），其中工业废水排放量 34 463 万 t，占全市废水排放量的 60.9%；生活污水排放量 22 099 万 t，占全市废水排放量的 39.1%。生产废水和生活污水排放量占大连市废水排放总量的绝大多数，可见，大连市废水排放主要以生产废水和生活污水排放为主。

从污染物排放组分构成上看，全市工业废水中主要污染物排放量分别为：化学需氧量 13 094 t、氨氮 1 075 t、石油类 297.85 t、挥发酚 25.14 t、氰化物 0.43 t，即大连市主要污染物以化学需氧量和氨氮为主。

从污染物排放空间分布上看，全市工业废水主要排放区域是甘井子区，排放量 26 643 万 t，占全市工业废水排放量的 77.3%；其次是开发区，排放量 5 707 万 t，占全市工业废水排放量的 16.6%，两者共计占总排放量的 93.9%。

从污染物排放行业分布上看，全市工业废水主要排放行业为石油加工业和化工业，其中石油加工业排放量 24 781 万 t，占全市工业废水排放量的 71.9%；化工业排放量 5 388 万 t，占全市工业废水排放量的 15.6%，两者共计占总排放量的 87.5%。因此，石油加工业和化工业是污水排放密集度较高的行业。

全市工业废水主要排入海域是大连湾，排放量 26 200 万 t，占全市工业废水排放量的 76.0%；其次是大窑湾，排放量 5 001 万 t，占全市工业废水排放量的 14.5%。大连湾和大窑湾共计接收大连工业废水排放总量的 90.5%。

综上所述，对大连市陆源污染进行控制的主要区域是甘井子区和开发区，主要行业集中于石油加工业和化工业，主要污染来源于工业生产和生活污染排放，主要污染物为化学需氧量和氨氮，主要排入海域是大连湾和大窑湾。针对工业密集度高、污染物排放量大的区域、行业实行污染控制可以有效地减少污染物的排放。

第三节 近岸海域环境容量部分地区仍有剩余

海域环境容量是人类最为宝贵的环境资源。对大连海域实施有效的总量控制，首先必须查明污染物质在海区内环境动力作用下的输移规律及其影响浓度的分布特征，从而建立受纳水体与排放源之间的响应关系，在此基础上，计算大连海域的环境容量，进而达到实施总量控制的目的。

从现状看，长兴岛工业园区、花园口工业园区、松木岛化工区等主要工业园区均位于环境容量较大的区域。环境容量的空间分布特征与产业布局基本一致。2020 年长兴岛周边海域、庄河东南海域环境容量仍有较大剩余。

第四节 大连海域环境污染问题

对大连海域环境污染进行系统分析,发现大连海域面临的主要环境问题有以下几方面:

第一,大连沿海生境质量不高。主要表现在大连沿海有代表性的湿地面积逐渐萎缩,湿地动植物分布减少;海岸带开发利用程度较高,造成海岸线区域潮间带生境遭受一定程度的破坏、环境容量急剧缩减;自然岸线减少和人工岸线生态退化;过度捕捞和生境的变化,导致近海渔业资源不断衰退、海洋生物种类明显减少。

第二,陆源污染导致海洋功能弱化。大连市的河流多为季节性独流入海,坡陡流急,随季节变化较大,入河污染物自然降解能力与其他地区相比较低,河流中大部分污染物未经降解就直接入海,是影响大连市周边海域环境质量的主要因素之一。大连地区环渤(黄)海污染的主要原因是城市生活污水、厂矿企业废水、沿河居民的生活污水没有得到有效的处理,通过瓦房店市的复州河、浮渡河,普兰店市的鞍子河等河流排放到海洋,直接造成海洋的水质恶化。

第三,大连海域环境污染损害潜在风险加大。潜在风险主要来源于东北亚重要的国际航运中心建设和国家战略能源储备生产、化工生产基地的投产运营。随着东北经济的振兴,一些能源等大宗货运、危险品的中转、运输量将不断增加。国家石油储备基地在新港的建成使用,将使每年约 400 万 t 的原油自大连流向海洋湾内的其他港口。大连海域港口设施建设,也将加大对周边海域生态影响和引发环境突发性事件发生的概率。规划期内,随着大连口岸货物、客流吞吐量的增加,将导致海域石油类污染加剧、溢油风险和外来海洋生物入侵风险显著提高。

第四,海水入侵面积加大。大连市的海水入侵始于 20 世纪 60 年代,自然入侵面积仅 4 km²;此后,随着地下水开采量的不断增加,海水入侵面积已从 20 世纪 70 年代的 120.6 km² 上升到 2004 年的 473.5 km²。全市海水入侵区不仅面积大,而且分布广。据统计,海水纵向入侵深度最大达 6.8 km,主要分布在渤海岸,黄海岸次之。海水入侵使得地下水矿化度和氯离子浓度增高、地下淡水咸化、水质变差,失去了原有利用价值,给当地的工农业生产、人民生活及生态环境造成了极大的危害。

第五,渔港及渔船污染严重。大连市海岸线全长 1 906 km,分布大小渔港 211 座,全市机动渔船近 3 万艘。大连市渔港大部分是在 20 世纪 60—70 年代建设而成的,大部分渔港未配套污染防治设施,全市仅有 3 座渔港建有污染防治设施。除了在国外生产作业的 200 艘渔船在船上配备油水分离器外,在国内水域生产的渔船基本上未配备,渔船和渔港企业将生产作业时产生的生活垃圾、污水、废弃物等排放至海洋和港内,致使近岸海域和港口遭到污染、港池淤积,对海洋环境、生态系统、人民生活及渔业生产都造成了极大的危害。

第五节　大连海域污染控制对策

针对大连海域现存的环境问题和将面临的潜在风险，遵循海域污染一体化调控模型和综合治理原则，从控制陆源污染排放、加强海域污染防治、保护海洋生态系统、完善海洋环境监测等几方面，贯彻落实国家《海洋环境保护总体规划》要求，提出大连市海域污染控制的主要思路及具体项目建议。

一、大连市海域污染海陆一体化控制模型

大连市海域污染控制主要遵循海域污染一体化调控模型。第一，构建海域环境保护机制。建立覆盖海域和各功能区的陆海一体的环境监测体系。成立大连市海洋环境保护统筹协调委员会，组织协调落实各部门间环境保护工作。第二，建立入海污染物排放总量控制制度、入海河流功能区达标考核制度、有偿使用海洋资源和水生生物资源制度、高风险污染源强制保险等配套制度，确保海洋环境规划各项任务落到实处。第三，加大环保投资力度，并运用市场经济激励政策，实行项目补贴等，以促进海洋环境保护建设项目的健康发展。第四，提高执法能力和科学技术支持。第五，加强水环境综合管理。加强入海排污口的监管，实施入海污染物总量控制。加快城市污水处理项目建设，加快大连城区和各区市县生活垃圾处理设施建设。按照主体功能区规划确定的优化开发区、重点开发区、限制开发区和禁止开发区的不同要求，实施分类指导，突出环保防治重点，强化重点区域环境整治。第六，实施湿地保护恢复工程。从编制大连市湿地保护工程实施规划以及建立湿地监测预警制度入手，随时掌握湿地功能的变化，及时提出应对政策和措施。完善多功能海防林建设。实现从相对单一的基干林带向以海岸基干林带为主导的、多层次的综合防护林体系的方向扩展等。第七，加大河流（库）清淤疏浚力度，特别是对河流入海口进行整治，充分发挥河流的自净功能，减少入海污染物。重点抓好城市供水水库上游的生态环境建设，对集中式饮用水水源地实施保护。改善地下水开采过量，导致海水入侵、地下水污染等一系列生态环境问题。第八，控制农业面源污染。全面推行农业资源循环利用技术，促进农业清洁生产；开展以推广农村户用沼气为主要内容的农村能源建设工程；建立和完善环海洋地区农业面源污染监测网络，全面提升农业面源污染防治能力。第九，启动工业废水、城市污水、垃圾处理升级改造工程。到"十一五"期末，城市污水集中处理率提高到90%，城市生活垃圾集中处理率达到98%。第十，推行清洁生产、发展循环经济。全面推进清洁生产、安全生产和创建"零排放"企业，建设资源循环型企业和生态工业园区，从源头严格控制、削减污染物排放总量，减少污染物入河入海量，抓好重点行业、领域、产业园区和地区的循环经济试点工作，取得经验，大力推广。重点推进电力、冶金、石化、化工、建材、食品等高耗水、高耗能、高污染、高物耗行业的技术进步，淘汰落后的生产工艺、技术和企业。第十一，提高海上溢油风险防范能力。由于本辖区部分重点水道、港口发生上千吨溢油事故的风险极大，溢油应急能力建设应与此风险相对应。

综上所述，大连海域污染控制的关键点在于，加强工业污染控制，重点调控陆源污染的入海途径；提高海上溢油风险防范能力；加强水环境综合管理；切实保护湿地；完善多

功能海防林建设；改善农业面源污染防治薄弱的局面。大连市未来海域污染控制应按照上述基本思路开展。

二、大连市海域污染控制的具体项目建议

大连市海域污染控制通过具体项目的规划与实施，可以减轻区域内的环境压力，最终改善大连海域环境质量状况。第一，建设临海新型产业带示范工程。通过发展循环经济、建立生态工业园区、加大环保设施建设力度等手段，最大限度地提高资源利用效率，最终推动临海新型产业带示范工程的发展。第二，实施工业污染治理达标工程。对长期存在且污染影响较显著的工业污染源进行全面综合治理，以实现稳定达标排放。第三，实施农村清洁生产、生态养殖工程，从农业面源污染治理、农村垃圾污水处理和海水生态养殖3个方面开展示范工程。第四，建设城市污水和城市垃圾处理项目，提高污水集中处理率和中水回用率，提升城市生活垃圾无害化处理水平。第五，实施小流域治理工程，加大对入海河流和水源地的治理保护力度，重点整治水库周边环境和治理水土流失，充分发挥河流的自净功能。第六，实施海防林建设与湿地保护恢复工程，通过项目实施，使水土流失量减少率达50%。第七，加强环境监测、预警和应急系统建设，同时提高环境监察执法能力的基础建设。

参考文献

[1] 李柏弢. 大小窑湾海域生态环境状况及评价[D]. 大连：大连海市大学，2006：36-49.

[2] 姜胜. 广州海域主要污染物的分布与环境质量评价[D]. 广州：暨南大学，2006：130-135.

[3] 周蓉蓉. 基于 ANN 与遗传算法的胶州湾近岸海域水污染总量控制研究[D]. 青岛：中国海洋大学，2009：27-35.

[4] 闫菊. 胶州湾海域海岸带综合管理研究[D]. 青岛：中国海洋大学，2003：23-30.

[5] 张学庆. 近岸海域环境数学模型研究及其在胶州湾的应用[D]. 青岛：中国海洋大学，2006：13-48.

[6] 李峋. 上海海域水环境质量时空变化分析及预测[D]. 上海：上海交通大学，2006：62-74.

[7] 胡婕. 沿岸海域生态环境质量综合评价方法研究[D]. 大连：大连理工大学，2007：66-67.

[8] 王茂军, 亲维. 新中国黄海近岸海域污染分区调控研究[J]. 海洋通报，2000，19（6）.

[9] 朱宏贵, 徐伟民. 上海市近海环境质量现状及污染控制对策[J]. 上海师范大学学报，2002，31（4）：92-93.

[10] 赵冬至, 赵玲, 张丰收. GIS 在海湾陆源污染物总量控制中的应用[J]. 遥感技术与应用，2000，15（1）：63-64.

[11] 王修林, 邓宁宁, 等. 渤海海域夏季石油烃污染状况及其环境容量估算[J]. 海洋环境科学，2004，23（4）：14-15.

[12] 梁芳. 公众参与防治陆源污染的法律制度研究[D]. 青岛：中国海洋大学，2008：66-67.

[13] 刘洋, 等. 海洋功能区划实施评价方法与实证研究[J]. 海洋开发与管理，2009.

[14] 张亭亭. 海域环境容量的价值评估[D]. 厦门：厦门大学，2009：66-67.

[15] 王芳. 近岸海域污染物总量控制方法及应用研究[D]. 天津：天津大学，2008：18-19.

[16] 陈斌林, 等. 连云港港口海域污染物总量控制研究[J]. 中国海洋大学学报，2006，36（3）：448-449.

[17] 代云江. 陆源污染物污染海洋环境防治法律制度研究[D]. 青岛：中国海洋大学，2008：66-67.

[18] 魏娥华. 青岛市崂山区海域环境容量研究[D]. 青岛：中国海洋大学，2008：66-67.

[19] 吕志超, 张淑玲. 试论控制陆源污染防治海洋赤潮[J]. 黑龙江环境通报，2009.

[20] 崔鹏. 我国海洋功能区划制度研究[D]. 青岛：中国海洋大学，2009：52-88.

[21] 逄勇, 等. 珠江三角洲陆源污染和香港水域排污对伶仃洋的影响[J]. 水科学进展，2003，14（5）：558-559.

[22] 卢宁. 山东省海陆一体化发展战略研究[D]. 青岛：中国海洋大学，2009：75-87.

附图

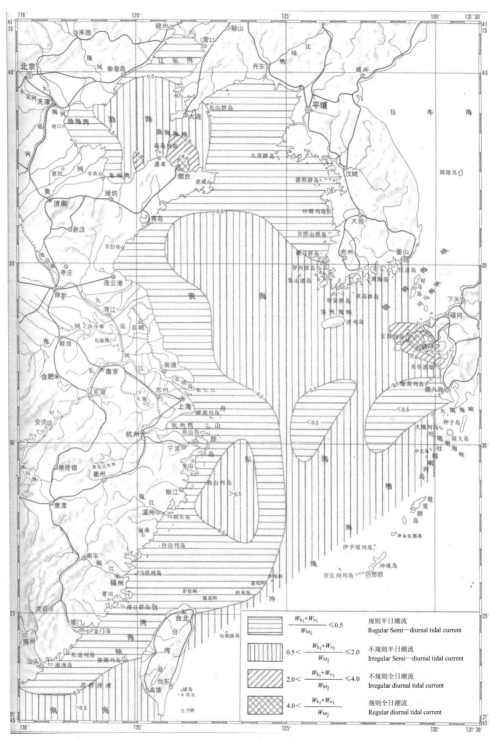

$\dfrac{W_{k_1}+W_{o_1}}{W_{M_2}} \leqslant 0.5$	规则半日潮流 Regular Semi—diurnal tidal current
$0.5 < \dfrac{W_{k_1}+W_{o_1}}{W_{M_2}} \leqslant 2.0$	不规则半日潮流 Irregular Semi—diurnal tidal current
$2.0 < \dfrac{W_{k_1}+W_{o_1}}{W_{M_2}} \leqslant 4.0$	不规则全日潮流 Irregular diurnal tidal current
$4.0 < \dfrac{W_{k_1}+W_{o_1}}{W_{M_2}}$	规则全日潮流 Regular diurnal tidal current

附图 1　潮流类型

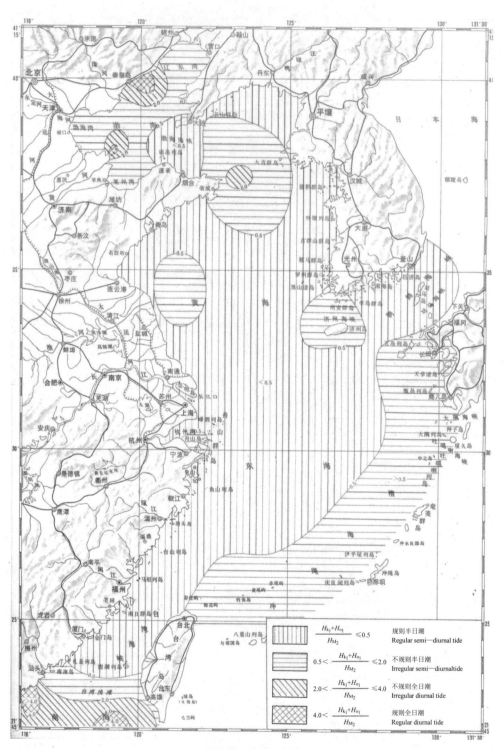

附图 2　潮汐类型

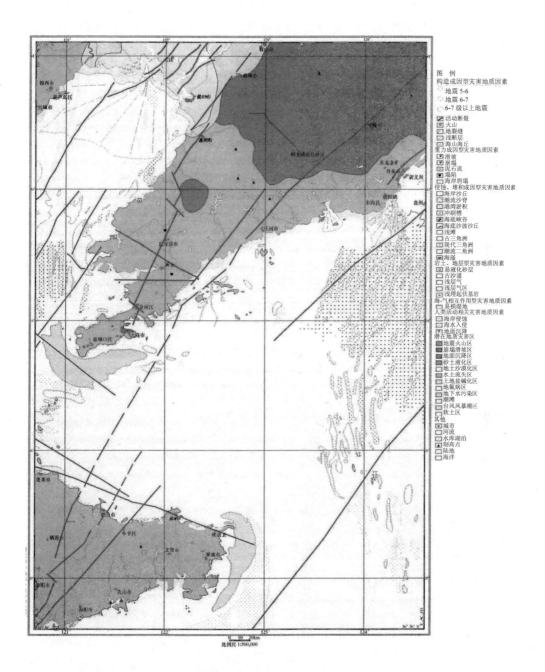

图例
构造成因型灾害地质因素
　　地震 5-6
　　地震 6-7
　　6-7 级以上地震
　　活动断裂
　　火山
　　地裂缝
　　浅断层
　　海山海丘
重力成因型灾害地质因素
　　滑坡
　　崩塌
　　泥石流
　　塌陷
　　海岸坍塌
侵蚀、堆积成因型灾害地质因素
　　海岸沙坝
　　潮流沙脊
　　港湾淤积
　　冲刷槽
　　海底峡谷
　　海底沙波沙丘
　　浅滩
　　古三角洲
　　现代三角洲
　　潮流三角洲
　　海滩
岩土、地层型灾害地质因素
　　易液化砂层
　　古沙道
　　浅层气
　　浅层气区
　　浅埋起伏基岩
海-气相互作用型灾害地质因素
　　易损湿地
人类活动相关灾害地质因素
　　海岸侵蚀
　　海水入侵
　　地面沉降
潜在地质灾害区
　　地震火山区
　　崩塌滑坡区
　　地面沉降区
　　砂土液化区
　　地面沙漠化区
　　水土流失区
　　土地盐碱化区
　　地氟病区
　　地下水污染区
　　潮滩
　　台风风暴潮区
　　软土区
其他
　　城市
　　河流
　　水库湖泊
　　制高点
　　陆地
　　海洋

0　10　20km
比例尺 1:800,000

附图 3　大连海岸带灾害地质

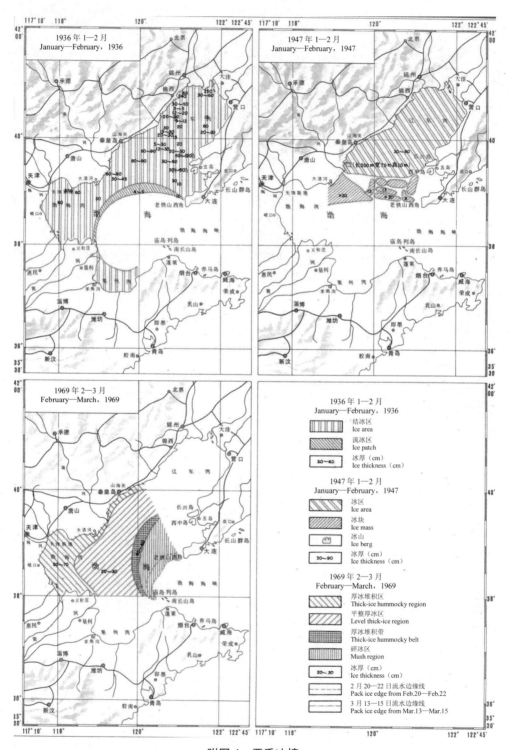

附图 4　严重冰情

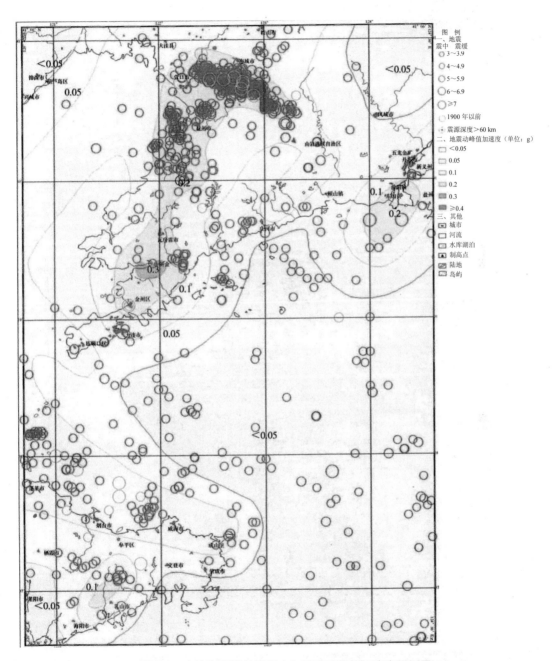

附图 5　大连海岸带地震震中与地震动峰值加速度区划图

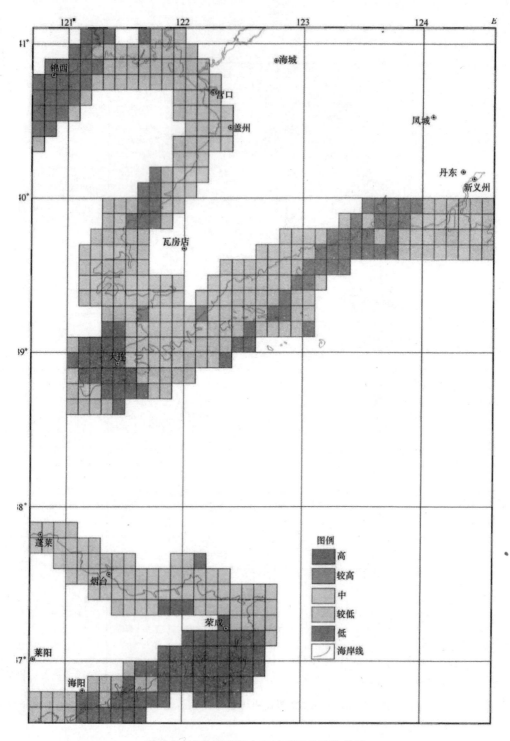

附图6　大连海岸带灾害地质风险评价结果